福建省中等职业学校学业水平考试用书

U0641885

机械基础（下册）

主　编　　齐　峰　　王　雨
副主编　　刘焕新　　叶顺美
　　　　　李艳花　　张兆麒

华中科技大学出版社
http://press.hust.edu.cn
中国·武汉

内 容 简 介

《福建省中等职业学校学业水平考试"机械基础"科目考试说明》涵盖了机械制图、机械设计基础、工程材料及机械制造基础等内容。为了便于组织教学和复习，编者根据考核目标与要求编写了《机械基础（上册）》《机械基础练习册（上册）》《机械基础（下册）》《机械基础练习册（下册），以期为教师的教学和学生的学习或复习提供便利。本书是《机械基础（下册）》，主要包含机械设计基础、工程材料及机械制造基础。

图书在版编目（CIP）数据

机械基础. 下册 / 齐峰，王雨主编；刘焕新等副主编. -- 武汉：华中科技大学出版社，2025.8.
ISBN 978-7-5772-2050-5

Ⅰ. TH11

中国国家版本馆 CIP 数据核字第 2025U0L917 号

机械基础（下册）
Jixie Jichu(Xiace)

齐 峰 王 雨 主 编
刘焕新等 副主编

策划编辑：徐晓琦　张少奇
责任编辑：朱建丽
封面设计：原色设计
责任校对：谢　源
责任监印：曾　婷
出版发行：华中科技大学出版社（中国·武汉）　　电话：(027)81321913
　　　　　武汉市东湖新技术开发区华工科技园　　邮编：430223
录　　排：武汉市洪山区佳年华文印部
印　　刷：武汉市籍缘印刷厂
开　　本：787mm×1092mm　1/16
印　　张：13.75
字　　数：318 千字
版　　次：2025 年 8 月第 1 版第 1 次印刷
定　　价：48.80 元

前　言

福建省中等职业学校学业水平考试是结合福建省中等职业教育教学实际,由福建省级教育行政部门组织实施的考试,其中"机械基础"课程包括机械制图、机械设计基础、工程材料及机械制造基础等内容。为了很好地帮助教学和复习,我们根据考试说明中的内容及要求编写了《机械基础(上册)》《机械基础练习册(上册)》《机械基础(下册)》《机械基础练习册(下册)》,以期为教师的教学和学生的学习或复习提供便利。本书是《机械基础(下册)》,主要包含机械设计基础、工程材料及机械制造基础。

福建省中等职业学校学业水平考试"机械基础"课程是多科目的合成,内容也较多,考虑篇幅和实际教学课时安排,以及教师专业教学的分工,我们将课程内容分为两部分,对应教材分为上、下两册。上册的内容为机械制图,下册的内容为机械设计基础(包括机械基础概论、工程力学、常用机构、常用传动装置、连接和支承零部件、机械节能环保与安全防护)、工程材料及机械制造基础。与之配套的练习册也分为上、下两册。

根据《福建省中等职业学校学业水平考试"机械基础"科目考试说明》的考核目标与要求,《机械基础(下册)》具体内容如下。

一、机械设计基础

1. 机械基础概论

(1)掌握机器、机构的概念。

(2)理解机器的基本组成部分及各部分所起的作用,能区分机器与机构。

(3)了解构件与零件的特点及异同点,能描绘构件和零件之间的关系。

2. 工程力学

(1)构件的静力分析(机械基础)。

① 理解力的概念与基本性质。

② 理解力矩、力偶、力偶矩的概念。

③ 理解力矩和力偶的性质。

④ 掌握力矩和力偶矩的计算方法。

⑤ 了解力的平移定理。

⑥ 了解约束、约束力和力系的基本概念。

⑦ 理解常见的约束类型及其特点。

⑧ 能作出杆件的受力图。

(2) 杆件的基本变形。

① 了解内力、轴力与应力的概念。

② 理解直杆轴向拉伸与压缩的概念。

③ 能计算轴力和正应力。

④ 理解剪切与挤压的概念。

⑤ 理解圆轴扭转、直梁弯曲的概念。

⑥ 了解弯曲与扭转的组合变形的概念。

⑦ 会根据工程实例判断杆件基本变形的类型。

3. 常用机构

(1) 平面连杆机构。

① 掌握构件的概念及其表示方法。

② 了解运动副的概念、分类及其表示方法。

③ 理解平面机构自由度的概念、计算及其注意事项。

④ 理解平面机构具有确定运动的条件。

⑤ 掌握铰链四杆机构的概念、类型及特点、应用。

⑥ 了解铰链四杆机构类型的判别。

⑦ 理解平面滑块机构的特点、应用、急回运动特性及应用。

⑧ 理解平面四杆机构压力角的概念、死点位置的概念。

⑨ 了解平面四杆机构的死点位置的应用。

(2) 其他机构。

① 理解凸轮机构的工作原理、组成及类型。

② 掌握凸轮机构的应用。

③ 了解凸轮机构从动件的运动规律。

④ 了解棘轮机构的工作原理、组成、类型及应用。

⑤ 了解槽轮机构的工作原理、组成、类型及应用。

4. 常用传动装置

(1) 带传动与链传动。

① 理解带传动的工作原理、特点、类型及应用。

② 掌握带传动平均传动比的计算方法。

③ 了解影响带传动工作能力的因素。

④ 理解链传动的工作原理、特点、类型及应用。

⑤ 掌握链传动平均传动比的计算方法。

（2）齿轮传动。

① 了解齿轮传动的特点、分类及应用。

② 掌握齿轮传动平均传动比的计算方法。

③ 掌握标准直齿圆柱齿轮基本尺寸的计算方法。

④ 理解渐开线直齿圆柱齿轮传动的正确啮合条件。

⑤ 了解齿轮的结构。

⑥ 了解渐开线齿轮根切现象及最少齿数。

⑦ 了解齿轮的失效形式与常用材料。

（3）蜗杆传动。

① 了解蜗杆传动的特点、类型及应用。

② 掌握蜗杆传动的传动比的计算方法。

③ 掌握蜗杆传动中蜗轮转向的判定。

（4）齿轮系。

① 了解齿轮系的分类及应用。

② 掌握定轴轮系传动比的计算方法。

③ 了解减速器的类型、结构、标准及应用。

5．连接和支承零部件

（1）连接。

① 了解连接的类型及应用。

② 掌握键和销的作用、特点及类型。

③ 掌握螺纹的主要参数、类型、应用以及普通螺纹、梯形螺纹的标记。

④ 掌握螺纹连接的基本形式及应用。

⑤ 了解螺纹连接的预紧和防松。

⑥ 理解联轴器、离合器的功用、特点、类型及应用。

（2）支承零部件。

① 掌握轴的类型、材料、结构及应用。

② 掌握轴的结构应满足的基本要求及轴上零件常用的固定方法。

③ 了解滑动轴承的特点、类型、结构组成及应用。

④ 掌握滚动轴承的特点、类型、结构组成、应用及代号。

6．机械节能环保与安全防护

（1）了解机械摩擦和润滑的概念与分类。

（2）了解机械噪声的形成与防护措施。

（3）了解机械安全防护措施。

二、工程材料及机械制造基础

1. 工程材料

(1) 了解常用金属的力学性能,并熟悉其相关符号和代号。

(2) 了解碳素钢的成分及分类、性能和用途,掌握碳素钢牌号。

(3) 了解合金钢的分类及常用合金钢的性能和用途,掌握合金钢牌号。

(4) 理解钢的退火、正火、淬火、回火等热处理方法的目的、过程及应用。

(5) 了解铸铁的性能、分类及用途,掌握铸铁牌号。

(6) 了解铜、铜合金、铝、铝合金的牌号、用途及性能。

2. 机械制造基础

(1) 了解机械制造过程的概况和组成。

(2) 掌握金属切削加工方法及应用范围。

(3) 掌握金属切削运动和切削要素。

(4) 了解常用金属材料的切削加工性与切削用量选用的基本知识。

(5) 理解机床传动的基本知识。

(6) 了解车削加工、铣削加工、钻削加工的设备特点、工艺特点和工艺范围。

(7) 了解镗削加工、磨削加工、刨削加工的设备特点、工艺特点和工艺范围。

(8) 了解精密与特种加工的设备特点、工艺特点和工艺范围。

(9) 了解刀具的种类和用途,理解金属切削刀具的材料和几何形状。

(10) 理解工件的定位基准、定位方法、定位元件及工件在夹具中的夹紧。

(11) 了解设备使用与维护的任务和工作内容。

本书紧扣以上内容展开翔实的编写,不足之处敬请广大师生指正。

编　　者

2025 年 6 月 25 日

目　　录

第二章

机械设计基础

第一节　机械基础概论

　　本章包括机器、机构的概念,机器的基本组成部分及各部分所起的作用,机器与机构的区别,构件与零件的特点及异同点,构件和零件之间的关系等内容。

　　机械作为一般性的概念,可以追溯到古罗马时期,主要是为了区别于手工工具。机械种类繁多,可以按多种方式进行分类。按功能分类可分为动力机械、物料搬运机械、粉碎机械等;按服务的产业分类可分为农业机械、矿山机械、纺织机械等;按工作原理分类可分为热力机械、流体机械、仿生机械等。

　　机器是指能执行机械运动并被用来变换或传递能量、物料与信息的装置。例如,内燃机可以把热能变换为机械能,发电机可以把机械能变换为电能,起重机可以传递物料,金属切削机床及破碎机可以变换物料外形,计算机可以变换和传递信息等。这些装置都是机器。

　　图 2-1-1 所示为牛头刨床原理结构示意图。牛头刨床由床身、底座、滑枕、刀架、工作台、滑板、传动系统等部分组成。工作时,电动机驱动带传动、齿轮传动及摆动导杆机构使滑枕作往复直线运动,实现刨刀对被加工工件的刨削和回程工艺动作。工作台带动工件沿滑板的导轨作间歇横向进给运动。滑板还可以沿床身上的垂直导轨作上下移动,以调整工件与刨刀的相对位置。刀架还可以绕水平轴线调至一定的角度位置,以加工倾斜平面。

　　图 2-1-2 所示为波轮式洗衣机原理结构示意图。波轮式洗衣机由外壳、洗涤桶、甩干桶、波轮、减速器、控制器等部分组成。其主要工作原理为:装在洗涤桶底部的波轮作正、反向旋转,带动衣物上下左右不停地翻转,使衣物之间及衣物与桶壁之间在水中进行柔和摩擦,在洗涤剂的作用下实现去污清洗功能。

　　图 2-1-3 所示为单缸四冲程内燃机原理结构示意图。单缸四冲程内燃机由活塞、连杆、曲轴、皮带、凸轮、进气阀及排气阀等组成。气体在气缸内经过压缩、点火、燃烧后,推动活塞作上下往复直线运动,该运动经连杆转变为曲轴的连续回转运动后输出。齿轮及凸轮用于控制进气阀与排气阀的规律性启闭,从而实现工艺动作的协调。

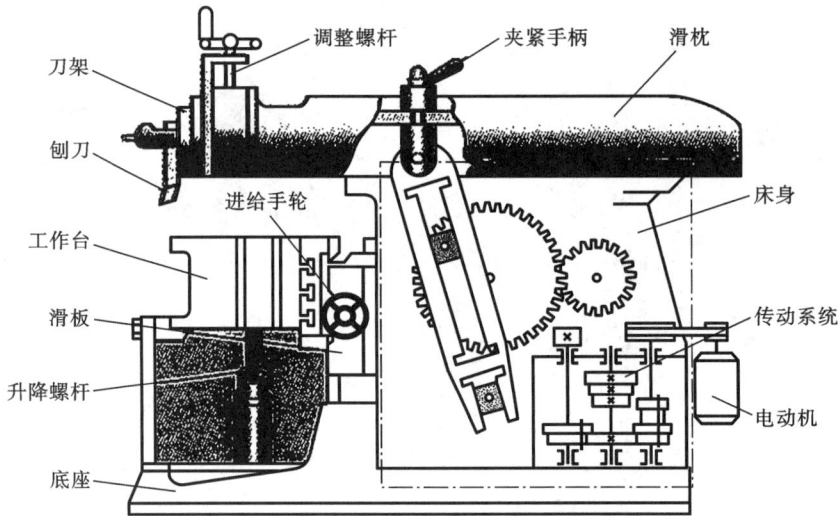

图 2-1-1 牛头刨床原理结构示意图

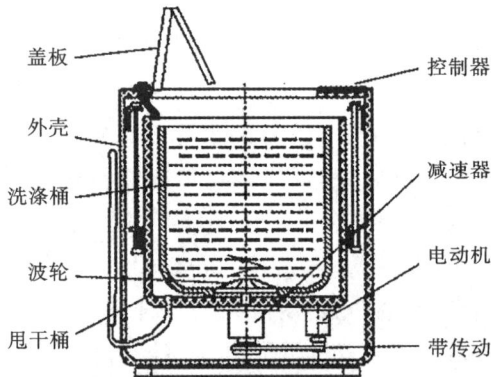

图 2-1-2 波轮式洗衣机原理结构示意图

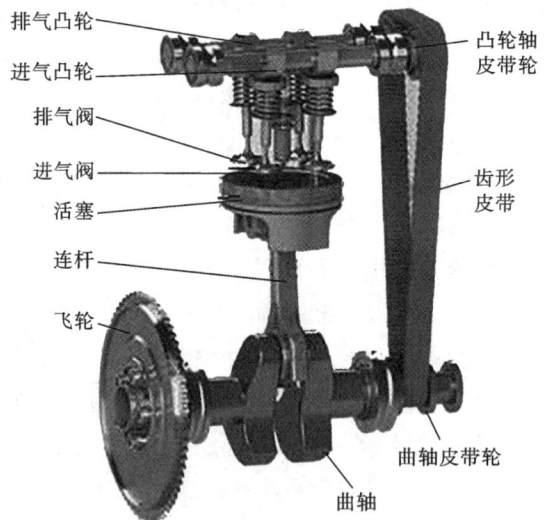

图 2-1-3 单缸四冲程内燃机原理结构示意图

由以上三个机器的实例可以看出,机器具有如下三个特征:

(1) 机器是由许多人造的实物有机组合而成的装置;

(2) 实物之间具有确定的相对运动;

(3) 能执行机械运动,变换与传递能量、物料与信息。

随着社会的发展及科技的进步,机器的种类已不胜枚举。组成机器的实物的数量也从数十个至数以万计不等。然而,从功能模块的角度来看,现代机器系统通常包括动力系统、传动系统、执行系统、控制系统和辅助系统五大部分,如图 2-1-4 所示。

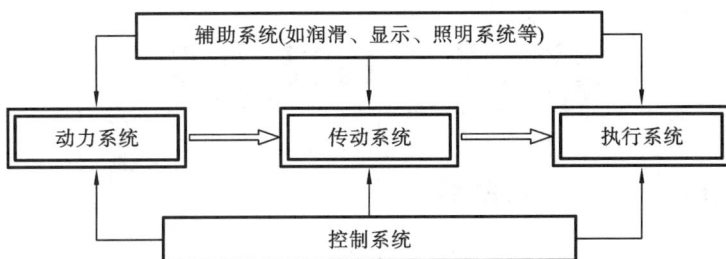

图 2-1-4 现代机器系统的组成部分

动力系统也称为原动机,是一台机器运动和动力的源泉。通常一台机器只有一个原动机,但复杂的机器也可能包括多个原动机。常见的原动机类型有电动机(如上述牛头刨床和洗衣机的电动机)、内燃机、水轮机、风力机、太阳能发动机等。绝大多数情况下原动机的运动输出形式为旋转运动,少数情况下为直线运动,其动力输出主要取决于额定功率及实际工况。

执行系统的功能为完成机器预定的各种功能。一台机器可能只有一个执行系统,也可能根据机器的多个子功能而对应有多个子执行系统。如牛头刨床中的刨刀及工作台、洗衣机中的波轮及甩干桶等均属于执行系统。

由于机器的功能是多种多样的,其对执行系统的运动形式及运动与动力参数的需求也是多种多样的,而原动机的运动形式及运动与动力参数却是相对单一而有限的。为解决此矛盾,通常需要在机器的动力系统与执行系统之间加入不同形式传动系统(如牛头刨床中由带传动、齿轮传动及摆动导杆机构组成的传动系统,洗衣机中由带传动和减速器组成的传动系统),以实现对原动机运动形式及运动与动力参数的转换,从而满足执行系统工艺的需求。

简单和传统的机器通常只由上述三部分组成。随着机器系统越来越复杂、对机器功能及性能要求越来越高,现代绝大部分机器还包含控制系统和辅助系统。控制系统用于实现机器各工艺动作的协调并使其操作更便利和智能化,辅助系统用于提高机器的综合性能、安全性和操作的人性化等。

需要指出的是,原动机虽然是机器的组成部分之一,但其本身也具备机器的三个特征,因此也是一台完整的机器,如上述的单缸四冲程内燃机。

机械工程中另一个常遇到的名词为机构。机构不同于机器,在机器的三个特征中,机构只具备前两个特征,因此,机构可以传递运动和动力,但不具备能完成有用的机械功或变换与传递能量、物料或信息的功能。

如前所述,机器和机构均是由许多人造的实物有机组合而成的装置。通常情况下,在讨论机器时,将其组成实物称为机械零件、套件、组件或部件等,在不至于引起歧义的情况下,现在也常将机械套件、组件及部件等统称为机械零件。而在讨论机构时,则常将其组成实物称为构件。机械零件是组成机器的最基本要素,是最小的制造单元;构件是机器中最小的运动单元,构件可能是单个零件,也可能是由若干零件连接在一起组成的。

第二节 工程力学

一、构件的静力分析(机械基础)

1. 力的概念与基本性质

1)力的概念

力是物体之间相互的机械作用。力可能在两个直接接触的物体之间产生,也可能在两个不直接接触的物体之间产生。

(1)力的作用效应:一是使物体的运动状态发生改变;二是使物体的形状发生改变。前者称为外效应,后者称为内效应,如图 2-2-1 所示。

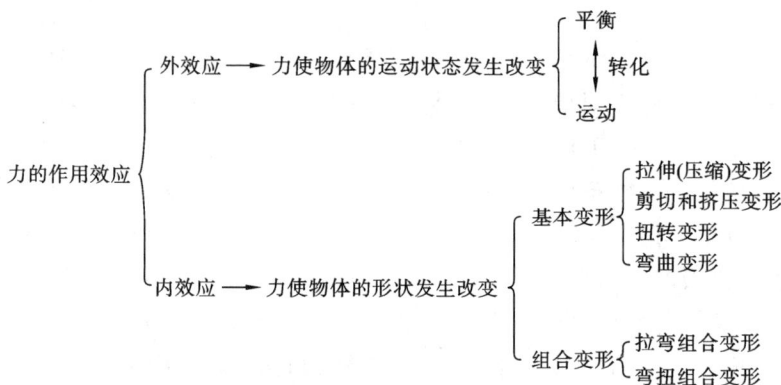

图 2-2-1 力的作用效应

(2)力的单位:在国际单位制中,力的单位是牛顿(N)或千牛顿(kN)。

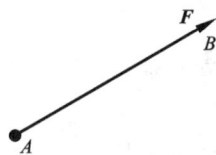

图 2-2-2 力的表示

(3)力的表示:力是矢量,可以用三要素表示,即力的大小、力的方向和力的作用点。如图 2-2-2 所示,用一个带箭头的线段来表示力的三要素,线段的起点(或终点)表示力的作用点,线段的方位和箭头的指向表示力的方向,按照一定的比例尺画出的线段长度表示力的大小。

2)刚体

在力的作用下,内部任意两点之间的距离始终保持不变的物体称为刚体,刚体是一个抽象化的理想的力学模型。在静力学中,研究的对象因为受力发生的变形远远小于构件的原始尺寸,称之为刚体;在材料力学中,研究的对象受力时发生的变形不能忽略,称之为变形固体。

注意:在研究一个构件平衡问题时,把它看作刚体来研究;但在研究其承载能力时,应把它转化为变形固体来研究,说明刚体和变形固体在一定条件下可以相互转化。

3）力系与平衡

两个及两个以上的力构成力系。若一个力系与另一个力系对物体产生的作用效应相同,则称这两个力系互为等效力系。若物体在一个力系作用下相对于地球静止或匀速直线运动,则物体处于平衡状态。使物体处于平衡状态的力系称为平衡力系。

4）合力和分力

若一个力与一个力系等效,则称此力为该力系的合力,该力系中的各力称为这个力的分力。把分力等效替换为合力的过程称为力系的合成,将合力等效替换为分力的过程称为力系的分解。

2. 静力学基本公理

1）平行四边形法则

平行四边形法则主要用于对力进行合成与分解。作用在物体上同一点的两个力,应用此法则可以将这两个力合成一个合力,即以这两个力为邻边作平行四边形,合力作用于该点,且沿着平行四边形的对角线方向。如图 2-2-3 所示,F_R 就是两分力 F_1、F_2 的合力,即

$$F_R = F_1 + F_2$$

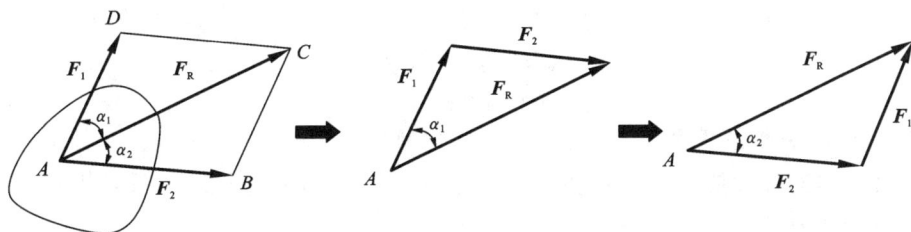

图 2-2-3 平行四边形法则

2）二力平衡公理

一个刚体上只受到两个力的作用且处于平衡状态,则这两个力的合力肯定为零,它们的大小相等,方向相反,作用在同一直线上,如图 2-2-4 所示。

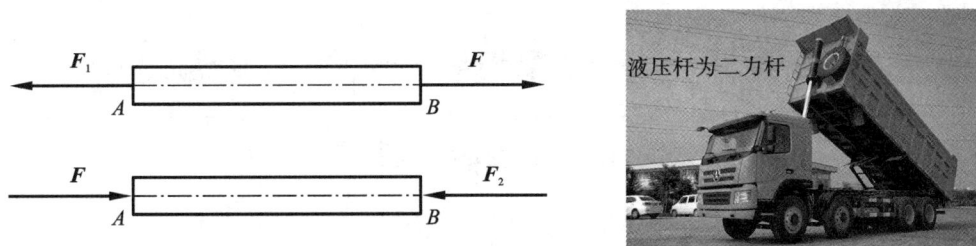

图 2-2-4 二力平衡杆

把只受两个力作用且处于平衡状态的构件称为二力构件,其判断方法如下。

(1) 构件上只有两个约束,而且每个约束的约束力方向一般是不确定的。

(2) 除了受到两个约束力以外,再没有受到其他力的作用。

对于没有特别说明或没有表示出自重的构件,一律按不计自重处理。如图 2-2-5 所示结

构中的 BC 构件,虽然形状不相同,但都属于二力构件,受到的两个力作用在两个铰链中心的连线上,作用点在两个铰链处。由图 2-2-5 可以看出,二力构件受到的两个力与构件的形状无关。

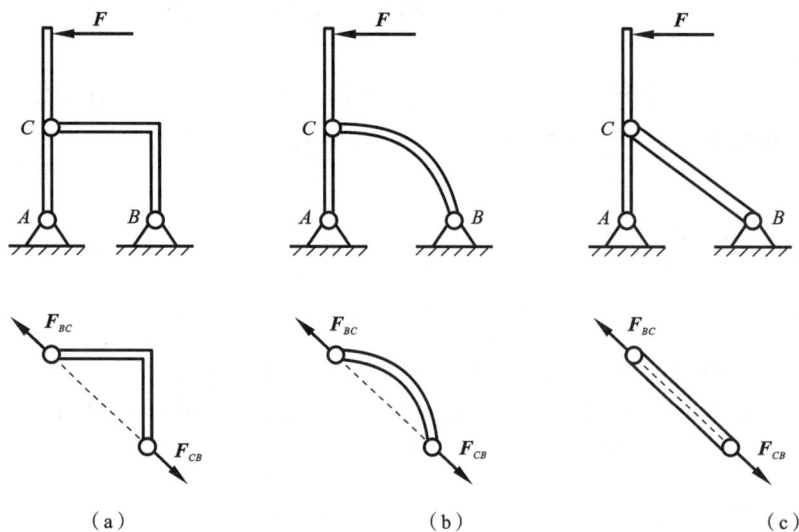

（a）　　　　　　　　　　　（b）　　　　　　　　　　　（c）

图 2-2-5　二力构件

推论 1:加减平衡力系原理——在力系作用的刚体上,加上或减去任何平衡力系,不会改变原力系对刚体的外效应。应用加减平衡力系后所得到的力系与原力系互为等效力系,如图 2-2-6 所示。此原理只适用于刚体。

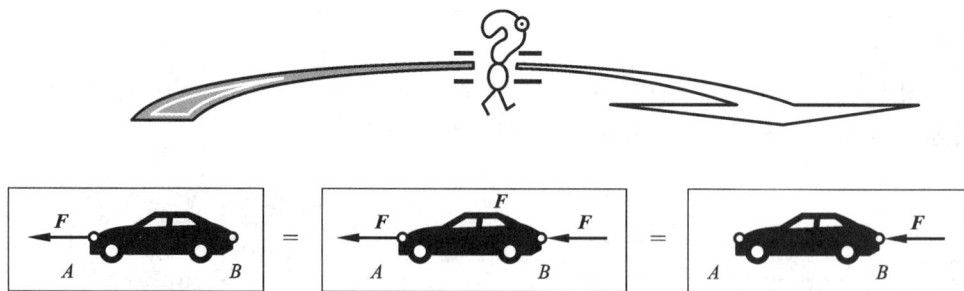

图 2-2-6　加减平衡力系

推论 2:力的可传性原理——作用于刚体上某点的力,只要保持力的大小和方向不变,可以沿着力的作用线在刚体内进行任意移动,不会改变力对刚体的外效应,如图 2-2-7(a)、图 2-2-7(b)所示。

3) 三力平衡汇交原理

刚体受同一平面内互不平行的三个力作用且处于平衡状态时,这三个力的作用线必定汇交于一点。

在三个力作用下,处于平衡状态的构件称为三力构件。由其中两个力的作用线可以求

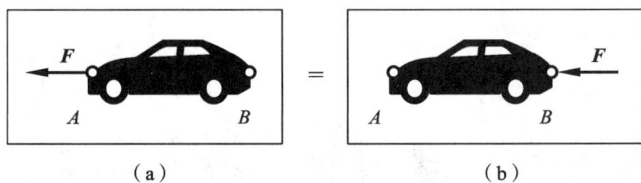

图 2-2-7 力的可传性

出第三个力。如图 2-2-8（a）所示，设在同一平面内有三个互不平行的力 F_1、F_2 和 F_3 分别作用在刚体上 A、B、C 三点，使刚体处于平衡状态。根据力的可传性原理，可将力 F_1 和 F_2 沿各自的作用线移动到它们的交点 O 处，根据力的平行四边形法则，这两个力的合力为 $F_{12} = F_1 + F_2$，那么刚体就可视为只受两个力（F_{12} 和 F_3）作用。根据二力平衡原理，可知力 F_{12} 和 F_3 大小相等、方向相反，作用在同一直线上。所以力 F_3 的作用线必定过 F_1 和 F_2 的交点 O，如图 2-2-8（b）所示，由此得出三个力的作用线必定交于一点，且合力为零，如图 2-2-8（c）所示。

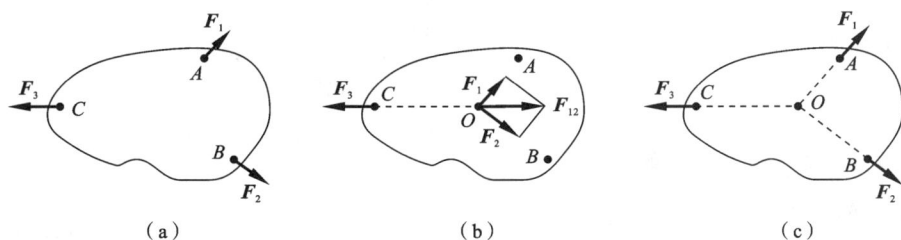

图 2-2-8 三力平衡汇交原理

对作用于物体上同一点的多个力进行合成时，也是应用力的平行四边形法则进行合成的。在任选一点处将力系中的各力依次首尾相连，最后从起点指向终点的有向线段就是该力系的合力，如图 2-2-9 所示。各力依次首尾相连时，没有固定顺序，各个力是随机依次相连的。

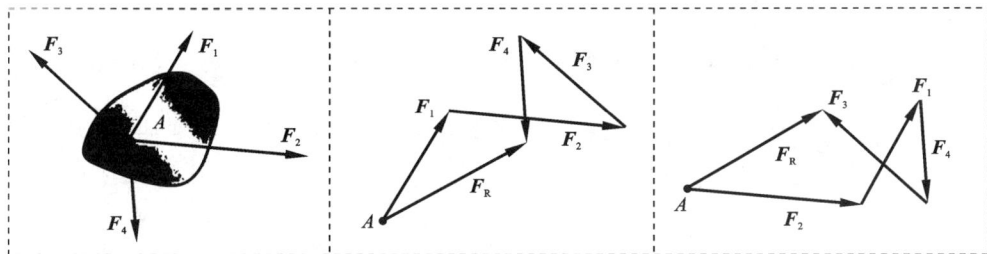

图 2-2-9 合力

4）作用与反作用原理

作用与反作用总是同时存在的，两作用力的大小相等、方向相反，作用在同一条直线上，分别作用在两个相互作用的物体上，如图 2-2-10、图 2-2-11 所示。

图 2-2-10 作用与反作用示意一

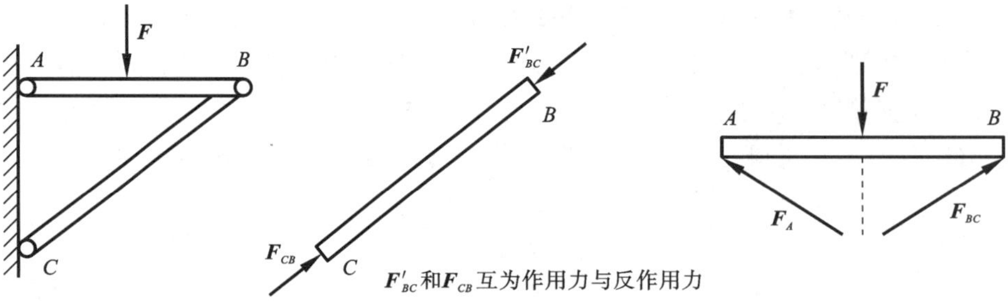

F'_{BC}和F_{CB}互为作用力与反作用力

图 2-2-11 作用与反作用示意二

3. 力矩、力偶、力偶矩的概念

1) 力矩的概念

常见的工具(如扳手、杠杆等)和简单机械(如滑轮等)的工作原理中都包含着力矩的概念。经验告诉我们,力 F 对物体绕固定点的转动效应不仅与力 F 的大小有关,而且与该点到力的作用线的垂直距离有关。

合力矩定理:如图 2-2-12 所示,根据力的可传性原理,作用于物体平面上 A 点的力 F 可沿着其作用线传到 B 点(AB 垂直于 OB)。在 B 点将力 F 分解为 F_x、F_y,由图 2-2-13 可知,平面汇交力系的合力对其作用平面内任一点的力矩,等于其所有分力对同一点的力矩的代数和,即

$$M_O(F_R) = M_O(F_1) + M_O(F_2) + \cdots + M_O(F_n) = \sum_{i=0}^{n} M_O(F_i) \qquad (2\text{-}2\text{-}1)$$

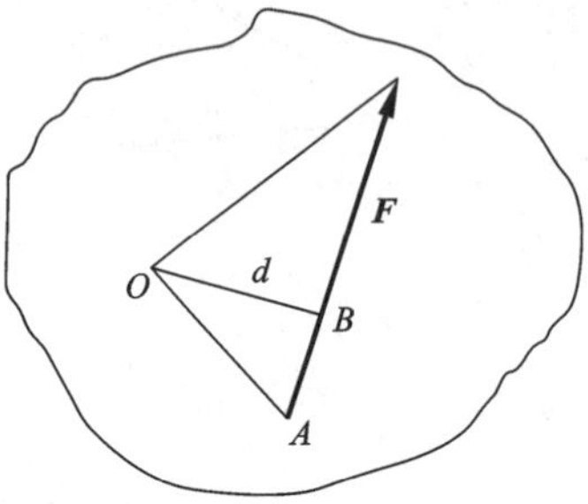

图 2-2-12 合力矩

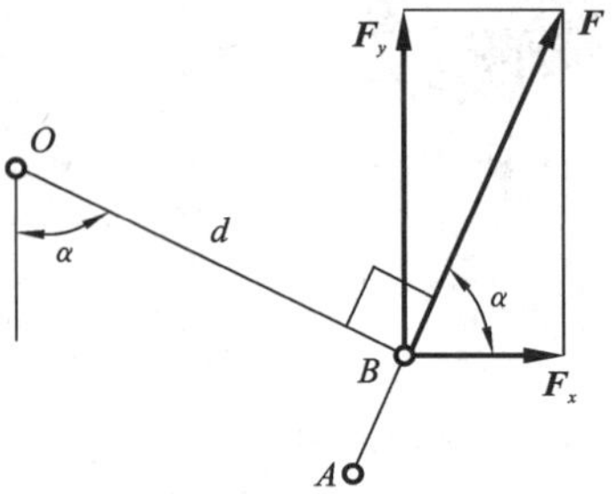

图 2-2-13 平面汇交力系的合力

一般情况下,对于力臂不容易直接求出的问题,可以应用合力矩定理公式(见式(2-2-1))进行计算。

应该指出:在工程力学中,当应用力矩的平衡条件解决实际问题时,通常会将力矩中心选在两个未知力的交点上,就可以使方程中只包含一个未知数,从而简化计算。

2)力偶的概念

两个大小相等、方向相反、作用线平行但不重合的力组成的力系称为力偶。力偶是一种只有合转矩、没有合力的力系,力偶作用于物体上对物体不产生任何平移运动,只对物体产生纯转动作用。工程中物体受力偶作用的情况十分常见。例如,钳工用丝锥攻螺纹,如图2-2-14(a)所示;汽车司机用手转动方向盘时,两手作用在方向盘上的力组成一力偶,如图2-2-14(b)所示;作用在水龙头上的两个力 F 和 F',如图2-2-14(c)所示;以及作用在螺丝刀上的力偶,如图 2-2-14(d)所示。

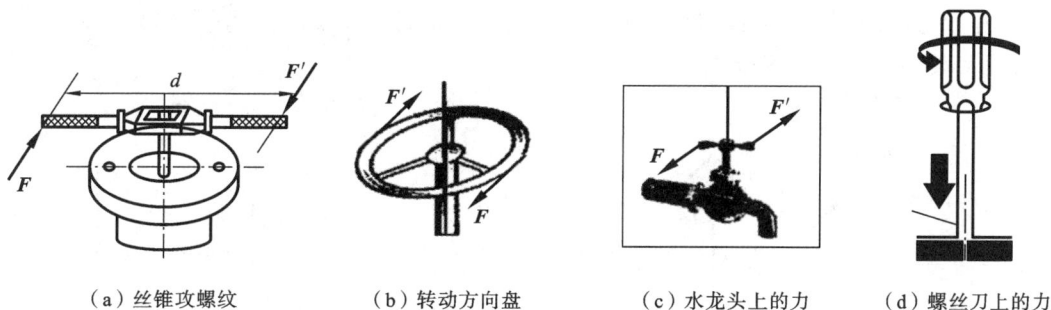

|（a）丝锥攻螺纹|（b）转动方向盘|（c）水龙头上的力|（d）螺丝刀上的力|

图 2-2-14　力偶定义

力偶的方向也可用右手螺旋定则的方式来判断:伸出右手,四指(弯曲状)的绕向与力偶的作用效果(使物体可能转动的方向)方向相同,那么拇指指向与坐标轴方向相同时力偶为正,相反时力偶为负。力偶矩的单位与力矩相同,为 N·m、N·mm 或 kN·m。力偶对其作用面内任一点之矩恒等于力偶矩。

力偶的三要素:力偶的大小、力偶的转向、力偶的作用面。

3)力偶矩的概念

力偶对刚体只产生转动效应,其转动效应用力偶矩度量。力偶的两个力对空间任一点之矩的和是一个常矢量,其大小由如下公式确定:

$$M = M(F, F') = \pm Fd$$

式中:F 和 F' 为组成力偶的两个力;

　　　d 为两个平行力作用线之间的垂直距离,称为力偶臂;

　　　M 为力偶。

力偶矩的正负与力偶使物体转动的方向有关:当物体逆时针转动时,规定力偶矩为正;当物体顺时针转动时,规定力偶矩为负。

4. 力矩和力偶的性质

1)力矩的性质

(1)力对点的矩不仅与力的大小和方向有关,而且与力矩中心的位置有关。因此计算力矩时,应说明是哪一个力对哪一点的矩。

（2）力对点的矩不会因为力矢沿其作用线移动而改变。因此,当力矢与"矩心"相距较远时,可将其作用线向"矩心"较近的方向延长,然后从力矩中心作此延长线的垂线,即可得到力臂。

（3）力的数值为零:力的作用线(包括延长线)通过力矩中心时,力矩为零。

（4）平衡的两个力或两个以上的力对同一点力矩的代数和等于零。

2）力偶的基本性质

根据力偶的定义和力偶的等效定理,可得力偶的性质如下。

性质 1:力偶无合力,不能与一个力等效。

由于力偶中两个力的大小相等、方向相反,它们在任意坐标轴上的代数和恒等于零,如图 2-2-15(a)所示。这表明力偶对刚体在任何方向都没有使其移动的力,因此,力偶不能简化为一个力,即力偶无合力,力偶对刚体只有转动效应,而无移动效应。力偶是最简单的力系,力和力偶是静力分析的两个基本要素。

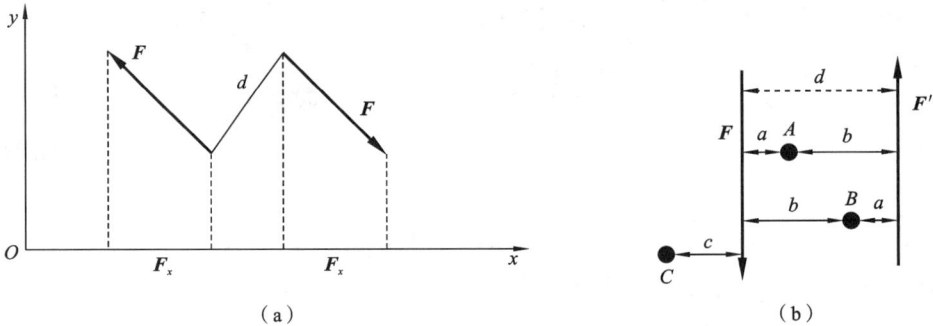

（a）   （b）

图 2-2-15 力偶

性质 2:力偶对任意点的力矩都等于力偶矩。

图 2-2-15(b)所示的力偶(F, F'),在其作用平面内任意取三个点 A、B、C 作为力矩中心,设三点与 F 和 F' 作用线之间的垂直距离即力偶臂如图 2-2-15(b)所示。若用 $M_O(F, F')$ 表示力偶对 A、B、C 点的力矩,分别有

$$M_A = Fa + F'b = Fd$$

$$M_B = Fb + F'a = Fd$$

$$M_C = Fc + F'(d+c) = Fd$$

这个结果表明:力偶中的两个力对其作用平面内任意一点的力矩的代数和恒等于力偶矩,而与力矩中心无关,如图 2-2-16 所示。

性质 3:作用在同一平面内的两个力偶,若两者的力偶矩大小相等而且转向相同(同为正或同为负),则这两个力偶对刚体的作用等效,如图 2-2-17 所示。

性质 3 说明了力偶对刚体的转动效应取决于力偶的三要素:① 力偶矩的大小;② 力偶的转向:③ 力偶的作用平面。

根据这一性质可以得到以下两点推论:

图 2-2-16　力偶中的两个力

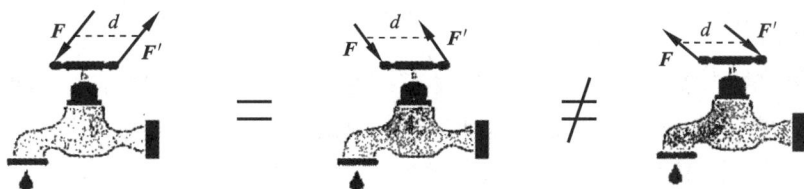

图 2-2-17　作用在同一平面内的两个力偶

（1）只要保持力偶矩的大小和转向不变，力偶可在其作用平面内任意移动而不改变它对刚体的作用效果。

（2）只要保持力偶矩的大小和转向不变，可以同时改变 $M = \pm Fd$ 中力的大小和力臂的大小，而不改变它对刚体的作用效果。

以上推论可以直接用经验证实。例如，汽车司机转动方向盘时，不论将力加在 A、B 位置（见图 2-2-18(a)）还是 C、D 位置（见图 2-2-18(b)），对方向盘的转动效应不变；如果汽车司机双手施加的力增大为原来的 1.25 倍，而两个力的力臂减小为原来的 80%（见图 2-2-18 (c)），则对方向盘的转动效应仍然不变。

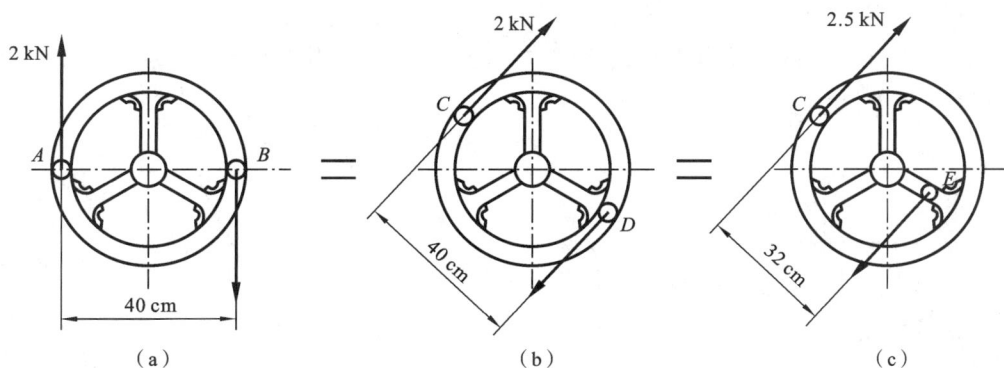

图 2-2-18　转动汽车方向盘

5. 力矩和力偶矩的计算

1）力矩的计算

在力学上，用乘积 Fd 并加上适当的正负号作为力 F 使物体绕 O 点转动效应的度量，称

为力正对 O 点的矩,简称力矩,用符号 $M_O(\boldsymbol{F})$ 表示,则

$$M_O(\boldsymbol{F}) = \pm Fd \tag{2-2-2}$$

式中:O 称为力矩中心,简称"矩心";

d 是 O 点到力 $\boldsymbol{F}$ 作用线的垂直距离,称为力臂。

力矩为代数量。通常规定:力使物体绕力矩中心作逆时针转动时,力矩取正号;作顺时针转动时,力矩取负号。力矩的国际单位为 N·m 或 kN·m。

必须指出,以上由力对物体上固定点的作用引出力矩的概念,适用于作用在物体上的力对任意点的力矩,但必须指明"矩心"。

2)力偶矩的计算

力偶对物体的转动效应取决于力偶三要素:力偶的大小、力偶的转向和力偶作用面。力偶的三个要素可用一个矢量完整地表示,即:在空间过任意一点作垂直于力偶作用平面的矢量 $\boldsymbol{M}$,矢量的长度表示力偶矩的大小,矢量的方位表示力偶作用面的法线方位,矢量指向由右手法则确定(即以右手四指弯曲的方向表示力偶的转向,则拇指的指向就是该矢量的指向),将这个矢量 $\boldsymbol{M}$ 称为力偶矩矢,如图 2-2-19 所示,设力偶($\boldsymbol{F}$,$\boldsymbol{F}'$)的力偶臂为 d,在两个力的作用线上分别取 A、B 两点,若 A 点相对于 B 点的位矢为 $\boldsymbol{r}_{AB}$,则

$$M = Fd = l\boldsymbol{r}_{AB}\boldsymbol{F}'$$

进一步观察发现,$\boldsymbol{M}$ 的指向与 $\boldsymbol{r}_{AB}\boldsymbol{F}'$ 的指向一致,因此,力偶矩矢可用矢量积表示为

$$\boldsymbol{M} = \boldsymbol{r}_{AB} \times \boldsymbol{F}'$$

即力偶矩矢等于力偶中的一个力对另一个力作用线上的任一点之矩矢。力偶矩矢同样服从矢量运算规则。

在平面中,力偶矩矢退化为力偶矩代数量 $M = \pm Fd$,正负号表示力偶在其作用平面内的转向,一般规定逆时针转向取正号。

6. 力的平移定理

如图 2-2-20(a)所示,设力 $\boldsymbol{F}$ 作用于刚体上的 A 点,现在刚体上任取一点 O,讨论力 $\boldsymbol{F}$ 向 O 点的等效平移。

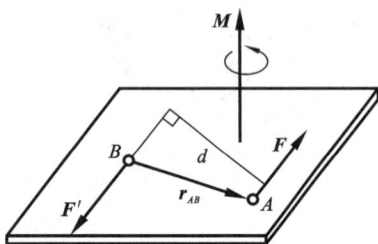

图 2-2-19　力偶臂

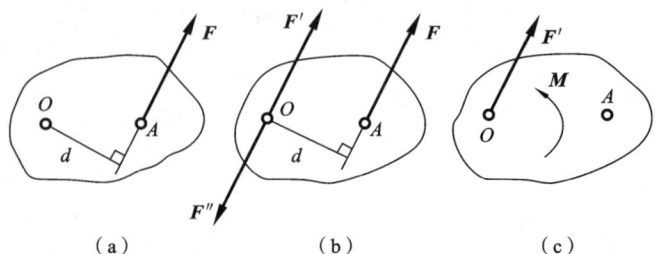

（a）　　　　（b）　　　　（c）

图 2-2-20　力的平移

根据加减平衡力系原理,在 O 点加上一个平衡力系 $\boldsymbol{F}'$ 和 $\boldsymbol{F}''$,使它们与力 $\boldsymbol{F}$ 平行,且 $\boldsymbol{F}' = -\boldsymbol{F}'' = \boldsymbol{F}$,如图 2-2-20(b)所示。显然,3 个力 $\boldsymbol{F}$、$\boldsymbol{F}'$ 和 $\boldsymbol{F}''$ 组成的新力系与原来的一个力 $\boldsymbol{F}$ 等效。容易看出,力 $\boldsymbol{F}$ 和 $\boldsymbol{F}''$ 组成了一个力偶,因此,可以认为作用于 A 点的力 $\boldsymbol{F}$ 平行移动到

另一 O 点后成为 $\boldsymbol{F}'$，$\boldsymbol{F}' = \boldsymbol{F}$，但同时又附加了一个力偶，如图 2-2-20(c)，附加力偶的矩为

$$M = Fd = M_O(\boldsymbol{F})$$

由此可得力的平移定理：作用在刚体上的力可以向刚体上任一点等效地平移，但必须附加一个力偶，此附加力偶矩等于原力对新力的作用点之矩。力的平移定理是力系向一点简化的理论依据。

7. 约束、约束力和力系的基本概念

1）约束的基本概念

（1）自由体。自由体是指只受主动力作用，而且能够在空间沿任何方向完全自由运动的物体。自由体的位移不受限制，也不受外力约束，如图 2-2-21(a)所示的空气中的热气球。

（a）空气中的热气球 （b）机车

图 2-2-21 约束的基本概念

（2）非自由体。非自由体是指运动在某些方向上受到了限制而不能完全自由运动的物体，即位移受到限制的物体，如图 2-2-21(b)所示的机车。再如只能在轴承孔内转动的轴，不能沿轴孔径向移动，于是轴就是非自由体，而轴承就是轴的约束；塔设备被地脚螺栓固定在基础上，任何方向都不能移动，地脚螺栓就是塔的约束；重物被吊索限制使重物不能掉下，吊索就是重物的约束；等等。可以看出，无论是轴承、基础还是吊索，它们的共同特点是直接和物体接触，并限制物体在某些方向的运动。

（3）约束。对非自由体的一些位移起限制作用的周围物体称为约束。例如，图 2-2-21(b)所示铁轨对机车在垂直方向的自由加以限制约束，以达到机车正常行驶的目的。地球上的物体都受到力的作用，通过力达到对物体的自由加以限制约束的目的。

2）约束力的基本概念

约束体阻碍或限制了物体的自由运动，改变了物体的运动状态，因此，当被约束物体沿着约束所限制的方向有运动趋势时，约束体对该被约束物体必然有力的作用，以阻碍该被约束物体的运动，这种力称为约束力或约束反力。约束力的方向总是与约束所能阻止的被约束物体的运动趋势方向相反，它的作用点就是约束与被约束物体的接触点，而约束力的大小

与使被约束物体产生运动趋势的力有关。物体上受到的除约束力外的其他各种荷载,如重力、风力等,它们是促使物体产生运动或有运动趋势的力,属于主动力。在一般情况下,约束力是由主动力引起的,因此是一种被动力。

3）力系的基本概念

同时作用于物体上的一组力,称为力系。根据力系中各力作用线的分布情况分为平面力系和空间力系。各力作用线位于同一平面内,称为平面力系;否则,称为空间力系。根据力系中各力作用线的关系分为汇交力系、平行力系和任意力系。作用线汇交于同一点,称为汇交力系;作用线相互平行,称为平行力系;其他称为任意力系。

如果作用在物体上的力系能使物体处于平衡状态,这种力系称为平衡力系。

8. 常见的约束类型及其特点

1）柔性约束

约束概念:由柔软的绳索、链条、皮带等构成的约束称为柔性约束。

约束力:由于这类柔性体只能承受拉力,因此,柔性约束对构件的约束力也只能是拉力,其作用点应在约束与构件的相互连接处,方向是沿着柔性体的中心线背离构件。柔性约束的约束力用符号 F_T 来表示。

如图 2-2-22(a)所示的吊灯,受到拉力 F_T。如图 2-2-22(b)所示带轮,皮带绕在两个带轮上,带轮顺时针转动时,皮带张紧,带轮受到皮带给的力作用。根据柔性约束的特点,可以确定皮带给带轮的约束力是拉力（F_{T1}、F_{T2}、F'_{T1} 和 F'_{T2}）。

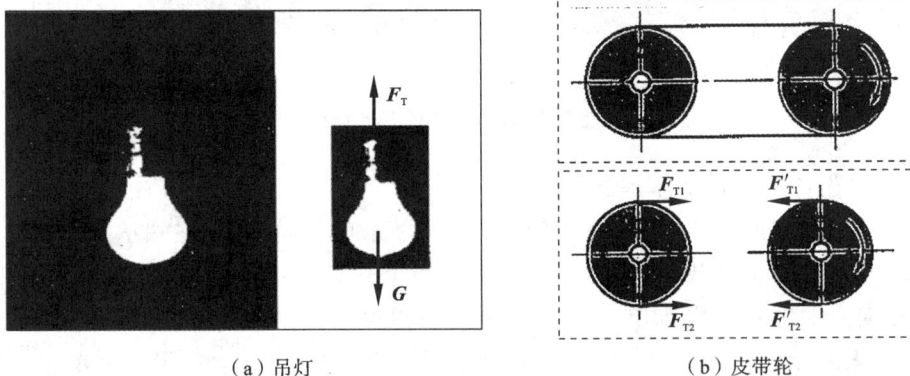

<table>
<tr><td>（a）吊灯</td><td>（b）皮带轮</td></tr>
</table>

图 2-2-22　灯泡的受力

工程中的带传动或链传动等柔性体环绕了传动轮的一部分,通常把环绕在传动轮上的柔性体看成传动轮的一部分,从柔性体受拉的中心线与传动轮的切点处解除柔性体,画出拉力。如图 2-2-22(b)所示为胶带传动机构中胶带对传动轮的约束力的画法。

2）光滑面约束

约束概念:两个相互接触的物体,如果略去接触面之间的摩擦和变形,就可以看成是相互之间完全光滑的约束,称为光滑面约束。

约束力:光滑面约束的接触面无论是平面还是曲面,只能限制物体沿接触面法线方向的运动,因此,光滑面约束的约束力作用在接触点,其方向垂直于接触面,指向被约束的物体,用符号 F_N 来表示。

光滑面约束在工程中是常见的。图 2-2-23(a)所示重力为 G 的杆件搁置在凹槽中,所受的约束力均垂直于各自接触面,指向杆件;图 2-2-23(b)所示重力为 G 的圆柱体搁在 V 形槽内,受到垂直于两斜面指向圆柱体的约束力;图 2-2-23(c)所示齿条与齿轮啮合时,齿条与齿轮接触点之间的约束力垂直于切线指向齿条啮合面。

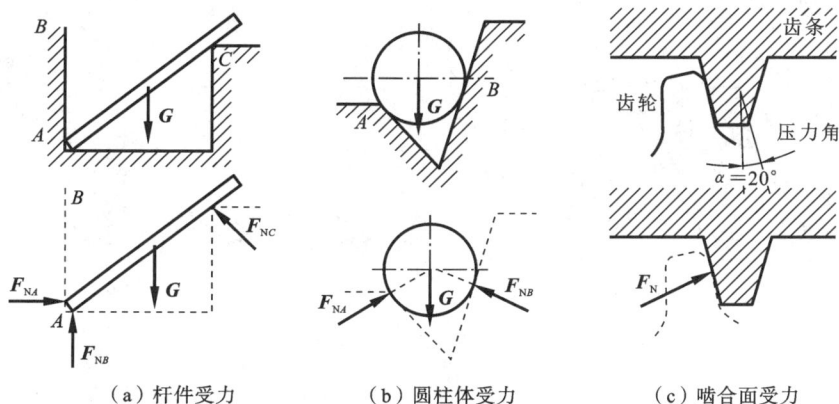

(a)杆件受力　　　　　(b)圆柱体受力　　　　　(c)啮合面受力

图 2-2-23　光滑面约束

3）光滑铰链约束

如图 2-2-24(a)所示,通过圆柱销连接两个构件的约束称为铰链约束。对于具有这种特性的连接方式,可忽略不计连接处的变形和摩擦,就得到理想化的约束模型——光滑铰链约束。

(1)中间铰链:通过圆柱销连接两个构件的约束形式通常称为中间铰链,这种约束形式只限制了两个构件的相对移动,不限制构件绕圆柱销的相对转动。中间铰链常用正交分力来表示,如图 2-2-24(b)、图 2-2-24(c)所示。

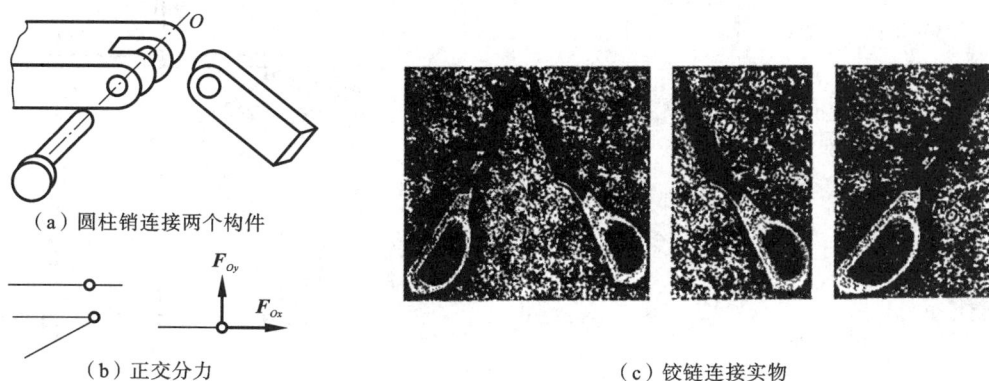

(a)圆柱销连接两个构件

(b)正交分力　　　　　　　　(c)铰链连接实物

图 2-2-24　铰链约束

（2）固定铰链支座：把圆柱销连接的两构件中的一个固定起来的约束形式，称为固定铰链支座。如图 2-2-25(a)、图 2-2-25(d)所示，它限制了活动构件的相对移动，不限制构件绕圆柱销的转动。

图 2-2-25(b)所示的圆柱销和销孔在主动力作用下，是两个圆柱光滑面在 O 点的点接触，其约束力必沿接触点 O 的公法线通过铰链的中心。由于主动力的作用方向不同，构件与销钉的接触点 O 就不同，所以约束力的方向不能确定，常用正交分力来表示，如图 2-2-25(c)、图 2-2-25(d)所示。

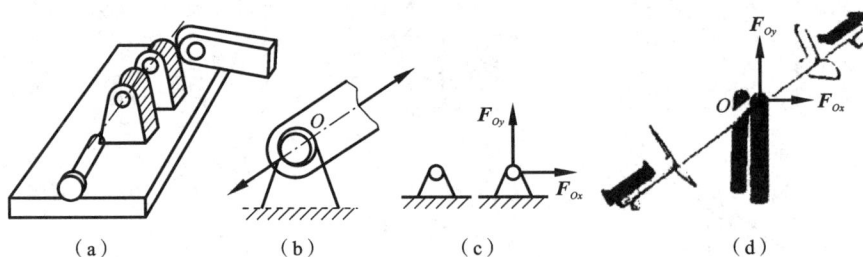

图 2-2-25　固定铰链支座

当中间铰链或固定铰链支座约束的是二力构件时，其约束力必须满足二力平衡条件，不能用正交分力表示，应该沿着两个约束力作用点的连线作用，约束力的方向是确定的。如图 2-2-26(a)所示结构，AB 杆中点有作用力 F，AB 杆、BC 杆自重不计。BC 杆在 B 端受到中间铰链约束，约束力的方向不确定；在 C 端受到固定铰链支座约束，约束力的方向不确定。但由于 BC 杆是二力构件，受到的两个力作用处于平衡状态，这两个约束力必作用在 B、C 两点的连线上(见图 2-2-26(b))，不能用正交分力表示。AB 杆在 A、B 两点受到约束力并受主动力 F 作用而处于平衡状态，所以 AB 杆是三力构件。力 F 的方向已确定，AB 杆在 B 点受到 BC 杆 B 端的反作用力 F_{BC}，方向也确定。A 端固定铰链支座的约束力必过 F 和 F_{BC} 的交

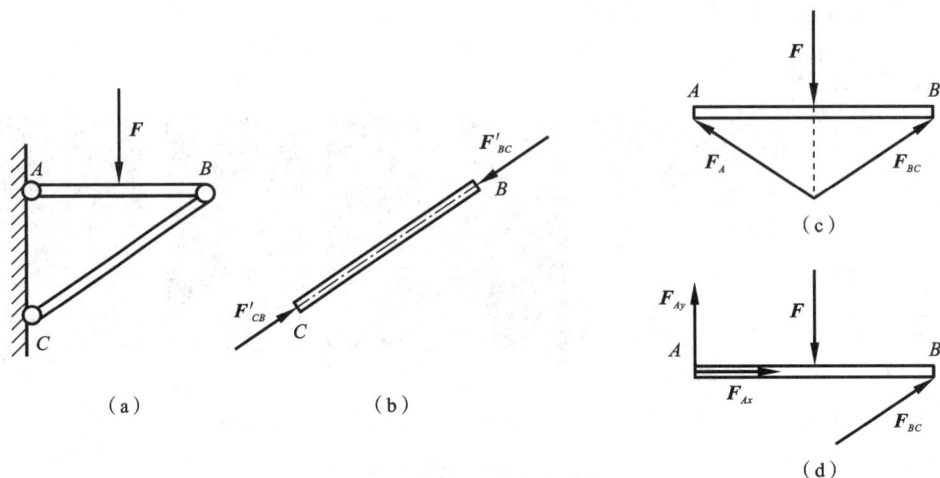

图 2-2-26　二力构件

点(见图 2-2-26(c))。因此,当中间铰链或固定铰链支座约束的是三力构件时,利用三力平衡汇交原理确定其约束力。但为了方便计算,当中间铰链或固定铰链支座约束的是三力构件时,都用正交分力 F_{Ax}、F_{Ay} 表示,如图 2-2-26(d)所示。

(3)活动铰链支座:如图 2-2-27(a)所示,在固定铰链支座的下方安装了滚珠的支座称为活动铰链支座。活动铰链支座限制了构件沿滚珠与构件的支承面法线方向的运动,所以活动铰链支座约束力作用点在轮子和支承面接触处,通过铰链中心垂直于辊子支承面指向构件并垂直于辊子支承面,用符号 F_N 表示。图 2-2-27(b)、图 2-2-27(c)所示为活动铰链支座的几种力学简图及约束力的画法。

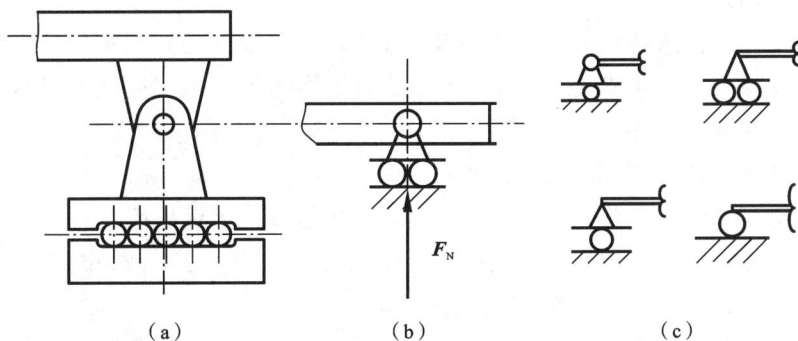

图 2-2-27 活动铰链支座

图 2-2-28(a)所示的 AB 杆在主动力 F 作用下,其 A、B 两端铰链支座的约束力如图 2-2-28(b)所示。注意 A 端的约束力也可以根据三力平衡汇交原理确定,求出力 F 和 F_{NB} 的交点,A 端固定铰链支座的约束力 F_{NA} 必过 F 和 F_{NB} 的交点,如图 2-2-28(c)所示。

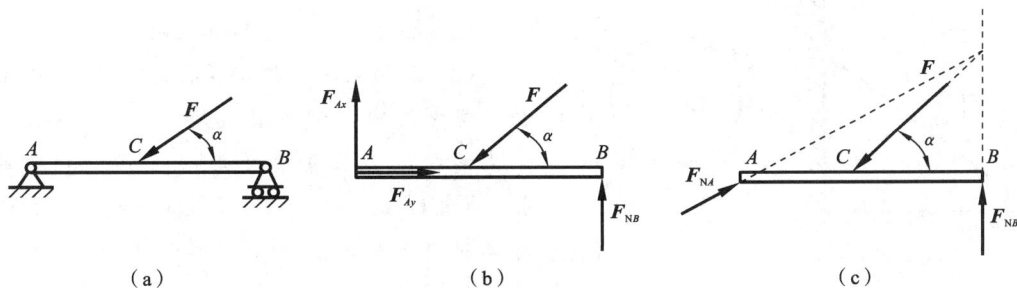

图 2-2-28 约束力的确定

9. 作出杆件的受力图

1)受力图

选取研究对象,解除其周围的约束,将作用于研究对象的所有主动力和约束力在计算简图上画出来,这样的简图称为研究对象的受力图。

2)受力图的作用

正确绘制受力图,是求解静力学问题的关键。物体上一般作用力有主动力和约束力。

受力分析是指分析所研究物体的受力情况,它的任务是首先要确定作用在物体上有哪些力,以及这些力的作用位置和方向;其次还要确定哪些力是已知的,哪些力是未知的,并计算出未知力。

受力分析时,所研究的物体称为研究对象。为正确进行受力分析,必须将研究对象的约束全部解除,并将其从周围物体中分离出来。这种解除了约束并被分离出来的研究对象称为分离体。

将分离体所受的主动力和约束力都用力矢量标在分离体相应的位置上,就得到分离体的受力图。

3)画受力图的步骤

(1)取出分离体。选择合适的研究对象为分离体,它可以是一个物体,也可以是几个物体的组合或整个系统。去掉约束(限制物体运动的周围物体),根据问题的条件和要求,单独画出研究对象的简单几何图形。

(2)画出全部主动力,即重力和已知力。

(3)画出全部约束力。首先明确研究对象周围所受约束,然后确定约束类型,最后根据约束性质画出约束力。必要时,需用二力平衡共线、三力平衡汇交以及作用力与反作用力关系等条件确定某些约束力的指向或作用线的方位。

工程应用中,受力图中未画出重力的就是不计自重;没有提及摩擦时,则视为光滑面接触,不计摩擦力。下面举例说明受力图的画法。

【例 2-2-1】 用一根绳索将放在光滑斜面上重量为 G 的球体固结在墙壁 B 点(见图 2-2-29(a)),画出球体的受力图。

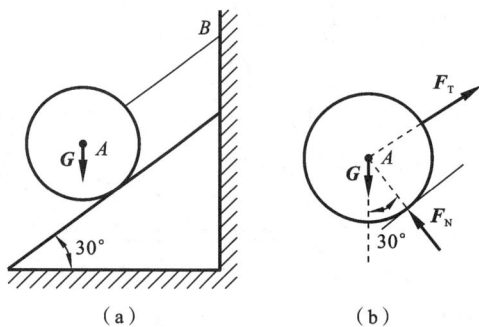

（a）　　　　　（b）

图 2-2-29　球体的受力图

解 (1)取球体为研究对象,解除绳索和光滑斜面约束,单独画出分离体。

(2)画主动力。分离体上有重力 G。

(3)画约束力。根据柔性约束力性质,拉力应沿绳索的中心线并背离物体;再根据光滑面约束的约束力应垂直于斜面并指向物体的特性,画出其相应的约束力 F_T 和 F_N。必须注意:球体受同一平面上三个力作用面平衡,此三个力的作用线必定汇交于球心。球体的受力图如图 2-2-29(b)所示。

【例 2-2-2】 水平梁 AB 用钢制成,用 CD 杆支撑。A、C、D 均为光滑铰链连接,水平梁 AB 重量为 G,其上放置一重量为 G_1 的电动机,如图 2-2-30(a)所示。如不计 CD 杆的自重,试分别画出 CD 杆、水平梁 AB(包括电动机)及整体的受力图。

解 (1)取 CD 杆为研究对象。由于不计自重,因此只在杆的两端分别受到铰链 C 和 D 的约束力作用,可以判断出 CD 杆是受压的二力杆,受力如图 2-2-30(b)所示。

(2)取水平梁 AB(包括电动机)为研究对象。解除 A 和 D 的铰链约束,取出分离体 AB。

画出主动力 **G** 和 **G**₁，水平梁在铰链 *D* 处作用有 *CD* 杆给它的约束力 **F**$_{CD}$，根据作用力与反作用力关系，可知 **F**$_{CD}$＝**F**$'_{DC}$；水平梁在 *A* 处有固定铰链支座给它的约束力 **F**$_A$ 的作用，由于约束力的大小和方向未知，故用两个大小未定的相互垂直分力 **F**$_{Ax}$ 和 **F**$_{Ay}$ 表示。水平梁 *AB* 的受力图如图 2-2-30(c)所示。

（3）取整体为研究对象。*AB* 和 *CD* 构件不分开，作为一个研究对象，受力图如图2-2-30(d)所示。

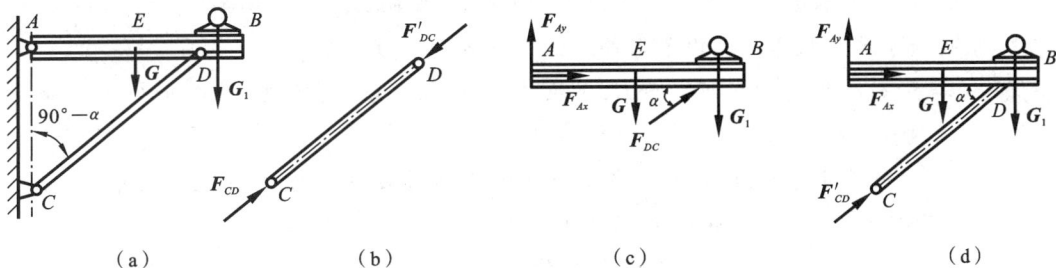

图 2-2-30 系统受力图

【例 2-2-3】 某铣床夹具如图 2-2-31(a)所示，拧紧螺母时，压块就压紧工件，试分别画出螺栓连同螺母、压块和工件 1 的受力图。

解 （1）取螺栓同螺母一起作为研究对象，解除约束，画出分离体。压块作为螺母的约束，拧紧螺母时，它限制了螺母向下的运动，其接触为光滑面约束，所以压块对螺母的约束力沿接触面的公法线（螺栓中心线）指向螺母，用 **F**′ 表示。在 **F**′ 作用下，螺栓有向上运动的趋势，但螺栓与底座相连，故底座对螺栓也产生约束力，用 **F**″ 表示，于是螺栓为二力构件，其约束力 **F**′ 与 **F**″ 必定等值、反向和共线。由此，可画出螺栓连同螺母的受力图，如图 2-2-31(b)所示。

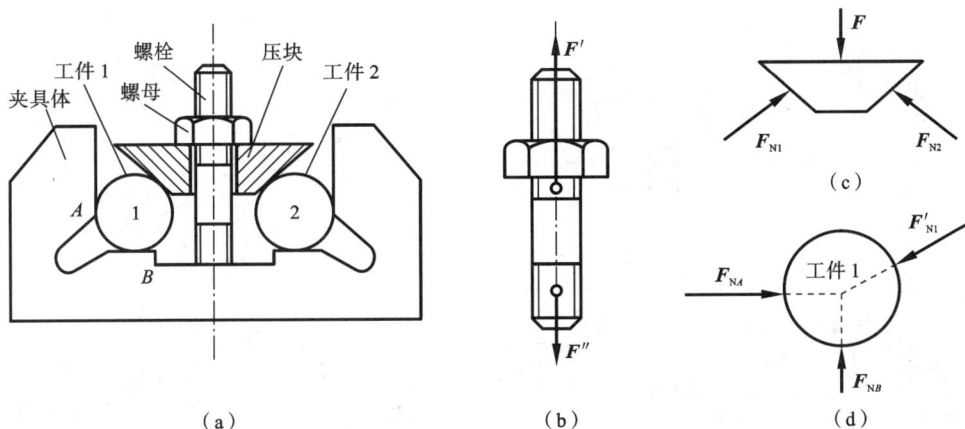

图 2-2-31 铣床夹具

（2）选取压块为研究对象，解除约束，画出分离体。螺母施加于压块上的力用 **F** 表示（可视为主动力），它与 **F**′ 为作用力和反作用力关系。压块与工件 1、工件 2 之间的接触也为光滑面约束,所以工件1、工件2对压块的约束力通过接触面的公用法线并指向压块,用 F_{N1} 和 F_{N2} 表示。压块的受力图如图 2-2-31(c)所示。

(3)取工件1为研究对象,解除约束,画出分离体。压块给工件1的约束力用 F'_{N1} 表示,它与 F_{N1} 为作用力与反作用力。工件1在 A、B 二处与夹具体底座接触也为光滑面约束,这两处的约束力分别通过 A、B 两点沿接触面的公用法线并指向工件,用 F_{NA} 和 F_{NB} 表示。工件1的受力图如图 2-2-31(d)所示。

【例 2-2-4】 曲柄滑块机构如图 2-2-32(a)所示,曲柄 OA 受力偶 M 作用、滑块 B 受力 F 作用,系统处于平衡状态。画出各零件及机构整体的受力图。

解 (1)分别取曲柄 OA、连杆 AB、滑块 B 为研究对象,解除约束,画出分离体和受力图;再画出机构整体受力图。

(2)画出连杆 AB 受力图:因不计自重,连杆 AB 为受压的二力杆,其约束力作用点为 A、B,作用线在两铰链 A、B 中心连线上,受力图如图 2-2-32(b)所示。

(3)画出滑块 B 受力图:除受主动力 F 外,还受到气缸对活塞的光滑面约束,可假设法向的约束力 F_{NB} 向上,连杆对活塞的约束力为 F_{BA},受力图如图 2-2-32(c)所示。

(4)画出曲柄 OA 受力图:曲柄 OA 受到力偶 M 的作用,不是二力杆,A 处受到连杆的约束,根据作用与反作用力关系有 F_{AB},铰链 O 处的约束力为 F_{Ox} 和 F_{Oy},受力图如图 2-2-32(d)所示。由于力偶必须与力偶平衡,也可以断定 F_{Ox} 和 F_{Oy} 的合力 F_{ON} 的作用线与 F_{AB} 平行,且构成力偶,受力图如图 2-2-32(e)所示。

(5)画出曲柄连杆机构整体受力图:A、B 两铰链处所受力为内力(是两个物体之间的相互作用力),不用画内力。只要求画出外力即可,曲柄连杆机构整体的受力图如图 2-2-32(f)所示。

应该指出,在分析和解决工程实际问题时,二力构件的受力图是其他构件受力分析的基础,如图 2-2-32(d)所示。

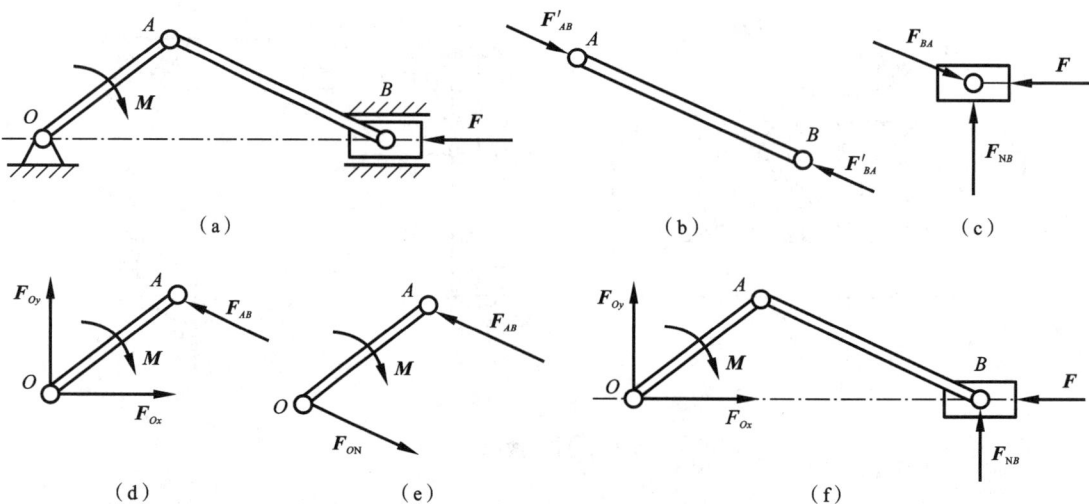

(a)

(b)

(c)

(d)

(e)

(f)

图 2-2-32 曲柄滑块机构

通过上述实例分析,可归纳出画受力图时应注意如下事项。

(1) 只画受力,不画施力。

(2) 只画外力,不画内力。例如,在曲柄滑块机构中,当取连杆为分离体时,F'_{AB} 和 F'_{BA} 属于外力;当取整体为分离体时,F'_{AB} 和 F'_{BA} 又属于内力,内力成对出现,不用画内力。可见内力与外力的区分不是绝对的,只有相对于某一确定的分离体才有意义。

(3) 解除约束后,才能画约束力。

(4) 画受力图时,通常应先找出二力构件,根据作用力和反作用力关系推出与之相连处的约束力。

通过取分离体和画受力图,可把物体之间的复杂联系简化成力的关系,这样就为分析和解决力学问题提供了依据。

二、杆件的基本变形

1. 内力、轴力与应力的概念

1) 内力的概念

杆件以外的物体对杆件的作用力(主动力和约束力)称为外力。杆件的内力不同于静力分析中物体系统的内力,而是杆件在外力作用下发生变形,引起内部相邻各部分相对位置发生变化,从而产生附加的内力。这就是所要研究的内力。

杆件的内力随着外力的增加而增加,对于确定的材料,内力的增加是有一定限度的,超过了这个限度,构件将失效。

2) 轴力的概念

研究图 2-2-33(a)中所示的拉杆,为了确定任意截面上的内力,假想用截面 m-m 把拉杆分成两部分,如图 2-2-33(b)、图 2-2-33(c)所示。取其中任意部分画受力图,列静力学平衡方程:

$$\sum F_x = 0, \quad F_N - F = 0$$

得 $F_N = F$。

其作用线通过截面中心与杆的轴线重合,称为轴力,用 F_N 表示,方向如图 2-2-33(b)、图 2-2-33(c)所示。可以看出,截取处左右两侧截面上的内力互为作用和反作用力,因而大小相等、方向相反。通常轴力 F_N 的正负号规定:使杆件产生拉伸变形者为正、产生压缩变形者为负,即拉为正、压为负。因此,杆件上任意截面的轴力 F_N,等于该截面以左(或以右)边部分杆件上所有轴向外力的代数和。轴力 F_N 在轴线方向变化的情形可以用轴力图表示,借助于轴力图可以确定杆件上最大的轴力 F_{Nmax} 的大小和方向,及其作用截面的位置。

3) 应力的概念

图 2-2-33 所示的阶梯杆件受到的内力是相同的,但截面积较小的容易被拉断,是因为截面积较小的截面上的内力相对于截面积较大的截面上的内力大,所以要解决强度问题,不仅要研究内力的大小,还要研究杆件内力在截面上分布的集中程度。把内力在截面上分布的密集程度称为应力,并把垂直于截面的应力称为正应力 σ,平行于截面的应力称为切应力 τ。

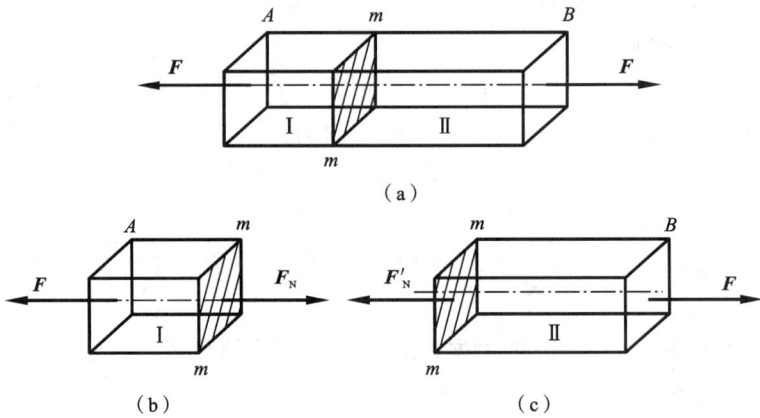

图 2-2-33 拉杆的内力

应力的单位为 Pa(帕),工程中使用的单位 kPa(千帕)、MPa(兆帕)、GPa(吉帕)之间的关系为

$$1 \text{ GPa} = 1 \times 10^3 \text{ MPa} = 1 \times 10^6 \text{ kPa} = 1 \times 10^9 \text{ Pa}$$

为运算方便,常用 MPa(兆帕),$1 \text{ MPa} = 1 \times 10^6 \text{ N/m}^2 = 1 \text{ N/mm}^2$。

2. 直杆轴向拉伸与压缩的概念

材料力学中所研究的直杆多数是等截面的,称为等直杆。

轴向拉伸或轴向压缩:在一对作用线与直杆轴线重合的外力作用下,直杆的主要变形是长度的改变。这种变形形式称为轴向拉伸或轴向压缩,如图 2-2-34(a)、图 2-2-34(b)所示。

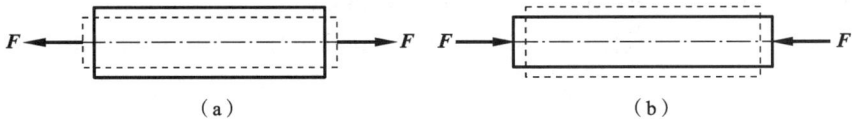

图 2-2-34 阶梯杆件的受力

这类杆件从几何上均可抽象为等直杆。其受力特点是:作用于杆端外力的合力作用线与杆轴线重合。其变形特点是:沿轴线方向伸长或缩短。

3. 计算轴力和正应力

1)拉伸(压缩)时横截面上的内力

为了确定拉压杆截面 m-m 上的内力,可用截面法假设在 m-m 截面处将杆件截断(见图 2-2-34),任取一段(如第 I 段)为研究对象,由平衡方程

$$\sum F_x = 0, \quad F_N - F = 0$$

则 $F_N = F$。式中,F_N 为杆件任意截面 m-m 上的内力。因为外力 F 与杆轴线重合,所以内力 F_N 的作用线也与杆轴线重合。

为了使由部分 I 与部分 II 所得同一截面 m-m 上的轴力具有相同的正负号,联系到变形

情况,规定:拉杆的变形是纵向伸长,其轴力为正,称为拉力,如图 2-2-35(a)所示;压杆的变形是纵向缩短,其轴力为负,称为压力,如图 2-2-35(b)所示。可见拉力是背离截面的,压力是指向截面的。

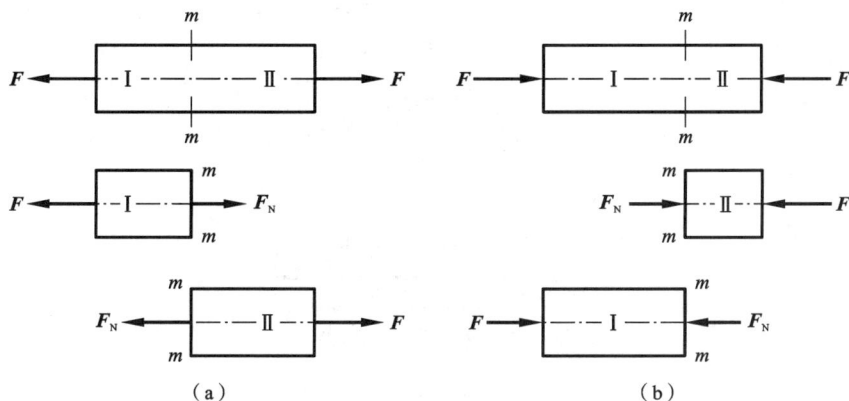

（a）　　　　　　　　　　　　　（b）

图 2-2-35　拉伸(压缩)时横截面上的内力

2）轴力图

当杆件受到多个轴向外力作用时,在杆的不同段内将有不同的轴力。为了形象地表明杆内轴力随着截面位置的变化而变化的情况,可根据求得的轴力作出轴力图。通常是按选定的比例尺,用平行于杆轴线的坐标表示截面的位置,用垂直于杆轴线的坐标表示截面上轴力的数值,从而绘出表示轴力与截面位置关系的图,该图称为轴力图。当杆轴线为水平方向时,习惯上将正值的轴力画在上侧,负值的轴力画在下侧。从轴力图上可确定最大轴力的数值及其所在截面的位置。

【例 2-2-5】 一等直杆受力情况如图 2-2-36(a)所示,试作杆的轴力图。

解 在求 AB 段内任意截面上的轴力时,沿任意截面 1-1 将杆截开,应用截面法研究截开后左段杆的平衡(左段杆较右段杆外力少)。假定轴力 F_{N1} 为拉力(见图 2-2-36(b)),由平衡方程可求得 AB 段内任意截面上的轴力为

$$\sum F_x = 0, \quad F_{N1} - 4 = 0$$

得 $F_{N1} = 4$ kN。

再在 BC 段内沿任意截面 2-2 将杆截开,选左段杆为研究对象(此时亦可选右段杆来研究),假定轴力 F_{N2} 为拉力(见图 2-2-36(c)),由平衡方程求得 BC 段内任意截面上的轴力为

$$\sum F_x = 0, \quad F_{N2} + 7 - 4 = 0$$

得 $F_{N2} = -3$ kN。结果为负值,说明与原先假设的 F_{N2} 指向相反,即应为压力。

同理,求得 CD 段内任意截面上的轴力(见图 2-2-36(d)):$F_{N3} = 3$ kN,为拉力。

注意,在求 CD 段内的轴力时,将杆截开后宜选择右段杆为研究对象,因为右段杆比左段杆包含的外力少。

最后,按前述作轴力图的规则,作出杆的轴力图(见图 2-2-36(e))。由轴力图可以看出,

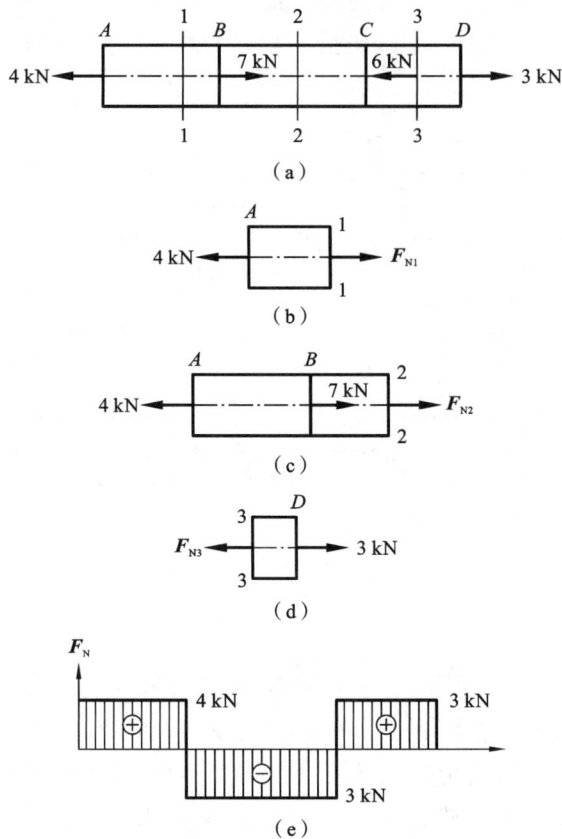

图 2-2-36 杆的轴力图

最大轴力 F_N 发生在 AB 段内任意截面上,其值为 4 kN。

必须指出,在运用截面法求轴力时,一般假设轴力方向为截面外法线方向(正方向),然后由平衡方程求出轴力的数值。若求得的轴力为正,说明该截面上的轴力是拉力;若求得的轴力为负,则说明该截面上的轴力是压力。

3)拉(压)杆横截面上的应力

轴力是横截面上分布内力的合力,为了研究杆件的强度,还必须求出截面上任意点的应力。为此,必须知道截面上内力的分布规律,而内力的分布又与变形的分布密切相关。因此,可考察杆件在受力后表面上的变形情况,由表及里地作出杆件内部变形情况的几何假设,再根据力与变形间的物理关系,得到应力在截面上的变化规律,即研究拉(压)杆截面上的应力需综合考虑几何、物理、静力学三个方面。

为了便于观察杆的变形情况,在其表面画若干与杆轴线平行或垂直的纵向线与横向线,这些纵向线与横向线组成许多小正方格,如图 2-2-37(a)所示。

在杆端加上一对轴向拉力 F 后,可见:杆上所有纵向线伸长相等,横向线仍为直线并与纵向线保持垂直,即原先的正方格变成了长方格,如图 2-2-37(b)所示。根据这一现象,可以进一步推断杆内的变形,提出一个重要的变形假设——平面假设,认为杆件变形后,其截面仍为平面且垂直于轴线。对拉杆来说，平面假设的特点是杆变形后两截面沿杆轴线作相对平移，其间的所有纵向线的伸长均相同，也就是说，拉杆在其任意两个截面之间的伸长变形是均匀的。

由于假设材料是均匀、连续性的，由此推断：截面上内力均匀分布，且其方向垂直于截面，即截面上只有正应力 $\boldsymbol{\sigma}$，而且是均匀分布的，如图 2-2-37(c)所示。这一推断已为光弹性试验所证实。由此可知，横截面上正应力 $\boldsymbol{\sigma}$ 的计算公式为

$$\boldsymbol{\sigma} = \boldsymbol{F}_{\mathrm{N}}/A \qquad (2\text{-}2\text{-}3)$$

式中：A 为杆件横截面面积；

$\boldsymbol{F}_{\mathrm{N}}$ 为轴力。

对轴向压缩的杆，式(2-2-3)同样适用。规定 $\boldsymbol{\sigma}$ 的符号与轴力 $\boldsymbol{F}_{\mathrm{N}}$ 相同，即拉应力为正，压应力为负。

严格地说，在杆端集中力作用点附近，应力并非均匀分布。所以，式(2-2-3)在集中力作用点的小范围内是不适用的。圣维南原理指出：力作用于杆端方式的不同，只会使与杆端距离不大于杆的横向尺寸的范围内受到影响。这一原理已为实验所证实，所以在拉(压)杆的应力计算中，都以公式(2-2-3)为准。

【例 2-2-6】 图 2-2-38(a)所示结构的 BC 杆为直径 $d=20$ mm 的钢杆，AB 杆的截面积为 540 mm^2，已知 $F=2$ kN。试求 AB 杆和 BC 杆截面上的正应力。

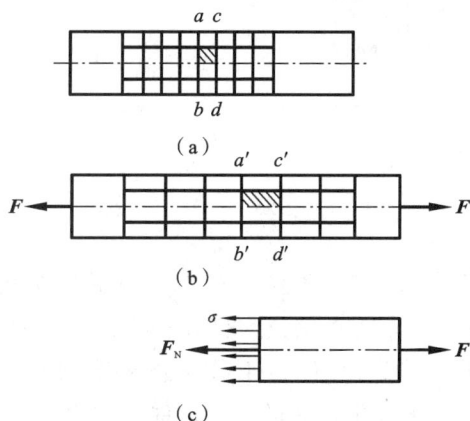

图 2-2-37 观察杆的变形

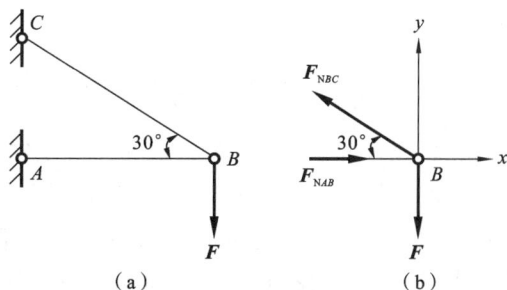

图 2-2-38 例题的受力分析

解 (1)计算各杆轴力。由于各杆的连接方式都是铰接，且荷载作用在节点处，因此，AB 杆和 BC 杆均为二力杆。选节点 B 为研究对象，受力分析如图 2-2-38(b)所示。由平衡方程：

$$\sum F_x = 0, \quad F_{NAB} - F_{NBC}\cos 30° = 0$$

$$\sum F_y = 0, \quad F_{NBC}\sin 30° - F = 0$$

得

$$F_{NBC} = 4 \text{ kN} \quad (\text{拉力})$$

$$F_{NAB} = 3.46 \text{ kN} \quad (\text{压力})$$

（2）计算各杆应力。*BC* 杆的内力是轴向拉力，其截面上的正应力为

$$\sigma_{BC}=\frac{F_{NBC}}{A_{BC}}=\frac{4\times10^3}{\frac{\pi}{4}\times20^2\times10^{-6}}\ \text{N/m}^2=12.7\times10^6\ \text{N/m}^2=12.7\ \text{MPa}\quad（拉应力）$$

AB 杆的内力是轴向压力，其截面上的正应力为

$$\sigma_{AB}=\frac{F_{NAB}}{A_{AB}}=\frac{3.46\times10^3}{540\times10^{-6}}\ \text{N/m}^2=6.4\times10^6\ \text{N/m}^2=6.4\ \text{MPa}\quad（压应力）$$

4. 剪切与挤压的概念

1）剪切变形

受力特点：构件两侧面上作用大小相等、方向相反、作用线平行且相距很近的两个外力。

变形特点：夹在两力作用线之间的截面发生了相对错动，如图 2-2-39（a）所示。

2）挤压变形

像剪刀与管子在接触面相互作用而压紧，称为挤压，如图 2-2-39（b）所示。

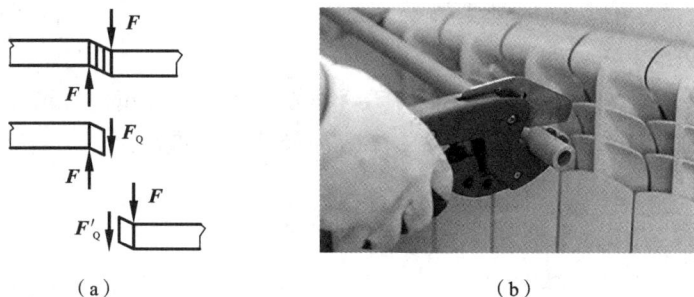

（a）　　　　　　　　　　（b）

图 2-2-39　剪切变形与挤压变形

5. 圆轴扭转、直梁弯曲的概念

在工程实际中，有很多承受扭转的杆件。例如，汽车转向轴（见图 2-2-40）、水轮发电机的主轴（见图 2-2-41）、机器中的传动轴等。这些杆件的受力特点是：所受到的外力是一些力偶矩作用在与杆轴线垂直的平面内。这些杆件的变形特点是：杆件的任意两个截面，都绕轴线发生相对转动。杆件的这种变形形式称为扭转变形。工程中传递转动的杆件通常称为轴。

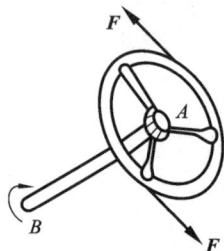

图 2-2-40　汽车转向轴

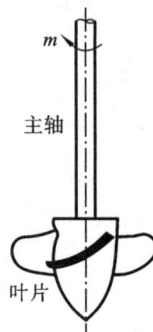

图 2-2-41　水轮发电机的主轴

6. 弯曲与扭转的组合变形的概念

工程中的传动轴,大多处于弯曲与扭转组合变形状态。当弯曲变形较小时,传动轴可近似地按扭转问题来计算;当弯曲变形不能忽略时,就需按弯曲与扭转组合变形来计算。

7. 根据工程实例判断杆件基本变形的类型

杆件变形的基本形式有拉伸、压缩、剪切、扭转、弯曲,分别如图 2-2-42(a)至图 2-2-42(e)所示。

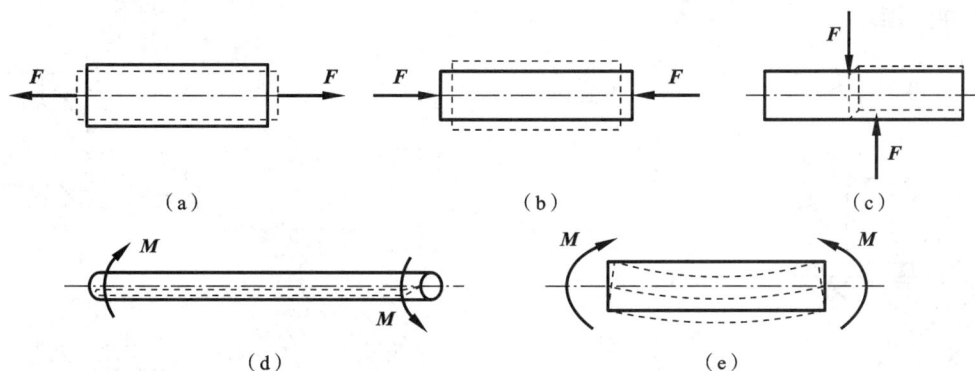

图 2-2-42　杆件变形的基本形式

由于外力以不同的形式作用在杆件上,其引起杆件的变形有的比较简单,有的相当复杂。不过,复杂的变形可以看成是几种基本变形的组合,称为组合变形。

1)轴向拉(压)的工程实例

上述承受拉伸或压缩的构件均为"直杆",载荷施加在两端,合力的作用线与杆轴线方向重合,产生杆轴线方向的拉伸或压缩变形,这类杆的受力和变形均可抽象为图 2-2-43(a)、图2-2-43(b)所示的力学模型,图 2-2-43(a)所示的杆件,分别称为"拉杆"和"压杆"。

工程中,还有的零件或构件同时承受沿着轴线方向的几个外力作用。这些零件或构件也将产生在轴线方向的拉伸或压缩变形,如图 2-2-43(b)、图 2-2-43(c)所示。

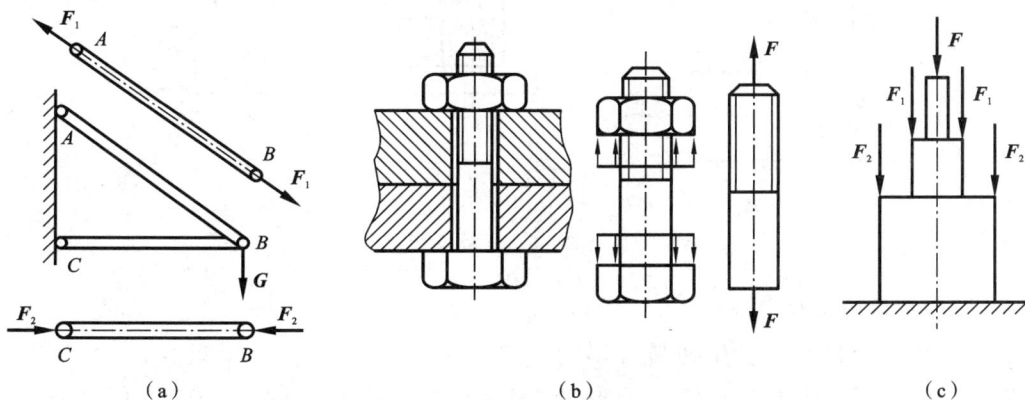

图 2-2-43　杆件轴向拉(压)的基本形式

2) 剪切和挤压的工程实例

如图 2-2-44(a)所示,用压力机剪切钢板,钢板被剪切时,在上下刀刃挤压下沿着 m-n 面发生相对错动,直到最后被剪断。常用的键(见图 2-2-45)、螺栓(见图 2-2-46)、铆钉等连接件在外力作用下,沿 m-n 截面发生剪切变形,当外力过大时可沿剪切面将连接件剪断,因此必须进行抗剪强度计算。连接件发生剪切变形的同时,连接件和被连接件的接触面相互压紧,这种现象称为挤压。挤压力过大时,在接触面的局部范围内将发生塑性变形或被压溃,如图 2-2-46(b)所示,这种现象称为挤压破坏。相互压紧的接触面称为挤压面,一般挤压力垂直于挤压面。

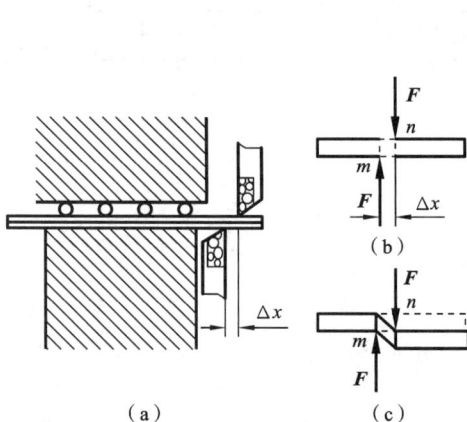

图 2-2-44 压力机

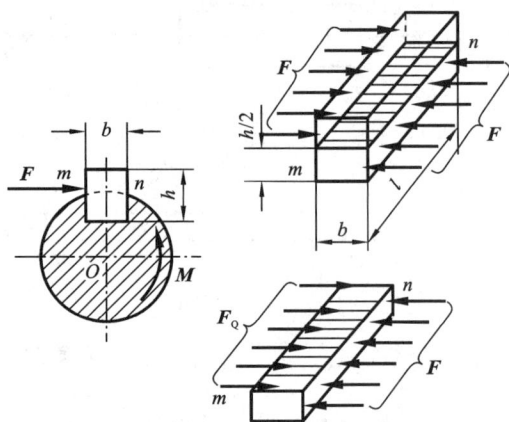

图 2-2-45 平键连接

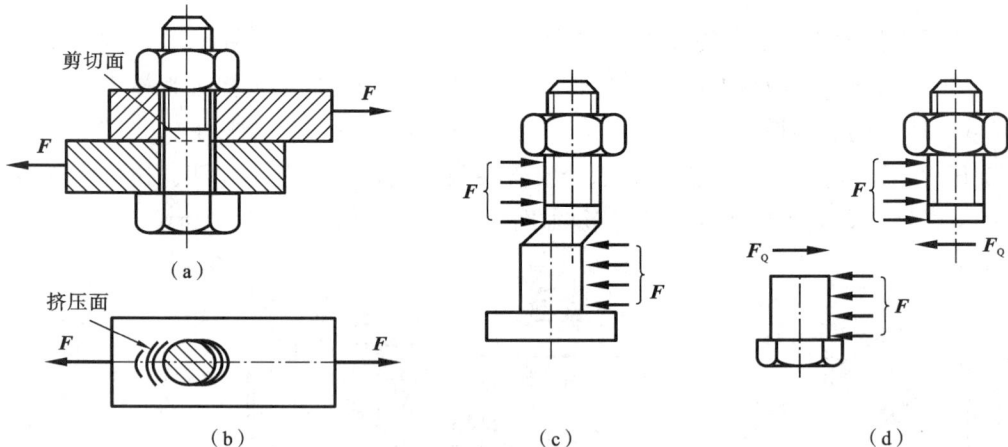

图 2-2-46 螺栓连接

3) 圆轴扭转的工程实例

工程实践中经常看到发生扭转变形的现象。在日常生活中,拧干衣服、使用钥匙开门等;在工程中,汽车中传递转向盘动力的传动轴、传递发动机动力的传动轴,如图 2-2-47(a)、图 2-2-47(b)所示,左端受发动机的主动力偶作用,右端受传动齿轮的阻抗力偶作用。又如,桥式起重机的传动轴(见图 2-2-47(c)),它的两端分别以联轴器与减速器的输出轴和车轮的轮轴相接,将减速器输出的动力传至车轮驱动起重机行驶。其受力如图 2-2-47(d)所示。

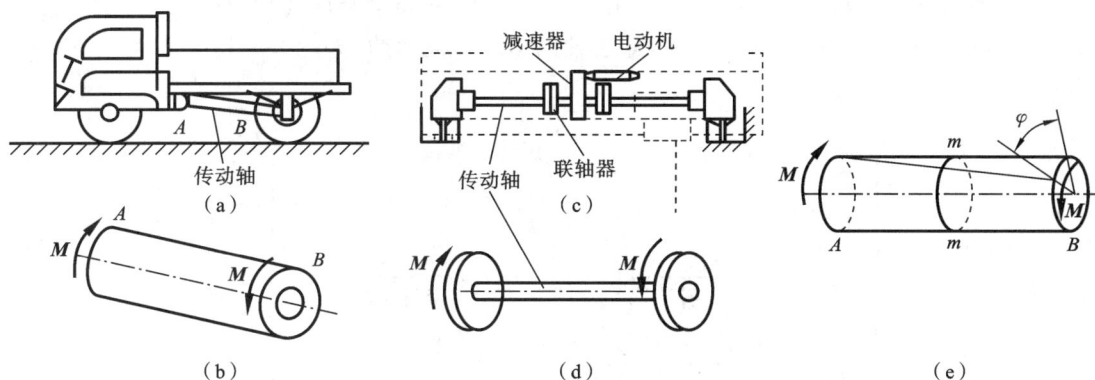

图 2-2-47 圆轴扭转的工程实例

4)平面弯曲的工程实例

工程中,承受弯曲或主要承受弯曲的构件有很多。图 2-2-48(a)所示的机车的车轴,图 2-2-48(b)所示的承受设备与起吊重量作用的桥式吊车大梁等都要发生弯曲变形。图 2-2-48(c)所示的直立式水塔,在自重作用下将产生压缩变形,在风力载荷作用下还将产生弯曲变形。

当构件承受垂直于其轴线的外力或位于其轴线所在平面内的力偶作用时,其轴线将弯曲成曲线,这种受力与变形形式称为弯曲变形。主要承受弯曲变形的构件统称为梁。根据梁的支座性质与支座位置的不同,梁可分为外伸梁(见图 2-2-48(a))、简支梁(见图 2-2-48(b))、悬臂梁(见图 2-2-48(c))。

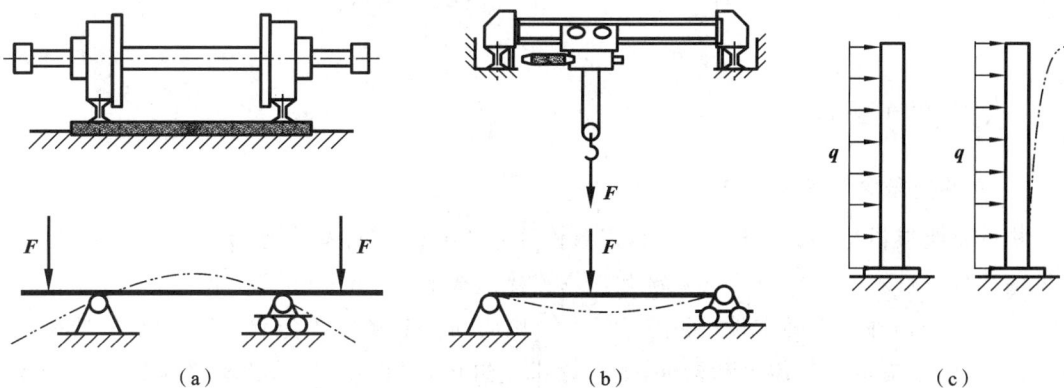

图 2-2-48 平面弯曲的实例

注意:对于机车轮轴、大梁和水塔等,抓住其主要因素,忽略次要因素,进行均匀连续假设、各向同性假设和弹性小变形假设等三个假设,分别建立力学模型。

5) 组合变形的工程实例

(1) 工程实例如图 2-2-49 所示。

烟囱:自重引起轴向压缩+水平方向的风力而引起的弯曲,如图 2-2-49(a)所示。

传动轴:在齿轮啮合力的作用下,发生弯曲+扭转,如图 2-2-49(b)所示。

立柱:荷载不过轴线,为偏心压缩,等于轴向压缩+纯弯曲,如图 2-2-49(c)所示。

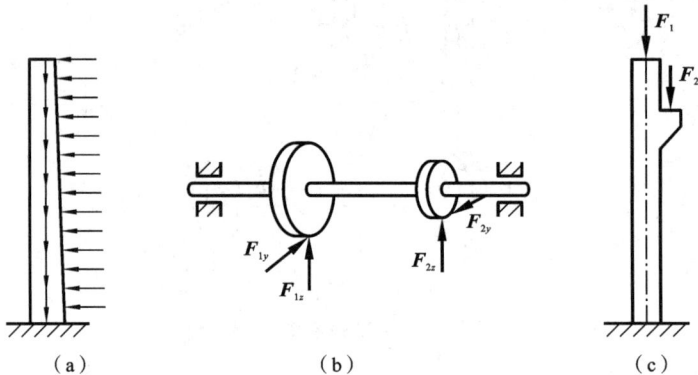

图 2-2-49　组合变形工程实例

(2) 组合变形的常见方式如下。

① 拉伸(压缩)与弯曲组合变形;

② 扭转和弯曲组合变形。

(3) 组合变形的研究方法:对于弹性状态的构件,将其组合变形分解为基本变形,考虑在每一种基本变形下的应力和变形,然后对其进行叠加。

第三节　常用机构

一、平面连杆机构

1. 构件的概念及其表示方法

构件是组成机构的基本运动单元,多数构件是由若干零件固定连接而组成的刚性组合,如齿轮构件(见图 2-3-1)就是由轴、键和齿轮连接组成的。

机构中的构件分为固定件(机架)、原动件和从动件三类。固定件(机架)是机器中绝对不动的构件,它支承着其他可动构件,如内燃机气缸体(见图 2-3-2);原动件是机构中接受外部给定运动规律的可动构件,如内燃机的活塞;从动件是机构中随原动件运动的可动构件,如内燃机的连杆、曲轴等。

在机构运动简图中,构件可用直线(或小方块)表示。例如,图 2-3-3(a)、图 2-3-3(b)、图 2-3-3(c)、图 2-3-3(d)所示为一个构件在两处形成的运动副,图 2-3-3(e)、图 2-3-3(f)所示为一个构件在三处形成了运动副。构件的结构形式与其受力状况、运动特点及相对尺寸等有关。

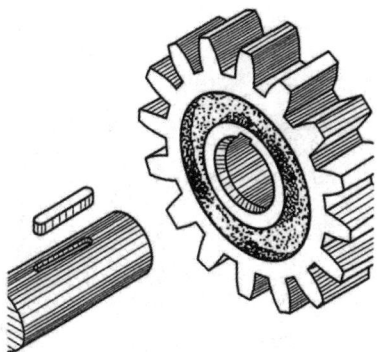

图 2-3-1　齿轮构件

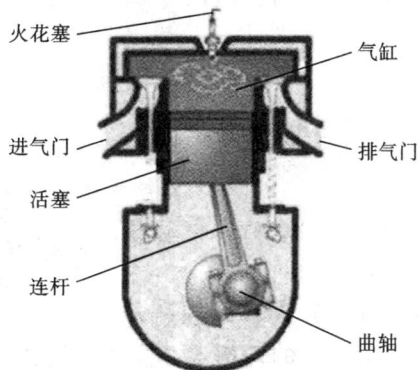

图 2-3-2　内燃机气缸体结构图

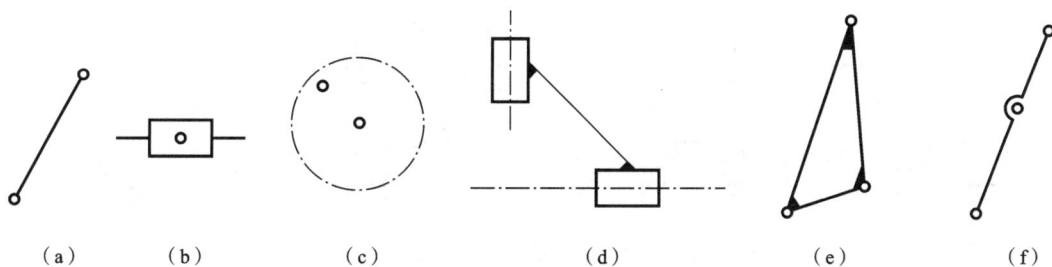

图 2-3-3　构件的表示方法

2. 运动副的概念、分类及其表示方法

机构中构件之间是相互连接的，并且构件之间可以相对运动，如内燃机中的活塞与气缸可以相对运动，连杆与曲轴可以相对转动。在机构中，每个构件都以一定的方式与其他构件接触，二者之间形成一种可动连接，从而使相互接触的构件的相对运动受到限制。构件与构件之间既保持直接接触和制约，又保持确定的相对运动的可动连接，称为运动副。

根据机构中两构件接触的几何特征进行分类，运动副分为平面运动副和空间运动副。两构件在同一平面内所组成的运动副称为平面运动副，平面运动副包括低副和高副。运动副两构件之间的相对运动是空间运动的称为空间运动副。

1）低副

构件之间通过面接触所形成的运动副称为低副，常见的低副有转动副、移动副和螺旋副。低副的接触面一般为平面，承载时压强较小，容易制造和维修，承载能力大；但低副磨损较大，传动效率较低，不能传递较复杂的运动。

（1）转动副。

组成运动副的两构件在接触处仅做相对转动的运动副称为转动副（或称为铰链）。转动副通常由圆柱面与圆柱孔组成。例如,内燃机的活塞与连杆、连杆与曲轴、曲轴与机架之间的连接都属于转动副。转动副的表示方法如图 2-3-4 所示,图中圆圈表示转动副,直线表示构件,带斜线部分表示固定构件(或机架),三角形通常表示原动件。

图 2-3-4　转动副的表示方法

（2）移动副。

组成运动副的两构件在接触处仅做相对移动的运动副称为移动副。移动副一般由滑块与导槽组成,如内燃机的活塞与气缸之间的连接就属于移动副。移动副的表示方法如图 2-3-5 所示,图中方块表示滑块,直线表示构件,带斜线部分表示固定构件(或机架)。

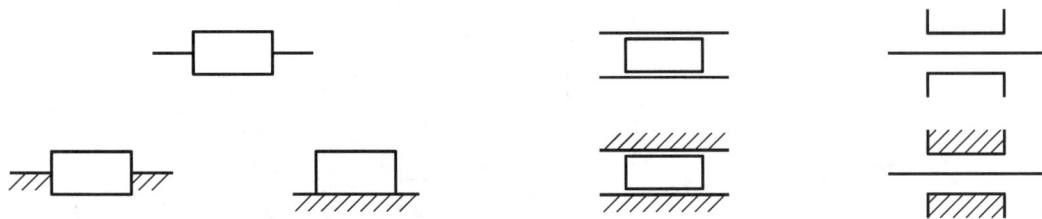

图 2-3-5　移动副的表示方法

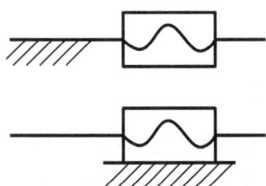

图 2-3-6　螺旋副的表示方法

（3）螺旋副。

组成运动副的两构件在接触处仅做螺旋面转动的运动副称为螺旋副。螺旋副通常由丝杠与螺母组成,构成螺旋副的两构件的运动为空间的螺旋曲面,不属于平面运动副范畴。螺旋副的表示方法如图 2-3-6 所示,图中方块表示螺母,直线与螺纹线表示丝杠,带斜线部分表示固定螺母(或固定丝杠)。

利用螺旋副可传递动力和运动,可使主动件的回转运动转换为从动件的直线运动。

2）高副

两构件之间通过点(或线)接触形成的运动副称为高副。例如,齿轮的啮合(齿轮副)、凸轮与从动件的接触(凸轮副)、滚动轮与轨道的接触等都属于高副。高副可用两构件直接接触处的轮廓表示,如图 2-3-7 所示。由于高副是以点或线相接触的,其接触部分的压强较高,因此易磨损、寿命短、制造和维修较困难,但高副可传递较复杂的运动。

3. 平面机构自由度的概念、计算及其注意事项

1）概念

在运动链中,若以某一构件作为机架,而当另一个(或几个)构件按给定的运动规律运动

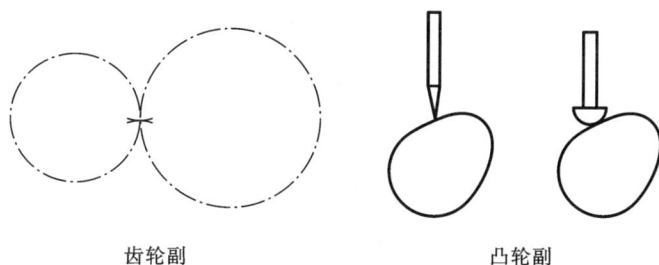

齿轮副　　　　　　　　　凸轮副

图 2-3-7　高副的表示方法

时,其余各构件都具有确定的运动,则该运动链便成为机构。为了使所设计的机构能够运动并具有运动的确定性,必须探讨机构自由度和机构具有确定运动的条件。机构具有确定运动时所必须给定的独立运动参数的数目,称为机构的自由度。

2) 计算公式

在平面机构中,各构件只作平面运动。如图 2-3-8 所示,当作平面运动的构件 1 尚未与构件 2 构成运动副时,共具有三个自由度(沿 x、y 轴的移动及绕与运动平面垂直的轴线的转动)。设一个平面机构共有 n 个活动构件(除机架外的可动构件),当各构件尚未构成运动副时共有 $3n$ 个自由度。在各构件用运动副连接后,运动副的约束会使系统

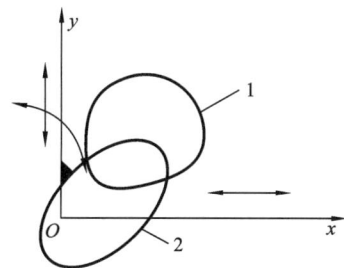

图 2-3-8　平面运动构件自由度

的自由度相应减少,减少的数目将等于运动副引入的约束数。在平面机构中,每个运动副引入的约束至多为 2,至少为 1。而每个低副引入两个约束,每个高副引入一个约束(这里所说的高副,即两构件间既可以沿瞬时接触点的公切线方向滑动,又可绕瞬时接触点转动)。所以在平面机构中,两构件构成的运动副可以有低副和高副。若该机构中各构件间共构成了 p_L 个低副和 p_H 个高副,那么它将共引入 $(2p_L+p_H)$ 个约束,于是该机构的自由度为

$$F=3n-(2p_L+p_H)=3n-2p_L-p_H \tag{2-3-1}$$

判断一个机构是否具有确定的运动,除了机构的自由度外,还需要明确机构给定的原动件数目。下面分析几个例子。

如图 2-3-9 所示的四杆机构,$n=3$,$p_L=4$,$p_H=0$,由式(2-3-1)得 $F=1$。所以只要给定一个运动参数(给定一个原动件,如给定构件 1 的角位移 φ_1),则其余构件的运动也是确定的。也就是说,这个自由度为 1 的机构在具有一个原动件时可以获得确定的运动。又如图 2-3-10 所示的五杆机构,$n=4$,$p_L=5$,$p_H=0$,由式(2-3-1)得 $F=2$。该机构具有两个自由度,若只给定一个原动件,如给定构件 1 的角位移 φ_1,此时其余构件的运动并不能确定。当构件 1 处在位置 AB 时,构件 2、3、4 可处在位置 $BCDE$,也可以处在位置 $BC'D'E$,或者其他位置。但是,若再给定一个原动件,如构件 4 的角位移 φ_4,即同时给定两个独立的运动参数,则不难看出,此时五杆机构各构件的运动便完全确定了。所以,该机构必须有两个原动件,才能有确定的运动。又如图 2-3-11 所示的运动链,$n=2$,$p_L=3$,$p_H=0$,由式(2-3-1)得 $F=3\times2-2\times3-0=0$,可以看出,这个自由度等于零的运动链是不能产生相对运动的桁架。

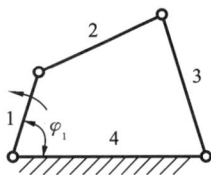

图 2-3-9   四杆机构

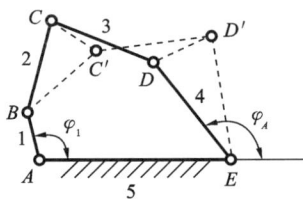

图 2-3-10   五杆机构

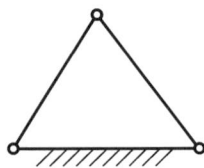

图 2-3-11   桁架

综上所述,机构具有确定运动的条件是:机构的自由度大于零且机构自由度的数目等于原动件的数目。

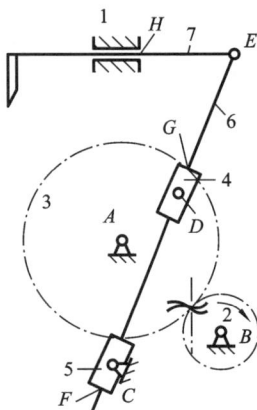

图 2-3-12   牛头刨床运动简图

【例 2-3-1】 试计算图 2-3-12 所示牛头刨床的自由度,并判断该机构是否有确定的运动。

解   由该机构的运动简图可以看出,该机构共有 6 个活动构件(构件 2～构件 7),8 个低副(点 A、点 B、点 C、点 D、点 E 处的转动副,点 F、点 G、点 H 处的移动副),1 个高副(齿轮 2 与齿轮 3 的啮合)。因此,根据式(2-3-1)可求得该机构的自由度为

$$F = 3n - 2p_{\text{L}} - p_{\text{H}} = 3 \times 6 - 2 \times 8 - 1 = 1$$

由图示箭头可知,该机构具有一个原动件,原动件数目与机构的自由度相等,故该机构具有确定的运动。

3) 注意事项

在计算机构自由度时,还应当注意以下一些特殊问题。

(1) 复合铰链。

两个以上的构件构成同轴线的转动副时,就构成了所谓的复合铰链。如图 2-3-13(a)所示,3 个构件在一起以转动副相连接而构成复合铰链;而由图 2-3-13(b)可以清楚地看出,此 3 个构件共构成了 2 个转动副,而不是 1 个。同理,若 m 个构件在一处用复合铰链相连时,其构成的转动副数目应为(m-1)个。在计算机构自由度时,应注意是否存在复合铰链,以免把转动副数目弄错,而使自由度的计算出错。

(2) 局部自由度。

若机构中的某些构件所产生的局部运动并不影响其他构件的运动,就把这种不影响机构整体运动的自由度称为局部自由度。

例如,图 2-3-14(a)所示的凸轮机构,在按式(2-3-1)计算自由度时,$F = 3n - 2p_{\text{L}} - p_{\text{H}} = 3 \times 3 - 2 \times 3 - 1 = 2$。但是,滚子绕其自身的转动并不影响其他构件的运动,因此它是一种局部自由度。局部自由度的处理方法是:假设将滚子 2 与推杆 3 固接在一起,即把 2 和 3 看成一个构件,显然这样处理并不影响机构整体的运动,如图 2-3-14(b)所示。但此时,$n = 2$,$p_{\text{L}} = 2$,$p_{\text{H}} = 1$,所以按式(2-3-1)计算得 $F = 1$。由此可见,在计算机构的自由度时,应将机构中的局部自由度除去不计。局部自由度虽然不影响整个机构的运动,但滚子可使高副接触处

的滑动摩擦变为滚动摩擦而减少磨损,所以实际机械中常有局部自由度出现。

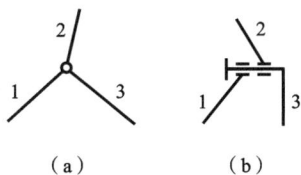

图 2-3-13 复合铰链

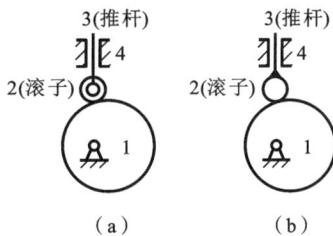

图 2-3-14 局部自由度

（3）虚约束。

对机构运动实际上不起限制作用的约束称为虚约束。

例如,图 2-3-15(a)所示的平行四边形机构,该机构的自由度 $F=1$。若在构件 3 与机架 1 之间与 AB 或 CD 平行地铰接一构件 5,即构件 5 与构件 2、4 相互平行且长度相等,如图 2-3-15(b)所示。显然,构件 5 对该机构的运动并不产生任何影响。但此时该机构的自由度却变为 $F=3n-2p_L-p_H=3\times4-2\times6-0=0$,这是因为连杆 BC 作平动,其上一点(包括构件 3 上的点 E)的运动轨迹均为圆心位于 AD 线上、半径等于 $AB(=CD=EF)$ 的圆,因此构件 3 上点 E 的运动轨迹与构件 5 上点 E 的运动轨迹重合,使得构件 5 及其添加的 E、F 运动副未起到实际的约束作用,故它是一个虚约束。在计算机构的自由度时,应将机构中构成虚约束的构件连同其所附带的运动副全都除去不计。

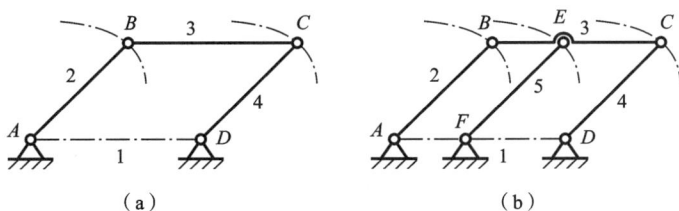

图 2-3-15 虚约束 1

机构中引入虚约束,主要是改善机构的受力情况或增加机构的刚度。机构中的虚约束常发生在下列情况下。

① 若构件上某点的运动轨迹与在该点引入运动副后该点的运动轨迹完全相同,则构成虚约束(如上所述的情况)。如图 2-3-16 所示的一椭圆仪机构中,$\angle CAD=90°$,$AB=BC=BD$,可以证明该机构运动时构件 2 上的点 C 和滑块 3 上的点 C 运动轨迹都是 AC 直线,所以 C 处(或 D 处)为虚约束。

② 若两构件之间组成多个导路平行的移动副,则只有一个移动副起作用,其他都是虚约束,如图 2-3-17 所示。

③ 若两构件之间组成多个轴线重合的回转副,则只有一个回转副起作用,其余都是虚约束,如图 2-3-18 所示。

④ 若在机构的运动过程中,某两构件上的两动点之间的距离始终保持不变,则将此两点以构件相连,也会带入虚约束,如图 2-3-19 所示。

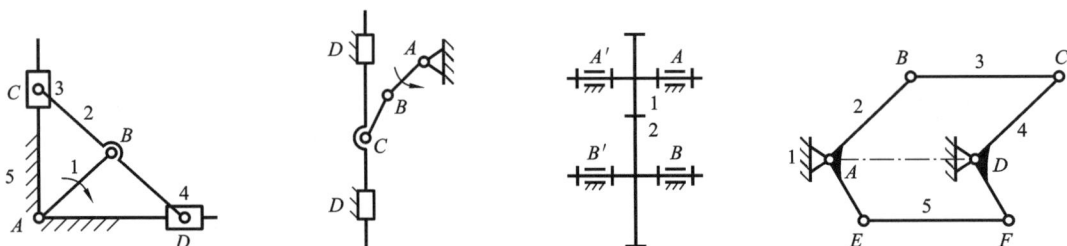

图 2-3-16 虚约束 2　　　图 2-3-17 虚约束 3　　图 2-3-18 虚约束 4　　　图 2-3-19 虚约束 5

上面讨论了在计算机构自由度时应注意的一些事项,只有正确地处理了这些问题,才能得到正确的自由度的计算结果。

【例 2-3-2】　计算图 2-3-20(a)所示大筛机构的自由度。

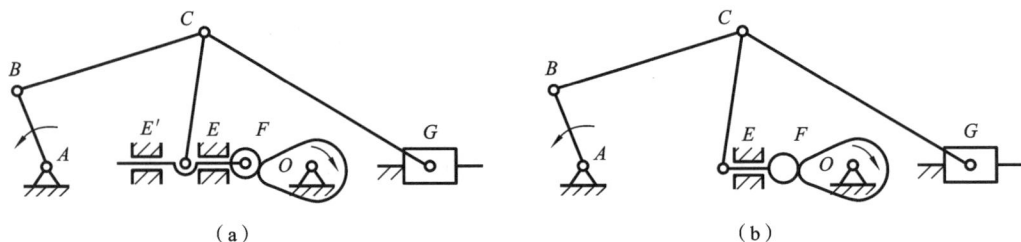

图 2-3-20　大筛机构

解　该机构中共有 7 个活动构件,机构中的滚子有一个局部自由度,推杆与机架在 E 和 E' 处组成两个导路平行的移动副,其中之一为虚约束,C 处是复合铰链。现将滚子与推杆固结为一体,去掉移动副 E',C 处回转副的数目为 2,如图 2-3-20(b)所示。

由图 2-3-20(b)得,$n=7$,$p_L=9$(7 个回转副和 2 个移动副),$p_H=1$,故由式(2-3-1)可得 $F=3n-2p_L-p_H=3\times7-2\times9-1=2$,此机构的自由度为 2。

4. 平面机构具有确定运动的条件

在运动链中,若以某一构件作为机架,而当另一个(或几个)构件按给定的运动规律运动时,其余各构件都具有确定的运动,则该运动链便成为机构。在平面机构中,各构件只作平面运动。判断一个机构是否具有确定的运动,除了机构的自由度外,还需要明确机构内给定原动件数目。

机构具有确定运动的条件是:机构的自由度大于零且机构自由度的数目等于原动件的数目。

5. 铰链四杆机构的概念、类型及特点

按照连架杆是曲柄还是摇杆来区分,铰链四杆机构可分为三种基本形式:曲柄摇杆机构、双曲柄机构和双摇杆机构。

1）曲柄摇杆机构

在铰链四杆机构中,若两连架杆中有一杆为曲柄,另一杆为摇杆,则该机构称为曲柄摇杆机构。

2）双曲柄机构

具有两个曲柄的铰链四杆机构称为双曲柄机构。在双曲柄机构中,通常主动曲柄作等速转动,从动曲柄作变速转动。

在双曲柄机构中,若其相对两杆平行且长度相等,则该机构称为平行四边形机构。这种机构的运动特点是两曲柄可以相同的角速度同向转动,而连杆作平移运动。

在平行四边形机构中,当主动曲柄转动一周时,将会两次出现与从动曲柄、连杆及机架共线的情况。在此二位置,可能出现从动曲柄转向与主动曲柄转向相同或相反的运动不确定现象,如图 2-3-21(a)所示。在平行四边形机构 $ABCD$ 中,当主动曲柄 AB 与从动曲柄 CD 处于共线位置时,下一瞬时则可能会出现机构位于同向位置 $AB''C''D$ 或反向位置 $AB''C'''D$ 的情况,如图 2-3-21(b)所示。为克服其运动不确定现象,除可利用从动件本身或其上的飞轮惯性导向外,还可采用辅助曲柄(见图 2-3-22(a))或错列机构(见图 2-3-22(b))等方式来解决。

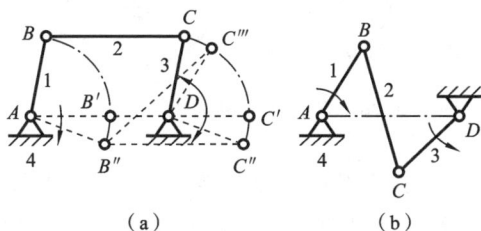

图 2-3-21　平行四边形机构　　　　　图 2-3-22　带有辅助构件的平行四边形机构

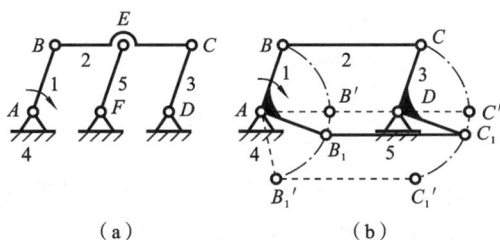

两个曲柄转向相反,即连杆与机架的长度相等、两个曲柄长度相等组成转向相反的双曲柄机构,则称为逆平行四边形机构。

3）双摇杆机构

在铰链四杆机构中,若两连架杆均为摇杆,则该机构称为双摇杆机构。

6. 铰链四杆机构的应用

1）曲柄摇杆机构的应用

图 2-3-23 所示的雷达天线仰角调节机构和图 2-3-24 所示的搅拌机构均为曲柄摇杆机构的应用实例。

2）双曲柄机构的应用

图 2-3-25 所示惯性筛中的四杆机构,$ABCD$ 为双曲柄机构。当主动曲柄 1 作等速转动、从动曲柄 3 作变速转动时,杆 5 带动滑块 6 上的筛子,使其获得所需的加速度,从而因惯性作用而达到筛分颗粒物料的目的。

平行四边形机构应用实例的机车车轮联动机构,如图 2-3-26 所示。又如图 2-3-27 所示

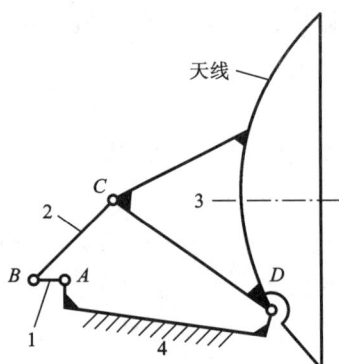

图 2-3-23　雷达天线仰角调节机构

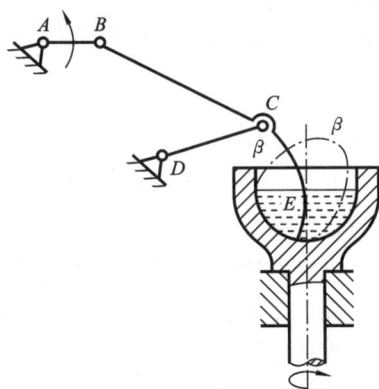

图 2-3-24　搅拌机构

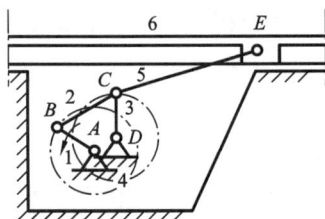

图 2-3-25　惯性筛机构

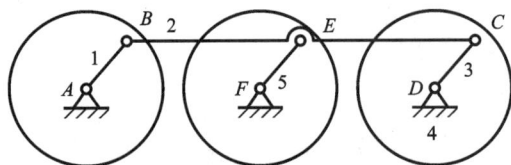

图 2-3-26　车轮联动机构 1

的摄影平台升降机构,其升降高度的变化采用两组平行四边形机构来实现,同时利用连杆 7 始终平动这一特点,与连杆固连在一体的座椅就可始终保持水平位置,从而保证摄影人员安全可靠地工作。

逆平行四边形机构的应用实例如车门启闭机构,如图 2-3-28 所示。当主动曲柄 1 转动时,从动曲柄 3 作相反方向转动,从而使两扇门同时开启或同时关闭。

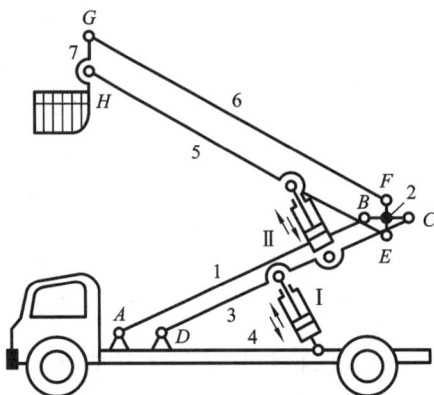

图 2-3-27　摄影平台升降机构

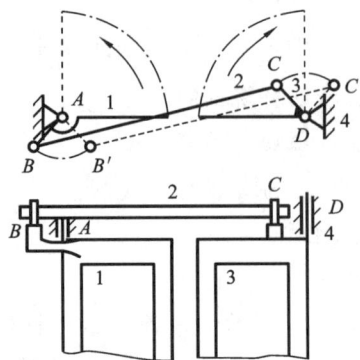

图 2-3-28　车门启闭机构

3）双摇杆机构

如图 2-3-29 所示的鹤式起重机的变幅机构即为双摇杆机构应用实例。当主动摇杆 AB 摆动时，从动摇杆 CD 也随之摆动，使得悬挂在点 E 上的重物作近似的直线移动，从而避免了平移重物时因不必要的升降而发生事故。

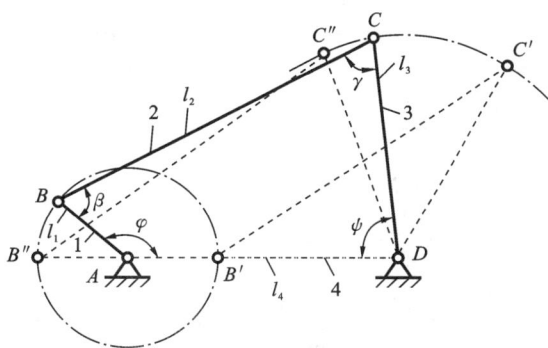

7. 铰链四杆机构类型的判别

铰链四杆机构有三种基本类型，其区别在于机构中是否存在曲柄，以及存在几个曲柄。机构中是否存在曲柄与各构件相对尺寸的大小，以及哪个构件作机架有关。

在图 2-3-30 所示的铰链四杆机构中，设构件1～构件4的长度分别为 l_1～l_4，并且 $l_4 > l_1$。由前面曲柄的定义可知，若杆1为曲柄，则它必能绕铰链 A 相对机架做整周转动，这就必须使铰链 A 能转过点 B'' 和点 B' 2个特殊位置，此时，杆1和杆4共线。

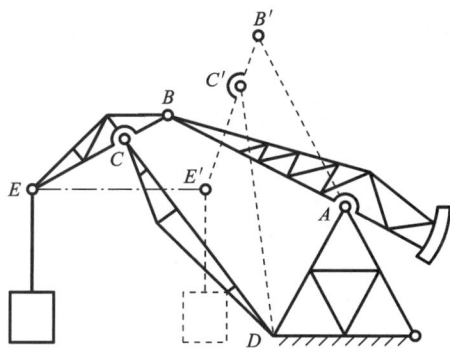

图 2-3-29　鹤式起重机的变幅机构　　　　图 2-3-30　曲柄存在的条件

在 $\triangle B''C''D$ 中，有

$$l_1 + l_4 \leqslant l_2 + l_3$$

在 $\triangle B'C'D$ 中，有

$$l_2 \leqslant (l_4 - l_1) + l_3 \quad 或 \quad l_3 \leqslant (l_4 - l_1) + l_2$$

即

$$l_1 + l_2 \leqslant l_3 + l_4 \quad 或 \quad l_1 + l_3 \leqslant l_2 + l_4$$

联立式上三式，则又可得

$$l_1 \leqslant l_3, \quad l_1 \leqslant l_2, \quad l_1 \leqslant l_4$$

可知 AB 杆为最短杆，即 AB 为曲柄。

综合上述分析可得出铰链四杆机构曲柄存在的条件如下：

① 最短杆和最长杆长度之和不大于其他两杆长度之和；

② 最短杆是连架杆或机架。

即，在满足曲柄存在的条件下：

① 取最短杆相邻杆为机架时，则铰链四杆机构为曲柄摇杆机构；

② 取最短杆为机架时，则铰链四杆机构为双曲柄机构；

③ 取最短杆为连杆时，则铰链四杆机构为双摇杆机构。

当铰链四杆机构中最短杆和最长杆的长度之和大于其余两杆长度之和时，则该机构为双摇杆机构。

8. 平面滑块机构的特点

如图 2-3-31(a)所示的曲柄滑块机构,铰链中心 C 的轨迹为以 D 为圆心、以 l_3 为半径的圆弧$\overset{\frown}{mm}$。若圆弧增至无穷大,则如图 2-3-31(b)所示,点 C 轨迹变成直线。于是摇杆 3 演化为直线运动的滑块,转动副 D 演化为移动副,机构演化为如图 2-3-31(c)所示的曲柄滑块机构。若点 C 运动轨迹正对曲柄转动中心 A,则该机构称为对心曲柄滑块机构(见图 2-3-31(c));若点 C 运动轨迹$\overset{\frown}{mm}$的延长线与回转中心 A 之间存在偏距 e(见图 2-3-31(d)),则该机构称为偏置曲柄滑块机构。当曲柄等速转动时,偏置曲柄滑块机构可实现急回运动。

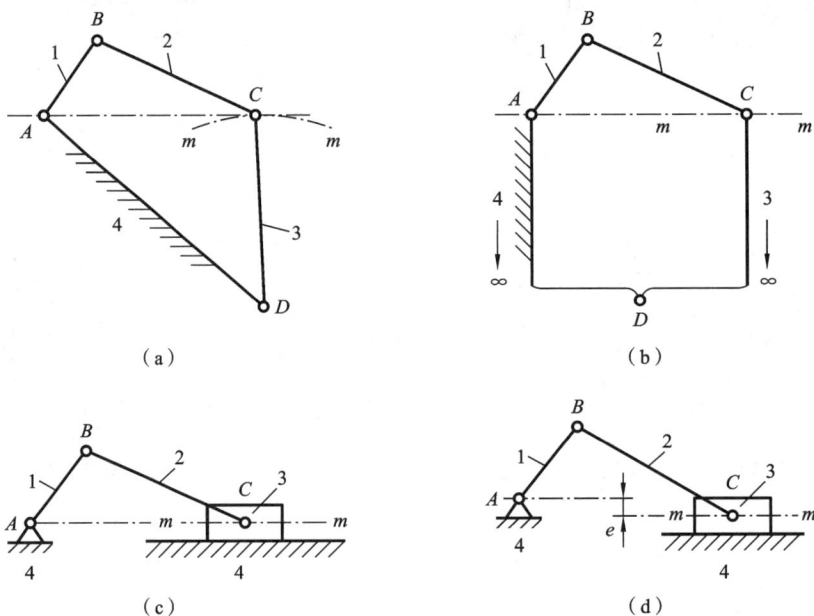

图 2-3-31 铰链四杆机构的演化之曲柄滑块机构

9. 平面滑块机构的应用

曲柄滑块机构广泛应用在活塞式内燃机(图 2-3-2 所示的内燃机的连杆、曲轴)、空气压缩机、冲床等机械中。

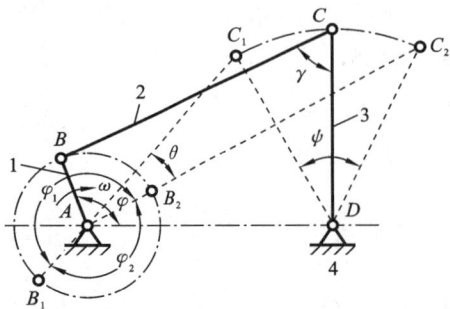

图 2-3-32 曲柄摇杆机构的急回运动特性

10. 平面四杆机构的急回运动特性

在图 2-3-32 所示的曲柄摇杆机构中,设曲柄为原动件,在其转动一周的过程中,有两次与连杆共线。这时摇杆 CD 分别位于两个极限位置 C_1D 和 C_2D。曲柄与连杆两次共线位置之间所夹的锐角 θ 称为极位夹角。摇杆在两极限位置的夹角 ψ 称为摇杆的摆角。由图 2-3-32 可知,当曲柄顺时针转过角 φ_1 时,摇杆自 C_1D 摆至 C_2D,其所需的

时间为 $t_1 = \varphi_1 / \omega$，则点 C 的平均速度 $v_1 = \overset{\frown}{C_2 C_1} / t_1$。当曲柄转过角 φ_2 时，摇杆自 $C_2 D$ 摆回 $C_1 D$，所需时间 $t_2 = \varphi_2 / \omega$，则点 C 的平均速度 $v_2 = \overset{\frown}{C_2 C_1} / t_2$。由于 $\varphi_1 = 180° + \theta$，$\varphi_2 = 180° - \theta$，因此 $t_1 > t_2$，故 $v_2 > v_1$。由此可知，当曲柄等速转动时，摇杆来回摆动的平均速度不同且 $v_2 > v_1$。摇杆的这种运动称为急回运动。

11. 平面四杆机构的急回运动特性的应用

当曲柄等速转动时，摇杆来回摆动的平均速度不同，摇杆的这种运动特性称为急回运动特性。平面四杆机构急回运动特性在工程上有三种应用。第一种应用是牛头刨床、往复式输送机等机械，就是利用这种急回运动特性来缩短非生产时间，提高生产效率的。第二种应用是对某些颚式破碎机要求快进慢退，使已被夹碎的矿石能及时退出颚板，避免矿石过分粉碎（因对矿石有一定的破碎度要求）。第三种应用是一些设备在正、反行程中均在工作，故无急回要求，如某些机载搜索雷达的摇头机构。

急回运动机构的急回方向与原动件的回转方向有关，为了避免将急回方向弄错，在有急回运动要求的设备上应明显标注原动件的正确回转方向。

对于有急回运动要求的机械，在设计时一般先给定行程速比系数，然后根据要求确定各杆件的实际尺寸。

除曲柄摇杆机构外，还有偏置曲柄滑块机构、摆动导杆机构等都是具有急回运动特性的四杆机构。

12. 平面四杆机构压力角的概念

在生产中，要求所设计的连杆机构不但能实现预期的运动，还希望在传递功率时有良好的传动性能，即驱动力应能尽量发挥有效作用。如图 2-3-33 所示，若不考虑构件惯性力、重力与运动副中摩擦力等的影响，原动件曲柄通过连杆作用于从动件摇杆的力 F 是沿连杆 BC 的方向，它与点 C 绝对速度 v_C 之间所夹的锐角 α 称为压力角。力 F 的有效分力 $F_t = F \cos\alpha$。显然，α 越小，F_t 越大。而力 F 的另一个分力（F_n

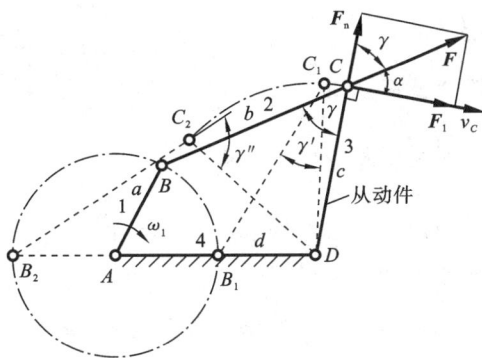

图 2-3-33 曲柄摇杆机构的压力角和传动角

$= F \sin\alpha$）仅在转动副 D 中产生附加径向压力，显然，α 越小，F_n 越小。力 F_n 与力 F 的夹角 γ 称为传动角。由图 2-3-33 可知，$\gamma = 90° - \alpha$，它又等于连杆与摇杆所夹的锐角。因此，压力角 α 越小，传动角 γ 越大，则对机构工作越有利。当机构运转时，其传动角的大小是变化的，为了保证机构传动良好，设计时通常应使最小传动角 $\gamma_{\min} \geqslant 40°$；对于高速、大功率的传动机械，应使 $\gamma_{\min} \geqslant 50°$。

13. 平面四杆机构死点位置的概念

在图 2-3-34 所示的曲柄摇杆机构中，设摇杆 CD 为主动件，而曲柄 AB 为从动件。当机构处于图示的两个共线（图中虚线）位置之一时，连杆与曲柄在一条直线上，出现了传动角 $\gamma = 0°$ 的情况。这时主动件 CD 通过连杆作用与从动件 AB 上的力恰好通过其回转中心，不产生力矩。

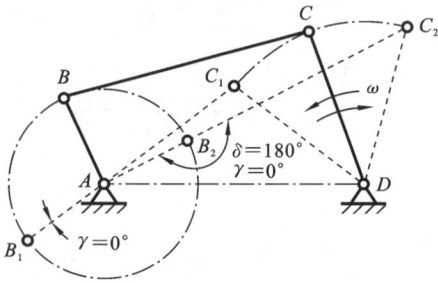

图 2-3-34　曲柄摇机构的死点位置

因此,机构在此位置时,不论驱动力多大,都不能使曲柄转动,机构的此种位置称为死点位置。

14. 平面四杆机构的死点位置的应用

对传动机构来说,机构有死点位置是不利的,应该采取措施使机构顺利通过死点位置。对于连续运转的机器,可以利用从动件的惯性来通过死点位置,例如,在图 2-3-35 所示的缝纫机踏板机构中,踏板 CD 为原动件,通过连杆 CB 驱动曲柄 AB 转动。当踏板处于极限位置 C_1D 或 C_2D 时,机构处于死点位置,此时,就可借助带轮的惯性通过死点位置。图 2-3-36 所示的蒸汽机车车轮联动机构采用机构错位排列的方法,即将两组以上的机构组合起来,而使各组机构的死点位置相互错开。

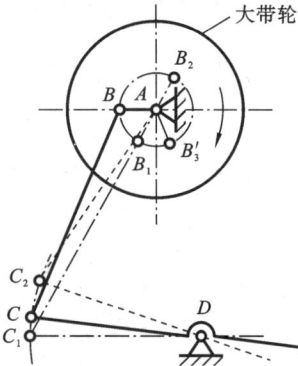

图 2-3-35　缝纫机踏板机构

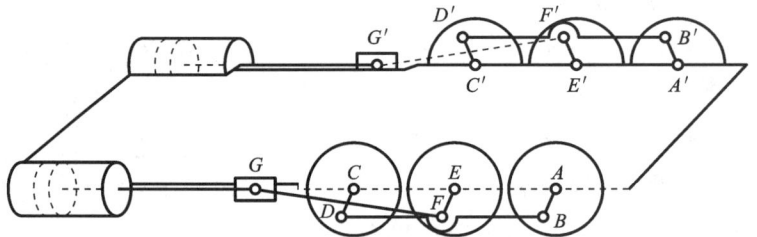

图 2-3-36　车轮联动机构 2

机构的死点位置并非总是起消极作用。在工程实际中,不少场合也可利用机构的死点位置来实现一定的工作要求。例如,图 2-3-37 所示的连杆式快速夹具的夹紧机构即是利用死点位置来夹紧工件的。图 2-3-38 所示的为飞机起落架处于放下机轮的位置,因机构处于

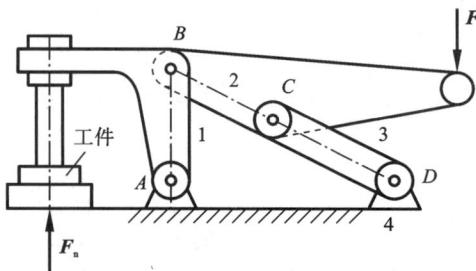

图 2-3-37　夹紧机构

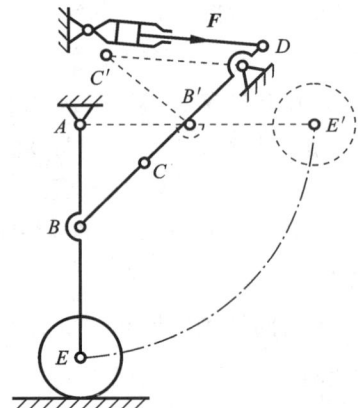

图 2-3-38　飞机起落架机构

死点位置,故机轮着地时产生的巨大冲击力不会使从动件反转,从而使机轮保持着支撑状态。

二、其他机构

1. 凸轮机构的工作原理、组成及类型

1)凸轮机构的工作原理

凸轮是一个具有曲线外凸轮廓或凹槽的构件,通常作连续等速转动,也有的作摆动或往复直线移动。从动件则按预定的运动规律作间歇的(也有作连续的)直线往复移动或摆动。

2)凸轮机构的组成

凸轮机构属高副机构,一般是由凸轮、从动件和机架组成的三杆机构。

3)凸轮机构的类型

在机械中,凸轮机构的类型很多,通常按凸轮的外部形状、从动件的端部形状、从动件的运动形式以及凸轮与从动件之间的锁合方式进行分类。凸轮机构主要用于转变运动形式,可将凸轮的连续转动或移动转变为从动件的连续或间歇的往复移动或摆动。只要凸轮的轮廓曲线设计合理,就可使从动件获得预定的运动规律。

(1)按凸轮的外部形状分类。

按凸轮的外部形状进行分类,凸轮机构可分为盘形凸轮机构、移动凸轮机构、圆柱凸轮机构等。

① 盘形凸轮机构。

盘形凸轮机构是凸轮机构的常见形式,属于平面凸轮机构。其中盘形凸轮(见图 2-3-39)是一个绕固定轴转动且径向尺寸有规律变化的盘形构件,其轮廓曲线位于凸轮的外边缘,通常盘形凸轮轮廓上各点到转动中心的距离是不相等的。当盘形凸轮做匀速转动时,从动件随盘形凸轮轮廓径向的变化而上下移动。由于盘形凸轮的径向尺寸变化受到传动的压力角限制,从动件的行程不能太大。盘形凸轮机构的结构简单,应用广泛。

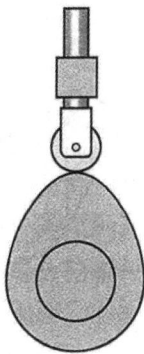

图 2-3-39 盘形凸轮机构

② 移动凸轮机构。

如图 2-3-40 所示,移动凸轮的外形呈板状,该凸轮又称为板状凸轮。移动凸轮机构也属于平面凸轮机构,当移动凸轮相对于机架沿直线左右运动时,从动件将沿垂直方向上下移动。实际上,移动凸轮是由盘形凸轮演变而来,即将盘形凸轮从中心展开而得到的。与盘形凸轮机构相比,移动凸轮机构的从动件的行程可以比盘形凸轮机构的行程大一些。

③ 圆柱凸轮机构。

如图 2-3-41 所示,圆柱凸轮是在圆柱面上开槽(或在圆柱端面上制出轮廓曲线)制成的,也可看成是将移动凸轮卷曲在圆柱体上形成的。圆柱凸轮与从动件之间的相对运动是空间运动,因此圆柱凸轮机构属于空间凸轮机构。

(2)按从动件的端部形状及从动件的运动形式分类。

按从动件的端部形状及从动件的运动形式进行分类,凸轮机构可分为尖顶从动件凸轮机

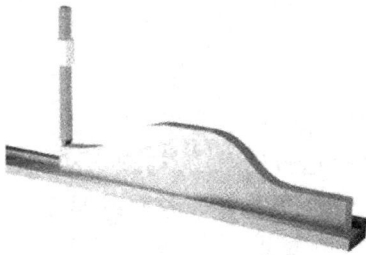

图 2-3-40 移动凸轮机构

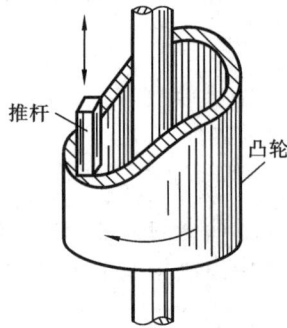

图 2-3-41 圆柱凸轮机构

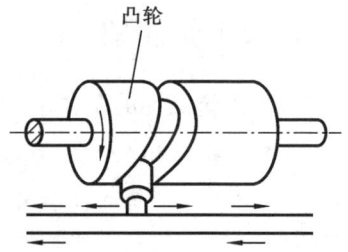

构、滚子从动件凸轮机构、平底从动件凸轮机构、曲面从动件凸轮机构等,凸轮机构中各类从动件的运动形式和主要结构如表 2-3-1 所示。

表 2-3-1 凸轮机构中的各类从动件的运动形式和主要结构

接触形式	运动形式		主要结构
	直动从动件	摆动从动件	
尖顶从动件			从动件的顶部为尖形,与盘形凸轮形成尖点接触,结构简单、紧凑,可准确地实现所需运动,但从动件尖端易磨损,只适合载荷小、低速和动作灵敏的场合,如仪表等机械
滚子从动件			从动件的顶端装有滚子,与盘形凸轮之间形成滚动接触,摩擦力小,转动灵活,不易磨损,承载能力较大,应用较广,可用于传递较大的动力,但不适合于高速场合
平底从动件			从动件的顶端做成较大的平底,与盘形凸轮之间形成平底接触,润滑性能较好,磨损小,适合高速场合,如汽车内燃机的进气门杆端部与凸轮的接触就是采用平底结构
曲面从动件			结构介于滚子从动件和平底从动件之间

（3）按凸轮与从动件之间的锁合方式分类。

锁合是指凸轮与从动件始终保持接触的状态。按凸轮与从动件之间的锁合方式进行分类，凸轮机构可分为力锁合凸轮机构和形锁合凸轮机构。其中力锁合凸轮机构主要是利用重力、弹簧力以及其他外力进行锁合；形锁合凸轮机构主要依靠凸轮凹槽两侧的轮廓曲线或从动件的特殊构造进行锁合。

2. 凸轮机构的应用

在设计机械时，通常要求其中某些从动件的位移、速度、加速度按照预定的规律变化，这虽然可用连杆机构实现，但难以精确地满足要求，且设计方法也较复杂。在这种情况下，特别是当从动件需按复杂的运动规律运动时，通常多采用凸轮机构。凸轮机构是机械中的一种常用机构，在自动化和半自动化机械中应用非常广泛。

只要适当地设计凸轮的轮曲线，从动件便可获得任意预定的运动规律，且结构简单紧凑、设计方便。因此，它广泛应用于机械、仪器的操纵控制装置中。由于凸轮与从动件是高副接触，所以比压较大、易于磨损，因此这种机构一般仅用于传递动力不大的场合。

例如，在内燃机中，用来控制进气与排气阀门；在各种切削机床中，用来完成自动送料和逃退刀；在缝纫机、纺织机、包装机、印刷机等工作机中，用来按预定的工作要求带动执行构件等。

盘形凸轮机构多用于行程较短的场合，如手摇式补鞋机、家用塑钢窗的锁紧凸轮机构、绕线机的引线机构等。图 2-3-42 所示的为汽车内燃机配气凸轮机构。主动件凸轮以等角速度回转，它的轮廓驱使从动件气门杆部按预期的运动规律启闭阀门。

在机械中，移动凸轮机构也有较广的应用，如图 2-3-43 所示的靠模车削加工机构就是典型的移动凸轮机构。在车削加工过程中，移动凸轮作为靠模板，在机架上固定，工件做回转运动，刀架（从动件）依靠滚子在移动凸轮的轮廓曲线驱动下做横向进给，从而连续地车削出与靠模板轮廓曲线一致的工件。此外，电子配钥匙机械也是利用移动凸轮机构的原理工作的。

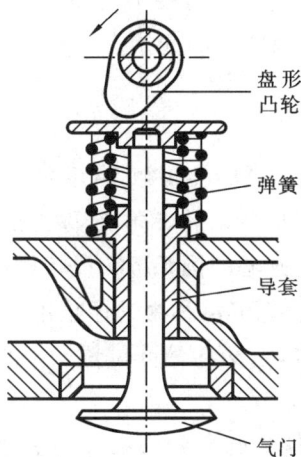

图 2-3-42　汽车内燃机配气凸轮机构

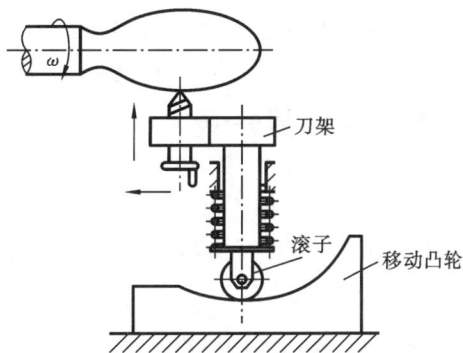

图 2-3-43　靠模车削加工机构

图 2-3-44 所示的为机床自动刀具进给机构,当圆柱凸轮匀速转动时,其上的沟经滚子带动迫使扇形齿轮(从动件)按一定的运动规律往复摆动,然后通过齿轮齿条机构,控制刀架左右移动(轴作往复摆动),从而完成进刀、退刀和停歇等动作。

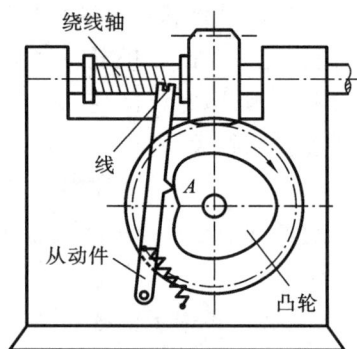

图 2-3-45 所示的为绕线机排线机构。当绕线轴快速转动时,蜗杆带动凸轮缓慢地转动,通过凸轮高副驱使从动件往复摆动,从而使线均匀地缠绕在绕线轴上。

图 2-3-46 所示的为录音机卷带凸轮机构,凸轮可随放音键上下移动。放音时,凸轮处于图示最低位置,在弹簧的作用下,安装于带轮轴上的摩擦轮紧靠卷带轮,从而将磁带卷紧。停止放音时,凸轮随放音键上移,其轮廓驱使从动件顺时针摆动,使摩擦轮与卷带轮分离,从而停止卷带。

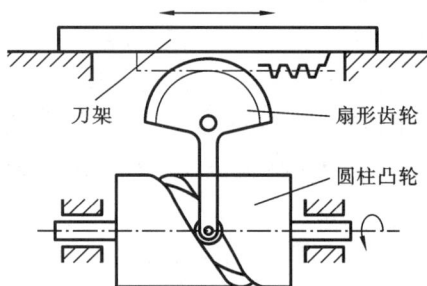

图 2-3-44　机床自动刀具进给机构　　　图 2-3-45　绕线机排线机构

3. 凸轮机构从动件的运动规律

凸轮机构是由凸轮旋转或平移带动从动件进行工作的。所以设计凸轮机构时,首先要根据实际工作要求确定从动件的运动规律,然后依据这一运动规律设计出凸轮轮廓曲线。

1) 凸轮机构的工作过程及有关术语

以图 2-3-47 所示的凸轮机构为例,说明凸轮机构的工作过程及有关术语。

凸轮机构的工作过程如图 2-3-47 所示。点 A 为凸轮轮廓曲线的起始点,当从动件与凸轮轮廓在点 A 接触时,从动件尖端处于最低位置。

以凸轮轮廓的最小向径 r_0 为半径所作的圆称为基圆。

当凸轮以等角速度 ω 逆时针转动时,从动件与凸轮轮廓的 AB 段接触,从动件由最低位置 A 被推到最高位置 B',这个过程称为推程,也称为升程,对应的凸轮转角 δ_0 称为推程运动角。当凸轮继续转动 δ_{01} 时,由于从动件与凸轮上以轴心 O 为圆心的圆弧 BC 段接触,因此从动件处于最高位置停留不动,这个过程称为远休,对应的凸轮转角 δ_{01} 称为远休止角。

当凸轮继续转动 δ_0' 时,从动件与凸轮轮廓的 CD 段接触,它又由最高位置 B' 回到起始位置 A,这个过程称为回程,对应的凸轮转角 δ_0' 称为回程运动角。

当凸轮继续转动 δ_{02} 时,由于从动件与凸轮上的以轴心 O 为圆心的圆弧 DA 段接触,因此从动件处于起始位置停留不动,这个过程称为近休,对应的凸轮转角 δ_{02} 称为近休止角。

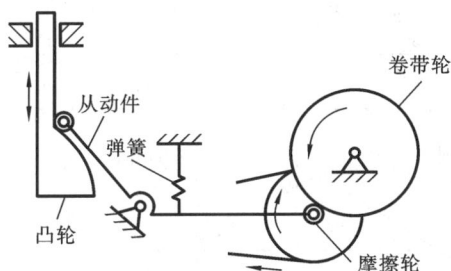

图 2-3-46　录音机卷带凸轮机构

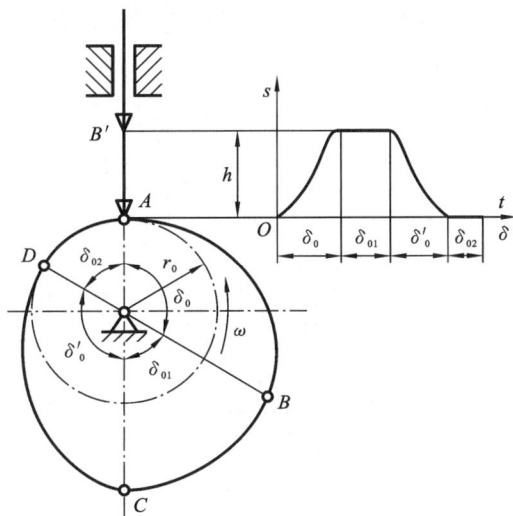

图 2-3-47　凸轮机构的工作过程

从动件在推程或回程中移动的距离 h 称为从动件的行程。

当凸轮再继续转动时,从动件重复上述运动循环。如果以直角坐标系的纵坐标代表从动件的位移 s,横坐标代表凸轮的转角 δ,则可以画出从动件位移 s 与凸轮转角 δ 之间的关系线图,如图 2-3-47 所示,称为从动件的位移线图。

由以上分析可知,从动件的运动规律完全取决于凸轮轮廓曲线的形状;反之,在设计凸轮轮廓时,也必须依据从动件的运动规律——位移线图来进行。因此,选择合适的从动件运动规律,就成了设计凸轮轮廓的前提。

2) 从动件常用的运动规律

从动件的位移、速度和加速度随时间 t 或凸轮转角 δ 的变化而变化的规律,称为从动件的运动规律。从动件的运动规律有很多种,常用的运动规律有等速运动规律、等加速等减速运动规律等。

(1) 等速运动规律。

凸轮以等角速度 ω 回转,从动件在推程或回程的速度为常数的运动规律称为等速运动规律,等速运动线图如图 2-3-48 所示。

由该运动线图可知,从动件做等速运动时,在行程开始和终止的两个位置,速度发生突变,因此在理论上有无穷大的惯性力,使凸轮机构受到极大的冲击。此时所引起的冲击称为刚性冲击。该冲击力将引起机构振动、机件磨损或损坏,故等速运动规律只能用于低速轻载的控制机构。

(2) 等加速等减速运动规律。

从动件在某一行程的前一阶段等加速运动、后一阶段等减速运动的运动规律,称为等加速等减速运动规律,其运动线图如图 2-3-49 所示。

由图 2-3-49 可知,在运动的起点、中点和终点三处,加速度发生有限值的突变,此时,也会在机构中引起一定的冲击,这种冲击称为柔性冲击。与等速运动规律相比,在等加速等减速运动规律下冲击次数虽然有所增加,但冲击的程度却大为减小,故该运动规律多用于中速中载的场合。

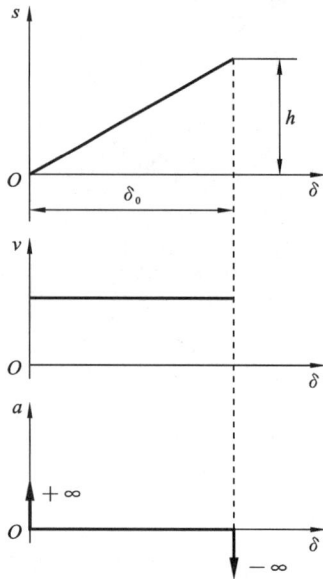

图 2-3-48　等速运动线图　　　　图 2-3-49　等加速等减速运动线图

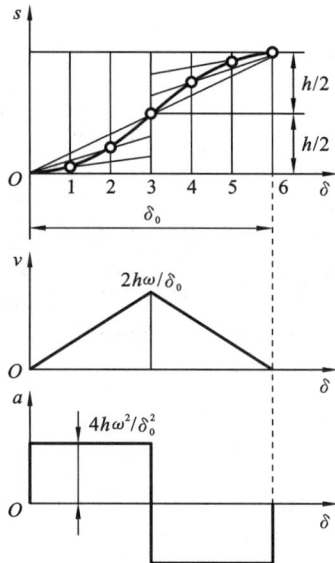

为避免冲击,在工程中除上述两种常见运动规律外,还可应用正弦加速度运动规律、余弦加速度运动规律、高次多项式运动规律等,或者将几种运动规律组合起来加以应用。

4. 棘轮机构的组成、工作原理及类型

1）棘轮机构的组成和工作原理

如图 2-3-50 所示,棘轮机构主要由棘轮、棘爪、摇杆和机架等组成。棘轮具有单向棘齿,用键与输出轴相连,棘爪铰接在摇杆上,摇杆空套在棘轮轴上,可自由转动。当摇杆顺时针摆动时,棘爪插入棘轮的齿槽内,推动棘轮转过一定角度;当摇杆逆时针摆动时,棘爪在棘轮齿背上滑过,棘轮停止不动。因此,在摇杆做往复摆动时,棘轮做单向间歇摆动。止退爪用以定位和防止棘轮倒转,扭簧 1、2 使棘爪、止退爪紧贴在棘轮上。

2）棘轮机构的类型

按照结构特点,常用的棘轮机构有齿式棘轮机构和摩擦式棘轮机构两大类。

（1）齿式棘轮机构。

齿式棘轮机构是利用棘爪和棘轮齿啮合传动的,结构简单,制造方便,运动可靠。但棘轮转角只能进行有级调节,棘爪在棘轮齿背上滑行时容易造成冲击、噪声和磨损,所以齿式棘轮机构只适用于低速和转角不太大的场合。齿式棘轮机构分为外啮合(见图 2-3-50)和内啮合两种形式,它们的齿分别做在轮的外缘和内圈。按照其运动形式,齿式棘轮机构又可分为如下两类。

① 单向驱动式棘轮机构:如图 2-3-50 所示,这种机构的特点是:摇杆正向摆动时,棘爪

驱动棘轮沿同一方向转过某一角度;摇杆反向摆动时,棘轮静止。

②可变向棘轮机构:这种机构的棘轮采用矩形齿,如图 2-3-51 所示的为牛头刨床采用的可变向棘轮机构,棘爪在图示位置时,推动棘轮逆时针转动;将棘爪提起并转动后放下,推动棘轮顺时针转动,以实现工作台的往复移动。

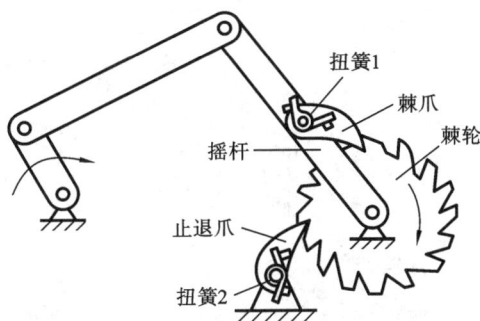

图 2-3-50　外啮合棘轮机构

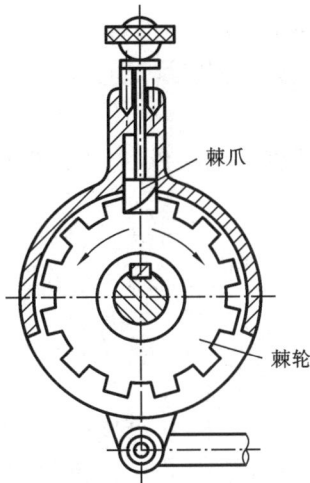

图 2-3-51　可变向棘轮机构

棘轮机构中棘轮转角的大小可以进行有级调节。常用的调节方法有两种:改变摇杆的摆角和改变遮板的位置。如图 2-3-52 所示,该机构通过改变曲柄长度 r 来改变摇杆的摆角,从而调节棘轮转角的大小。

如图 2-3-53 所示,该棘轮机构利用遮板遮挡部分棘齿,以改变遮板的位置,使棘爪在一部分行程中从遮板上滑过,不与棘轮的齿接触,从而调节棘轮转角的大小。

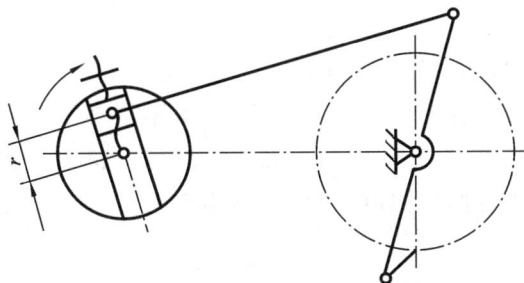

图 2-3-52　改变曲柄长度来调节棘轮转角

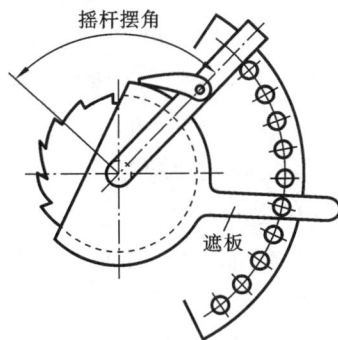

图 2-3-53　用遮板调节棘轮转角

(2)摩擦式棘轮机构。

齿式棘轮机构的棘轮转角都是相邻两齿所夹中心角的倍数,也就是说,棘轮的转角是有级性改变的。如果需要无级性改变棘轮转角,可采用如图 2-3-54 所示的摩擦式棘轮机构。它由摩擦轮和摇杆及其铰接的驱动偏心楔块、止动楔块和机架组成。当摇杆逆时针方向摆动时,驱动偏心楔块与摩擦轮之间的摩擦力,使摩擦轮沿逆时针方向转动;当摇杆顺时针方向摆动时,驱动偏心楔块在摩擦轮上滑过,而止动楔块与摩擦轮之间的摩擦力促使此楔块与摩擦轮卡紧,从而使摩擦轮静止,以实现间歇运动。

5. 棘轮机构的应用

图 2-3-55 所示的为牛头刨床工作台进给棘轮机构,由齿轮带动与齿轮同轴的销盘(相当于曲柄)做等速转动,通过连杆带动摇杆往复摆动,从而使摇杆上的棘爪驱动棘轮做单向间歇运动。此时,与棘轮固接的丝杠便带动工作台做横向进给运动。可通过调整偏心销的位置来改变摇杆的摆角,以达到改变棘轮转角的目的。

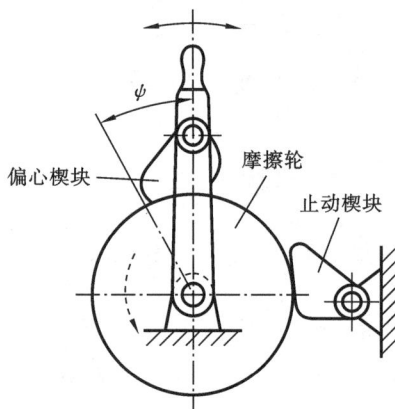

图 2-3-54　摩擦式棘轮机构

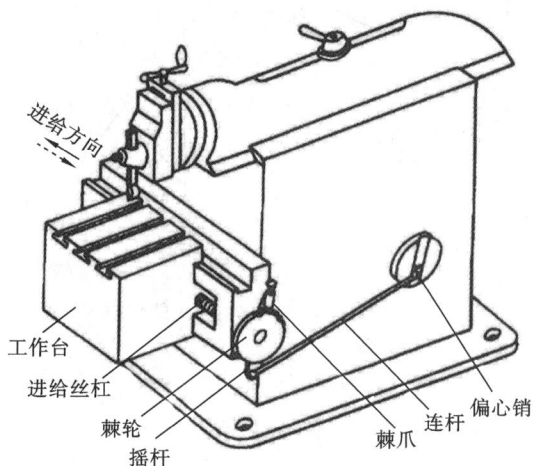

图 2-3-55　牛头刨床工作台进给棘轮机构

图 2-3-56 所示的为起重设备中的棘轮制动器。当提升重物时,棘轮逆时针转动,棘爪在棘轮齿背上滑过;当需要使重物停在某一位置时,棘爪将及时插入棘轮的相应齿槽,进而防止棘轮在重力 **G** 作用下顺时针转动而使重物下落,以实现制动。

图 2-3-57 所示的为自行车后轴上的棘轮机构。当脚踏板时,经链轮 1 和链条带动内圈具有棘齿的链轮 2 顺时针转动,再经过棘爪推动后轮轴顺时针转动,从而驱使自行车前进。当自行车处于下坡或休息状态时,踏板不动,后轮轴借助下滑力或惯性超越链轮 2 而转动。此时棘爪在棘轮齿背上滑过,产生从动件转速超过主动件转速的超越运动,从而实现不蹬踏板的滑行。

综上所述,棘轮机构的特点是:结构简单,改变转角大小较方便(如改变摇杆的摆角),还可实现超越运动;但它能传递的动力不大,且传动平稳性差,因此只适用于转速不高、转角不大的低速传动,常用来实现机械的间歇送进、分度、制动和超越等运动。

6. 槽轮机构的组成、工作原理及类型

1) 槽轮机构的组成和工作原理

如图 2-3-58(a)所示,槽轮机构由带圆柱销 A 的主动拨盘、具有径向槽的从动槽轮和机架

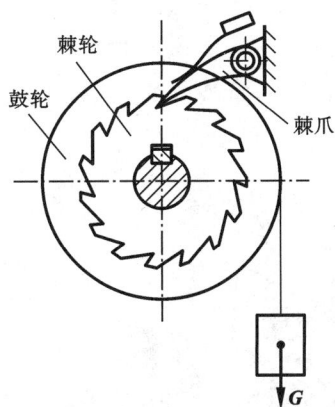

图 2-3-56　起重设备中的棘轮制动器

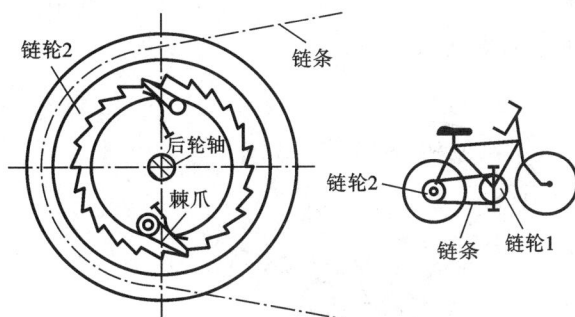

图 2-3-57　自行车后轴上的棘轮机构

组成。拨盘做匀速运动时,驱动槽轮做时转时停的单向间歇运动。当主动拨盘上圆柱销 A 未进入槽轮径向槽时,由于槽轮的内凹锁止弧被主动拨盘的外凸圆弧卡住,因此槽轮静止。图 2-3-58(a)所示的位置是圆柱销 A 刚开始进入槽轮径向槽时的情况,这时锁止弧刚被松开,因此槽轮受圆柱销 A 的驱动开始沿顺时针方向转动;当圆柱销 A 离开径向槽时,如图 2-3-58(b)所示,槽轮的下一个内凹锁止弧又被主动拨盘的外凸圆弧卡住,致使槽轮静止,直到圆柱销 A 再进入槽轮另一径向槽,两者又重复上述的运动循环。

2)槽轮机构的类型

槽轮机构有两种基本类型:一种是外啮合槽轮机构,如图 2-3-58 所示,其主动拨盘与从动槽轮转向相反;另一种是内啮合槽轮机构,如图 2-3-59 所示,其主动拨盘与从动槽轮转向相同。一般常用外啮合槽轮机构。

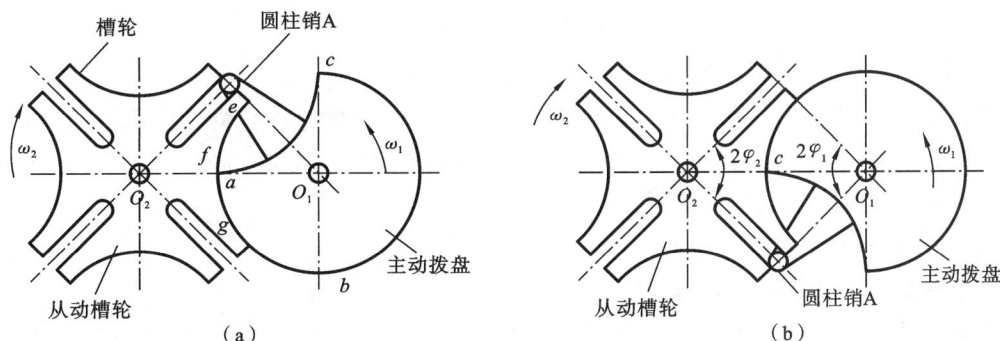

图 2-3-58　外啮合槽轮机构

7. 槽轮机构的应用

槽轮机构的特点是:结构简单、转位迅速、工作可靠、传动平稳性较好、机械效率高;但是槽轮转角不能调整,转动时也有冲击。因此它一般用于转速较低,又不需要调节转角大小的间歇转动的场合,如用于自动机床、电影机械、包装机械等。

图 2-3-60 所示的为电影放映机卷片机构,槽轮具有四个径向槽,拨盘上装有一个圆柱销。拨盘转一周,圆柱销拨动槽轮转过 1/4 周,胶片移动一个画格,并停留一定时间(放映一个画格)。拨盘继续转动,重复上述运动。利用人眼的视觉暂留特性,每秒放映 24 幅画面即可使人看到连续的画面。

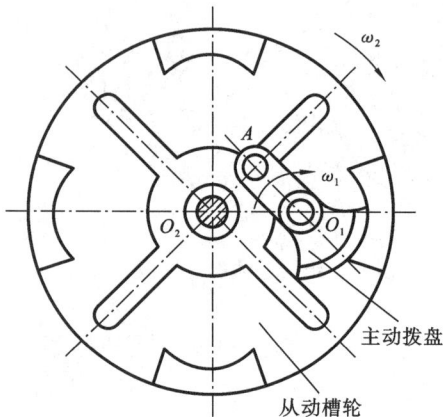

图 2-3-59 内啮合槽轮机构

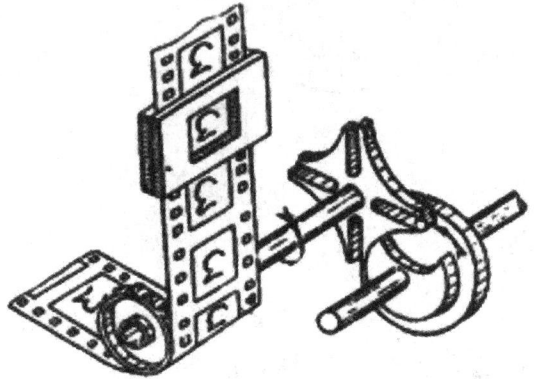

图 2-3-60 电影放映机卷片机构

第四节　常用传动装置

一、带传动与链传动

1. 带传动的组成及工作原理、类型、特点和应用

1)带传动的组成及工作原理

如图 2-4-1 所示,带传动一般由主动轮、从动轮、中间连接的传动带及机架组成。安装时传动带被张紧在带轮上,产生的初拉力使得传动带与带轮之间产生压力。主动轮转动时,依靠摩擦力拖动从动轮一起同向回转。

2)带传动的类型

(1)按传动原理带传动分为摩擦带传动和啮合型带传动两种。

① 摩擦带传动:摩擦带传动是指依靠传动带和带轮间产生的摩擦力来实现的传动,如图 2-4-2 所示的平带传动、如图 2-4-3 所示的 V 带传动等。

② 啮合型带传动:啮合型带传动是指依靠传动带内侧的凸齿和带轮外缘上的齿槽相互啮合来实现的传动,如图 2-4-4 所示的同步带传动。

(2)按传动带的截面形状带传动分为平带传动、V 带传动、圆形带传动、多楔带传动和同步带传动等五种。

① 平带传动:平带的传动带截面形状为矩形(见图 2-4-2),内表面为工作面。常用的平带

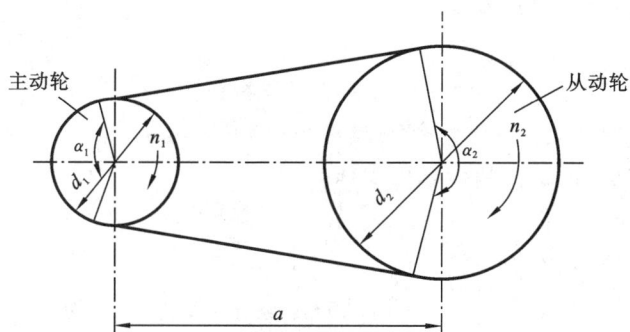

图 2-4-1　带传动

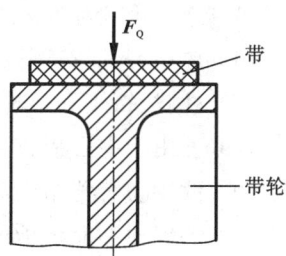

图 2-4-2　平带传动

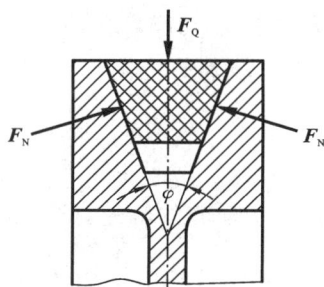

图 2-4-3　V 带传动

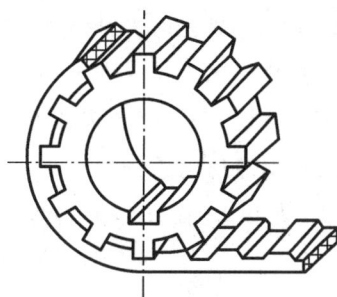

图 2-4-4　同步带传动

有胶带、编织带和强力锦纶带等不同材质的平带。

② V 带传动：V 带的传动带截面形状为梯形,两侧面为工作表面,如图 2-4-3 所示。V 带与平带相比,当量摩擦系数较大,能传递较大的功率,且结构紧凑,在机械传动中应用最广。

③ 圆形带传动：圆形的传动带截面形状为圆形,只用于小功率传动,如图 2-4-5 所示。

④ 多楔带传动：多楔带是在平带基体上由多根 V 带组成的传动带,如图 2-4-6 所示。多楔带适用于结构紧凑且传递功率较大的场合。

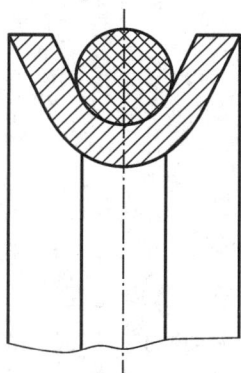

图 2-4-5　圆形带传动

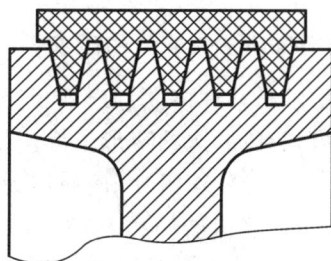

图 2-4-6　多楔带传动

⑤ 同步带传动:同步带的传动带纵截面形状为齿形。

3) 带传动的特点

带传动是利用带传动的挠性带来传递运动和动力的,它具有以下特点:

(1) 传动带具有良好的弹性,能缓冲和吸振,传动平稳,噪声小;

(2) 过载时,带和带轮间会发生打滑,可防止其他零件损坏;

(3) 可用于中心距较大的两轴间的传动;

(4) 带传动装置结构简单,制造、安装和维护均较方便;

(5) 带传动不能保证准确的传动比(一般 $i=3\sim5$),传动效率较低,带速一般为 $5\sim25$ m/s,带的寿命较短,传动装置的外廓尺寸较大;

(6) 带为非金属元件,故不宜在高温、酸性、碱性等场合下工作。

4) 带传动的应用

根据上述特点,带传动多用于功率不大于 100 kW 的中、小功率场合,原动机输出轴的第一级传动,工作速度一般为 $5\sim25$ m/s,传动比要求不十分准确的机械。带传动常用于汽车工业、家用电器、办公机械及各种新型机械装备中。

2. 带传动平均传动比的计算

设 d_1、d_2 分别为主、从动轮的直径,n_1、n_2 分别为主、从动轮的转速,则两轮的圆周速度分别为

$$v_1=\frac{\pi d_1 n_1}{60\times1000}\text{ m/s}, \quad v_2=\frac{\pi d_2 n_2}{60\times1000}\text{ m/s}$$

由于弹性滑动是不可避免的,因此总有 $v_2<v_1$。由弹性滑动引起从动轮圆周速度的相对降低率称为滑动率,用 ε 表示,即

$$\varepsilon=\frac{v_1-v_2}{v_1}=\frac{d_1 n_1-d_2 n_2}{d_1 n_1} \tag{2-4-1}$$

由此得到的传动比为

$$i=\frac{n_1}{n_2}=\frac{d_2}{d_1(1-\varepsilon)} \tag{2-4-2}$$

或从动轮的转速为

$$n_2=\frac{d_1 n_1(1-\varepsilon)}{d_2} \tag{2-4-3}$$

V 带传动的滑动率通常为 0.01~0.02,一般可以忽略不计。

3. 影响带传动工作能力的因素

由于传动带是弹性体,受力不同时,传动带的变形量也不相同。因为传动带的紧边拉力大于松边拉力,所以紧边的变形量大于松边的变形量。如图 2-4-7 所示,传动带绕过主动轮时,将逐渐缩短并沿轮面滑动,而使传动带的速度落后于主动轮的圆周速度。而传动带绕过从动轮时,传动带将逐渐伸长,沿轮面滑动,此时带速超前于从动轮的圆周速度。这种由传动带的弹性变形而引起的传动带与带轮之间的滑动,称为传动带的弹性滑动。

传动带的弹性滑动将引起使从动轮的圆周速度低于主动轮的圆周速度,降低了传动效

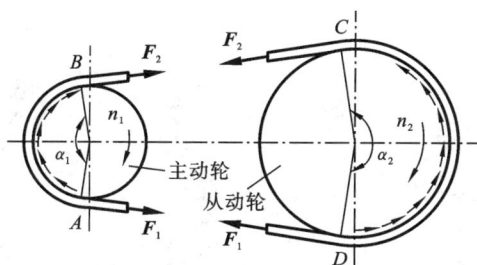

图 2-4-7 传动带的弹性滑动

率,进而导致传动带的损坏。

传动带的弹性滑动和打滑是两个截然不同的概念,打滑是因为过载引起的,应当避免,也可以避免。而传动带的弹性滑动是由传动带的弹性和拉力差引起的,是带传动中不可避免的。

V 带工作一段时间后会因塑性变形和磨损使初拉力减少而松弛,造成传动能力下降。为了保证带传动的正常工作,应定期检查传动带的松紧程度,对传动带进行重新张紧。

影响带传动工作能力的因素如下。

(1) 两轮的轴线必须安装在同一直线上,两轮轮槽应对齐,否则将加剧传动带的损坏,甚至使传动带从带轮上脱落。

(2) 应通过调整中心距的方法来安装和张紧传动带,将传动带套上带轮后慢慢地拉紧至规定的初拉力。新传动带使用前,最好预先拉紧一段时间后再使用。同组使用的 V 带应型号相同、长度相等。

(3) 应定期检查传动带,若发现有的传动带过度松弛或已疲劳损坏,应全部换新,不能新旧并用。若一些旧传动带尚可使用,应测量长度,选长度相同的旧传动带组合使用。

(4) 防止传动带与酸、碱或油接触,以免腐蚀传动带。

(5) 传动带不能暴晒,带传动的工作温度一般不应超过 60 ℃。

(6) 如果带传动装置需闲置一段时间后再使用,应将传动带放松。

(7) 传动带不需要润滑剂,禁止往传动带上加润滑油或润滑脂,并应及时清理带轮槽内及传动带上的油污。

4. 链传动的组成、工作原理、类型、特点和应用

1) 链传动的组成、工作原理与类型

链传动是一种具有中间挠性件(链)的啮合传动装置,依靠链条与链轮轮齿的啮合来传递运动和动力。它由主动链轮、从动链轮和链条组成,如图 2-4-8 所示。

链条的种类繁多,按用途来分,链条可分为以下三大类。

(1) 传动链:用于一般机械传动,以传递运动和动力,工作速度 $v \leqslant 15$ m/s。

(2) 输送链:在各种输送装置和机械化装卸设备中,用以输送物品,工作速度 $v \leqslant 4$ m/s。

(3) 起重链:在起重机械中用以提升重物,工作速度 $v \leqslant 0.25$ m/s。

在一般机械传动装置中,通常应用的是传动链。根据结构的不同,传动链又可分为套筒

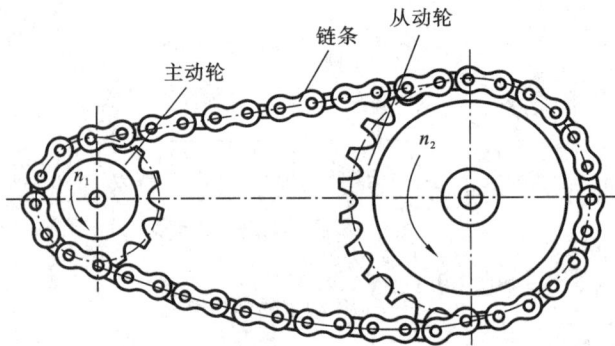

图 2-4-8 链传动

链(见图 2-4-9(a))、套筒滚子链(简称滚子链,见图 2-4-9(b))、齿形链(见图 2-4-9(c))等多种。

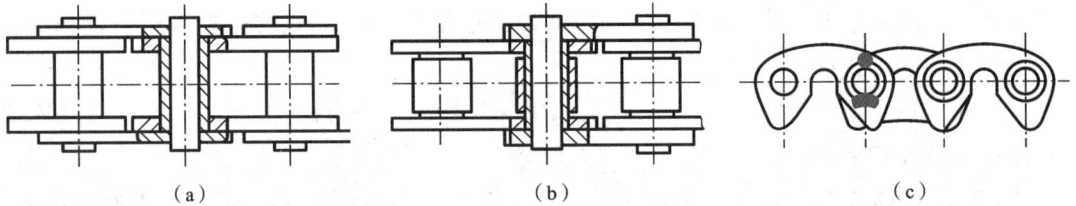

图 2-4-9 传动链的类型

2) 链传动的特点及应用

链传动的特点:无弹性滑动现象和无打滑现象,平均传动比准确,工作可靠,效率较高(封闭式链传动的传动效率 $\eta = 0.95 \sim 0.98$);传动功率大,过载能力强,相同工况下的传动尺寸小;所需张紧力小,作用于轴上的压力小;能在高温、多尘、潮湿、有污染等恶劣环境中工作。链传动的制造和安装精度要求较低,成本低,易于实现较大中心距的传动或多轴传动。

链传动的缺点:链传动的瞬时链速和传动比不恒定,传动平稳性较差,有噪声;不宜用于载荷变化很大和急速反向的传动中。

传统的链传动的传递功率 $P \leqslant 100$ kW,链速 $v \leqslant 15$ m/s,传动比 $i \leqslant 8$,传动中心距 $a \leqslant 5 \sim 6$ m。目前,链传动最大的传递功率可达 5000 kW,链速可达 40 m/s,传动比可达 15,中心距可达 8 m。

链传动常用于农业机械、建筑机械、石油机械、采矿机械、起重机械和金属切削机床、摩托车、自行车等装置中。

5. 链传动平均传动比的计算

在链传动中,链条包在链轮上,就如同包在正多边形的轮子上。如图 2-4-10 所示,正多边形的边长等于链节距 p。当两链轮转速分别为 n_1、n_2 时,有

$$v = \frac{z_1 p n_1}{60 \times 1000} = \frac{z_2 p n_2}{60 \times 1000} \quad \text{(m/s)}$$

式中：z_1、z_2 分别为主动齿轮、从动齿轮的齿数。

平均传动比为

$$i = \frac{n_1}{n_2} = \frac{z_2}{z_1} = 常数 \qquad (2\text{-}4\text{-}4)$$

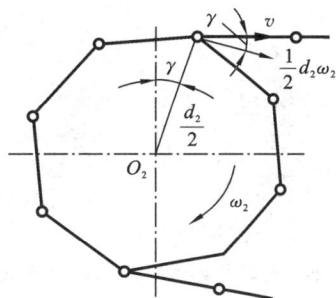

图 2-4-10　链传动的正多边形平均速度

二、齿轮传动

1. 齿轮传动的特点、分类和应用

1）齿轮传动的特点

（1）结构紧凑、传动效率高。

在常用的机械传动中，齿轮传动所需的空间尺寸一般较小，且齿轮的传动效率很高，如一级圆柱齿轮的传动效率可达 99％，这对大功率传动十分重要。

（2）功率和速度适用范围广。

带传动和链传动的圆周速度都有一定的限制，而齿轮传动可以达到的圆周速度要大得多。

（3）工作可靠、寿命长。

若设计、制造合理，使用维护良好，齿轮传动工作将十分可靠，其寿命可长达一二十年，这也是其他机械传动所不能比拟的，这对车辆及在矿井内工作的机械尤为重要。

（4）瞬时传动比为常数。

齿轮传动是一种可以实现恒速、恒传动比的机械啮合传动形式，齿轮传动广泛应用的重要原因之一是其能够实现稳定的传动比。

但是齿轮的制造及安装精度要求高，价格较贵，且不宜用于传动距离过大的场合。

2）齿轮传动的分类

（1）按照两轴的相对位置和齿向，齿轮传动可分为平面齿轮传动和空间齿轮传动，如图 2-4-11 所示。

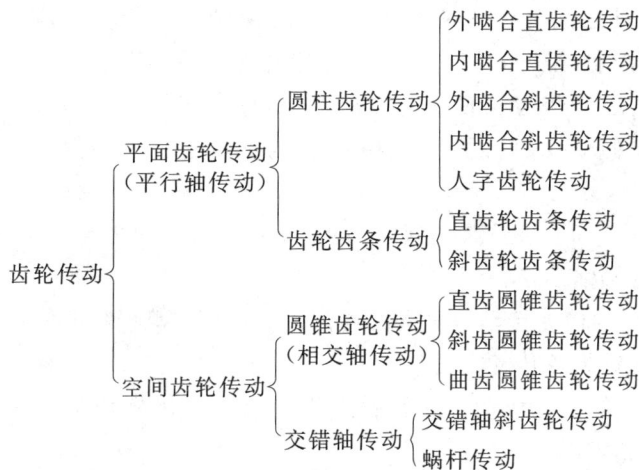

图 2-4-11　齿轮传动类型

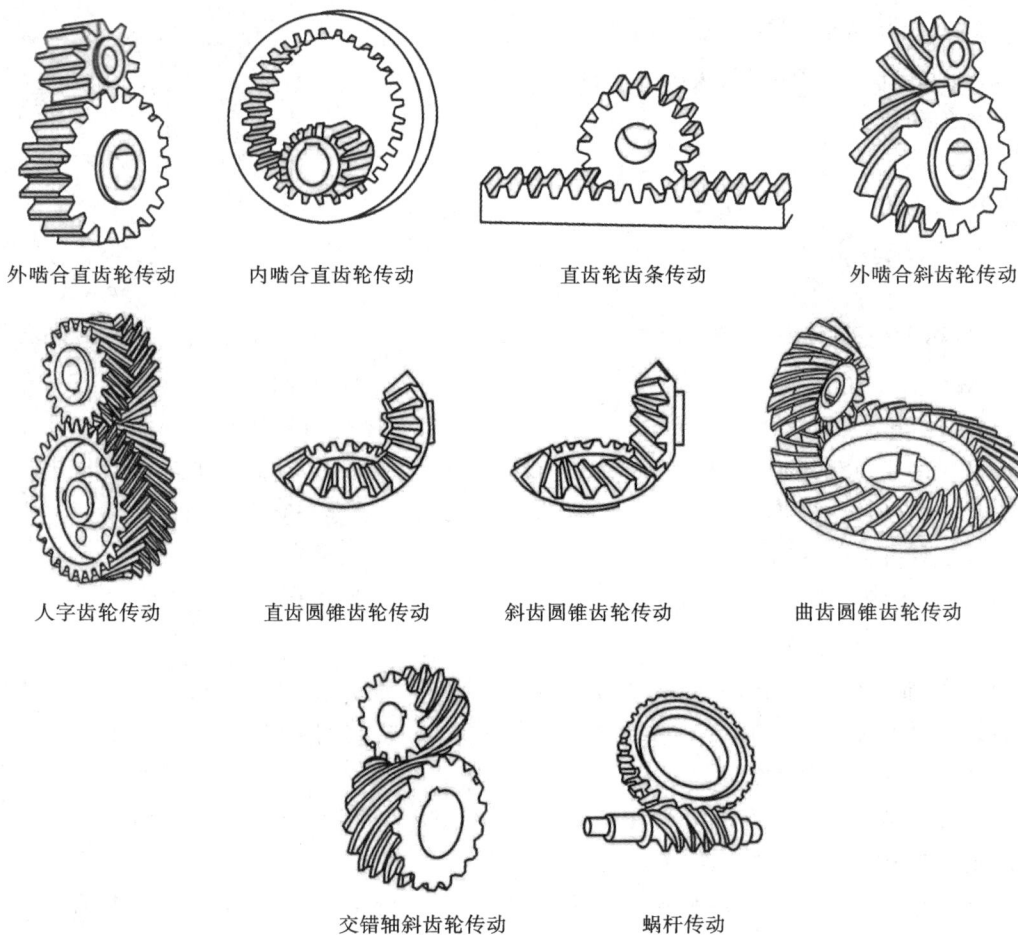

外啮合直齿轮传动　内啮合直齿轮传动　直齿轮齿条传动　外啮合斜齿轮传动

人字齿轮传动　直齿圆锥齿轮传动　斜齿圆锥齿轮传动　曲齿圆锥齿轮传动

交错轴斜齿轮传动　蜗杆传动

续图 2-4-11

① 平面齿轮传动。做平面相对运动的齿轮传动称为平面齿轮传动,其特点是组成齿轮传动的两齿轮的轴线相互平行。外啮合齿轮传动,两轮转向相反;内啮合齿轮传动,两轮转向相同;直齿轮齿条传动,齿条做直线移动。外啮合直齿轮传动、内啮合直齿轮传动、直齿轮齿条传动中各轮齿的齿向与齿轮轴线的方向平行,称为直齿轮。外啮合斜啮轮传动中的齿轮的齿向相对于齿轮的轴线倾斜了一个角度,称为斜齿轮。人字齿轮由螺旋角方向相反的两个斜齿轮所组成。

② 空间齿轮传动。做空间相对运动的齿轮传动称为空间齿轮传动,其特点是组成空间齿轮传动的两齿轮的轴线不平行。

a. 用于相交轴间的齿轮传动。直齿圆锥齿轮传动、斜齿圆锥齿轮传动、曲齿圆锥齿轮传动为用于相交轴间的锥齿轮传动。

b. 用于交错轴间的齿轮传动。交错轴斜齿轮传动和蜗杆传动为用于交错轴间的齿轮传动。

(2)因装置形式不同齿轮传动还可分为开式齿轮传动、半开式齿轮传动及闭式齿轮传动。

① 开式齿轮传动。农业机械、建筑机械及简易的机械设备中,有一些齿轮传动没有防尘罩或机壳,齿轮完全暴露在外边,这种形式的齿轮传动称为开式齿轮传动。开式齿轮传动不仅外界杂物极易侵入,而且润滑不良,因此工作条件不好,轮齿也容易磨损,故只宜用于传递功率小、圆周速度低,不重要的场合。

② 半开式齿轮传动。当齿轮传动装有简单的防护罩,有时还把大齿轮部分地浸入油池中,这种形式的齿轮传动称为半开式齿轮传动。它的工作条件虽有改善,但仍不能做到严密防止外界杂物侵入,润滑条件也不算最好。

③ 闭式齿轮传动。汽车、机床及航空发动机等所用的齿轮传动,都是装在经过精确加工而且封闭严密的箱体(机匣)内,这种传动形式的齿轮传动称为闭式齿轮传动(齿轮箱)。与开式齿轮传动或半开式齿轮传动相比,闭式齿轮传动的润滑及防护等条件最好,多用于传递功率大、圆周速度高、使用寿命长及重要的场合。

3)齿轮传动的应用

齿轮传动是机械传动中最重要的传动之一,形式很多,应用广泛,传递功率可达 105 kW,圆周速度可达 200 m/s,齿轮的直径能做到 10 m 以上,单级传动比可达 8 或更大。常见的齿轮传动应用场合,包括家用电器的机械定时器、汽车变速箱及差速器、机床主轴箱,以及用于各种物料输送机械的齿轮减速器等。

2. 齿轮传动平均传动比的计算

在一对齿轮传动中,主动齿轮转速 n_1 与从动齿轮转速 n_2 之比称为齿轮传动的传动比,用符号 i_{12} 表示。由于相啮合齿轮的传动关系是一齿对一齿,单位时间内主动齿轮转过的齿数 $n_1 z_1$ 与从动齿轮转过的齿数 $n_2 z_2$ 相等,即 $n_1 z_1 = n_2 z_2$,因此,齿轮传动的传动比可表示为

$$i_{12} = \frac{n_1}{n_2} = \frac{z_2}{z_1} \tag{2-4-5}$$

式中:z_1、z_2 分别为主动齿轮、从动齿轮的齿数。

3. 标准直齿圆柱齿轮基本尺寸的计算

标准齿轮是指分度圆上的齿厚 s 等于齿槽宽 e,且模数 m、压力角 α、齿顶高系数 h_a^* 和齿顶间隙系数 c^* 为标准值的齿轮。正常齿制中 $h_a^* = 1$,$c^* = 0.25$。外啮合标准直齿圆柱齿轮各部分几何尺寸的计算公式如表 2-4-1 所示。

4. 渐开线直齿圆柱齿轮传动的正确啮合条件

一对直齿圆柱齿轮能够连续顺利地传动,需要各对轮齿依次正确啮合且互不干涉。虽然渐开线齿廓可以实现恒定传动比,但并不意味着任意参数的一对齿轮都能实现啮合传动。一对渐开线直齿圆柱齿轮正确啮合的条件是:两齿轮的模数必须相等,即 $m_1 = m_2 = m$;两齿轮分度圆上的压力角 α 必须相等,且等于标准值,$\alpha_1 = \alpha_2 = \alpha$。如果是一对斜齿圆柱齿轮,则还需要两齿轮的螺旋角大小相等,但螺旋方向相反。

表 2-4-1   外啮合标准直齿圆柱齿轮各部分几何尺寸的计算公式

名称	符号	计算公式	名称	符号	计算公式
齿距	p	$p = m\pi$	齿顶间隙	c	$c = c^* m = 0.25m$
基圆齿距	p_b	$p_b = p\cos\alpha$	分度圆直径	d	$d = zm$
齿厚	s	$s = p/2 = \pi m/2$	齿顶圆直径	d_a	$d_a = d + 2h_a = m(z+2)$
齿槽宽	e	$e = p/2 = \pi m/2$	齿根圆直径	d_f	$d_f = d - 2h_f = m(z-2.5)$
齿顶高	h_a	$h_a = h_a^* m = m$	基圆直径	d_b	$d_b = d\cos\alpha$
齿根高	h_f	$h_f = (h_a^* + c^*)m = 1.25m$	齿宽	b	$b = (6\sim8)m$
齿高	h	$h = h_a + h_f = 2.25m$	中心距	a	$a = \dfrac{d_1 + d_2}{2} = \dfrac{m(z_1 + z_2)}{2}$

5. 齿轮的结构

圆柱齿轮的结构由轮毂、轮辐和轮缘三部分组成。按齿顶圆的大小进行分类,圆柱齿轮的结构形式可分为齿轮轴、实心齿轮、腹板式齿轮和轮辐式齿轮等四种形式。

1) 齿轮轴

齿轮与轴融为一体的零件称为齿轮轴。对于直径较小的钢制圆柱齿轮,当齿顶圆直径不大或直径与相配轴直径相差很小(齿顶圆直径 $d_a < 2d$,d 为轴径)时,可将齿轮与轴制成一体,如图 2-4-12(a)所示。此外,当齿根圆至键槽底部的距离小于 2.5 mm 时,也应将齿轮和轴制成一体。

2) 实心齿轮

对于齿顶圆直径 $d_a < 200$ mm 的中、小尺寸的钢制齿轮,通常采用锻造成形方式将齿轮制成实心结构,如图 2-4-12(b)所示。

3) 腹板式齿轮

对于齿顶圆直径 $d_a = 200 \sim 500$ mm 的较大尺寸的齿轮,为了减轻质量和节约材料,通常采用锻造成形方式将齿轮制成腹板式结构(或孔板式结构),如图 2-4-12(c)所示。

4) 轮辐式齿轮

对于齿顶圆直径 $d_a > 500$ mm 的较大尺寸的齿轮,由于受锻造设备的限制,通常采用铸铁或铸钢材料,用铸造成形方式将齿轮制成轮辐式结构,如图 2-4-12(d)所示。

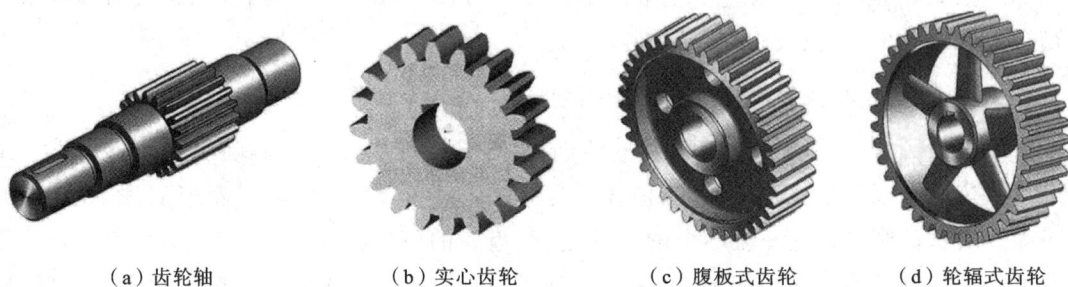

(a)齿轮轴	(b)实心齿轮	(c)腹板式齿轮	(d)轮辐式齿轮

图 2-4-12   圆柱齿轮的四种结构形式

6. 渐开线齿轮根切现象及最少齿数

用展成法加工标准齿轮时,如果齿轮的齿数太少,轮齿根部的渐开线齿廓会被部分切去,这种现象称为根切,如图 2-4-13 所示。轮齿被根切后,齿根的强度会被削弱,传动精度会降低,传动的平稳性会变差,因此应避免根切现象。根切现象与齿轮的齿数有关,理论计算表明,正常齿制渐开线标准齿轮不发生根切现象的条件是:被加工齿轮的齿数不小于 17 齿,即 z_{min} ≥17。当 z<17 时,如果不允许发生根切现象,则可采用变位修正法加工齿轮。

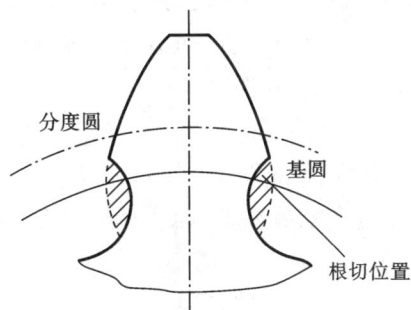

图 2-4-13 根切现象

7. 齿轮的失效形式与常用材料

1) 齿轮的失效形式

齿轮失效是指齿轮传动失去正常的工作能力。齿轮的失效形式主要有轮齿折断、齿面疲劳点蚀、齿面磨损、齿面胶合和齿面塑性变形等五种形式。

(1) 轮齿折断。

齿轮在传动过程中,轮齿承受很大的载荷,齿根部会产生弯曲应力。在循环载荷的作用下,当弯曲应力超过材料的疲劳强度时,在齿根部会产生疲劳裂纹。随着疲劳裂纹的扩大,最终会导致整个齿根折断,这种折断称为疲劳折断,如图 2-4-14(a)所示。轮齿受到短时过载或冲击作用而引起的突然折断,称为过载折断,如图 2-4-14(b)、图 2-4-14(c)所示。过载折断常出现在没有良好润滑条件的开式齿轮传动(齿轮暴露在空气中,不能保证良好的润滑状态)中。

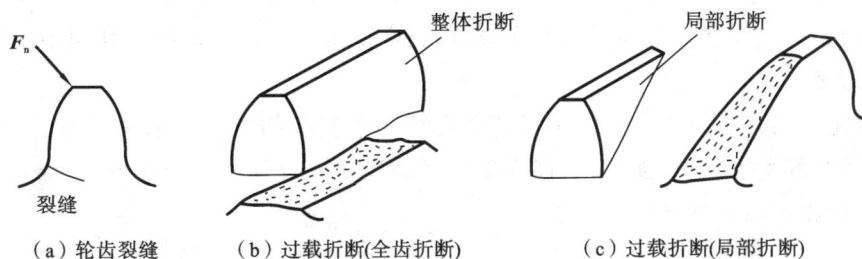

(a) 轮齿裂缝 (b) 过载折断(全齿折断) (c) 过载折断(局部折断)

图 2-4-14 轮齿折断

(2) 齿面疲劳点蚀。

齿面疲劳点蚀是齿轮在传动过程中,齿面在交变接触应力的反复作用下会出现微小的疲劳裂纹,随后裂纹逐渐扩展,使齿面金属剥落而形成麻点状凹坑的现象,如图 2-4-15(a)所示。齿面疲劳点蚀会使轮齿啮合精度和平稳性下降,它是闭式齿轮传动(齿轮传动安装在润滑良好的密封箱体内)中软齿面齿轮的主要失效形式。

(3) 齿面磨损。

齿面磨损包括磨粒磨损和啮合磨损两种情形。磨粒磨损是指由于灰尘、沙粒或金属屑等进入齿面而引起的磨损;啮合磨损是指当表面粗糙的硬齿与较软的轮齿啮合时,由于相对滑动,软齿面被划伤而引起的齿面磨损。齿面磨损常发生在润滑条件较差的开式齿轮传动中,如图 2-4-15(b)所示。

(4)齿面胶合。

齿面胶合是齿轮传动过程中,在高速重载作用下,相互啮合的金属齿面由于表面压力和温度过高容易造成齿面胶合,随着齿面的相对运动,较硬的齿面将较软的齿面撕成沟纹的现象,如图 2-4-15(c)所示。

(5)齿面塑性变形。

齿面塑性变形是齿轮的齿面硬度不高,在低速重载、冲击载荷或频繁起动时,轮齿表面在切向摩擦力的相互作用下,主动齿轮的表面被拉出而导致凹槽变形,从动齿轮的表面被挤出凸棱,破坏了正常齿形的现象,如图 2-4-15(d)所示。

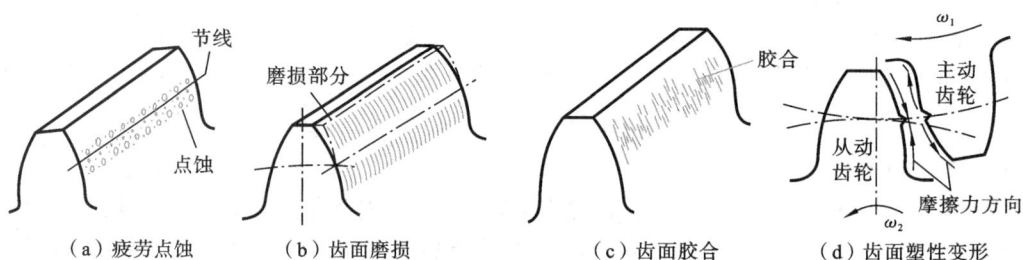

(a)疲劳点蚀　　　(b)齿面磨损　　　　(c)齿面胶合　　　(d)齿面塑性变形

图 2-4-15　齿面疲劳点蚀、齿面磨损、齿面胶合及齿面塑性变形

2)齿轮的常用材料

齿轮常用的制造材料主要有钢、铸钢、铸铁、非铁金属和非金属材料。对于采用金属材料制造的齿轮,根据性能要求和工艺要求,通常还需要进行热处理以改善其使用性能。

(1)钢制齿轮。

钢制齿轮主要是指采用优质碳素钢和合金结构钢制造的齿轮。钢制齿轮的成形方法主要是锻造,其内部组织致密,强度高,韧度高。钢制齿轮的直径一般小于 500 mm。钢制齿轮包括软齿面齿轮和硬齿面齿轮两大类。

软齿面齿轮是指齿轮工作表面的硬度不大于 350 HBW 的齿轮。软齿面齿轮通常选用中碳钢(如 45 钢、40 钢、35 钢等)或合金调质钢(如 35SiMn 钢、40Cr 钢等)制造,可在调质处理(或正火)后进行切齿加工,它适用于中小功率、精度要求不高的一般机械传动。

硬齿面齿轮是指齿轮工作表面的硬度大于 350 HBW 的齿轮。硬齿面齿轮通常选用合金渗碳钢(20Cr 钢、20CrMnTi 钢等)或合金调质钢(如 35SiMn 钢、40Cr 钢等)制造,在切齿加工后进行渗碳和淬火(或表面淬火和低温回火),然后进行精加工(如磨齿、研磨等),它适用于精度高、载荷重、高速运转的机械传动。

(2)铸钢齿轮。

当齿轮的直径大于 500 mm、结构比较复杂、力学性能要求较高、不易进行锻造时,可采用铸钢(如 ZG270-500、ZG310-570 等)齿轮。但是,铸钢齿轮的力学性能不如钢制齿轮的好。

（3）铸铁齿轮。

当齿轮的直径大于 500 mm、结构比较复杂、力学性能要求不高、不易进行锻造时,可采用铸铁(如 HT250、QT900-2、KTZ550-04 等)齿轮。但是,铸铁齿轮的力学性能不如铸钢齿轮的好。铸铁齿轮适用于低速、载荷轻的机械传动。

（4）非铁金属齿轮。

当齿轮要求质量轻,耐腐蚀,有一定的强度、硬度和韧度时,可采用非铁金属齿轮,如铝合金齿轮、青铜齿轮、黄铜齿轮、钛合金齿轮等。非铁金属齿轮适用于耐腐蚀、中低速、载荷轻的机械传动。

（5）非金属齿轮。

当齿轮要求质量轻、噪声小时,可采用非金属齿轮,如打印机、复印机等办公机械中的齿轮,其材质常选用尼龙、聚碳酸酯、酚醛塑料等。非金属齿轮适用于高速、载荷轻和低噪声的机械传动。

三、蜗杆传动

1. 蜗杆传动的特点、类型和应用

1）蜗杆传动的特点

蜗杆传动由蜗杆、蜗轮和机架组成,常用于传递空间两交错轴间传递运动和动力的一种传动。通常蜗杆是主动件,蜗轮是从动件,蜗杆与蜗轮两轴线间的夹角可为任意值,通常的交错角是 90°。蜗杆传动是减速传动,蜗杆转动一周,蜗轮仅转过一个齿。

蜗杆传动的主要特点是:传动比大,一般为 28~80;传动平稳,噪声小,结构紧凑,体积小;具有自锁功能,即只能蜗杆带动蜗轮,反之则不能传动;蜗轮与蜗杆齿面的滑动速度快,摩擦发热严重,传动效率较低,仅为 0.7~0.9,一般用于中小功率的传动场合。蜗轮常用青铜制作,制造成本较高。

2）蜗杆传动的类型及应用

蜗杆传动有许多类型,根据蜗杆分度曲面形状进行分类,蜗杆传动可分为圆柱蜗杆传动(见图 2-4-16)、圆弧面蜗杆传动(见图 2-4-17)和锥面蜗杆传动。圆柱蜗杆传动又有普通圆柱

图 2-4-16　圆柱蜗杆传动

图 2-4-17　圆弧面蜗杆传动

蜗杆传动和圆弧圆柱蜗杆传动之分。而按蜗杆齿形进行分类,普通圆柱蜗杆传动又可分为阿基米德蜗杆(ZA 蜗杆)传动、渐开线蜗杆(ZI 蜗杆)传动、法向直廓蜗杆(ZN 蜗杆)传动、圆弧圆柱蜗杆(ZC 蜗杆)传动和锥面包络蜗杆(ZK 蜗杆)传动等,其中应用最广的是阿基米德蜗杆传动。

在蜗杆传动中,蜗杆与轴通常做成一体,称为蜗杆轴。最常用的阿基米德蜗杆在其轴向剖面内的齿形是直线,在截面内的齿形是阿基米德螺旋线,如图 2-4-18 所示。

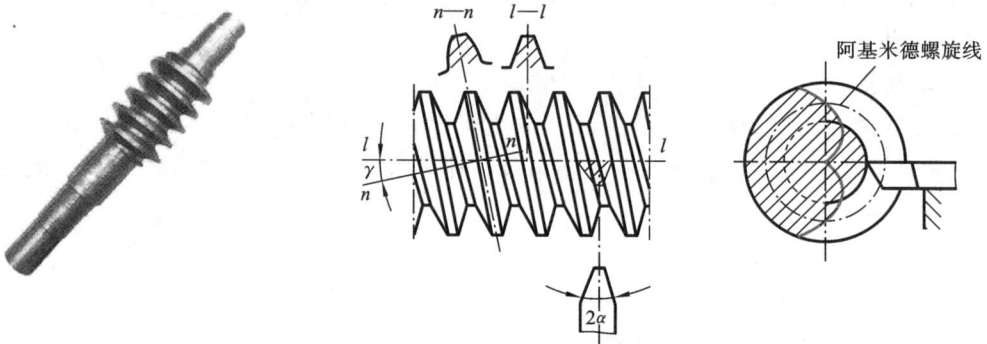

图 2-4-18 阿基米德蜗杆的结构形式

按螺旋方向分类,阿基米德蜗杆可分为右旋蜗杆和左旋蜗杆,通常使用右旋蜗杆。蜗杆的头数 $z_1=1\sim6$,蜗杆有单头、双头和多头之分。单头蜗杆主要用于传动比较大的机械传动,要求自锁的蜗杆传动必须采用单头蜗杆;多头蜗杆主要用于传动比不大和要求传动效率较高的机械传动。

蜗轮的外形类似于带有内凹圆弧的圆柱齿轮。蜗轮的结构有整体式蜗轮(见图 2-4-19(a))和组合式蜗轮两种。其中,组合式蜗轮由齿圈和蜗轮芯两部分组成,齿圈可选用青铜制造,蜗轮芯可选用铸铁或钢制造。齿圈与蜗轮芯采用过盈配合,为了增加配合的可靠性,沿接合缝还要拧上紧定螺钉,如图 2-4-19(b)所示。如果齿圈直径较大时,可以采用铰制孔用螺栓连接,如图 2-4-19(c)所示。另外,齿圈还可以采用镶铸方式进行组合,如图 2-4-19(d)所示。

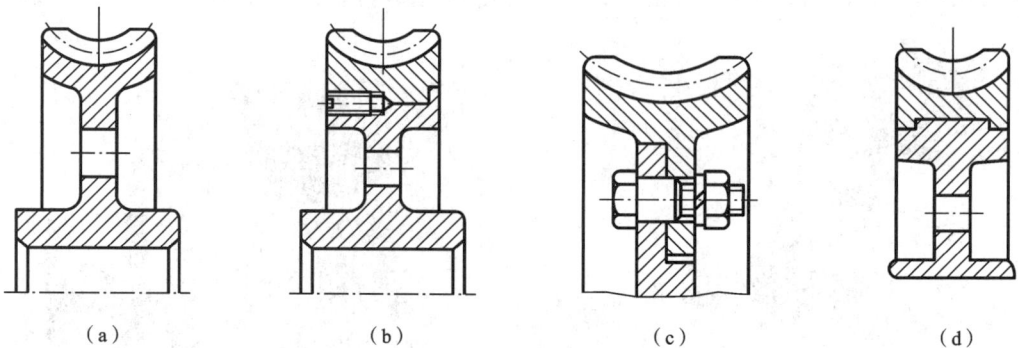

(a)　　　(b)　　　(c)　　　(d)

图 2-4-19 蜗轮的结构形式

蜗杆传动广泛应用于各种机械及仪器仪表设备中,适用于传动比大、传递功率不大(一般不超过 50 kW)的机械传动,如蜗杆减速器、卷扬机传动系统、滚齿机传动系统都采用蜗杆传动。其中圆柱蜗杆传动结构简单,应用最广;圆弧面蜗杆传动同时啮合的齿数多,承载能力大,但加工复杂,一般在大功率机械传动中使用。

2. 蜗杆传动的传动比的计算

在蜗杆传动中,涉及的传动参数主要有:蜗杆与蜗轮的模数 m、蜗杆分度圆直径 d_1,蜗杆与蜗轮的压力角 α、蜗杆升角(又称为导程角)γ_1、蜗轮螺旋角 β_2、蜗杆直径系数 q、蜗杆齿顶高系数 h_a^*、蜗杆顶间隙系数 c^*、中心距 a、蜗杆头数 z_1、蜗轮齿数 z_2、传动比 i_{12},以及蜗杆传动的旋转方向。为了分析蜗杆传动的基本参数,取经过蜗杆的轴线并与蜗轮的轴线相垂直的剖面作为主平面来研究,如图 2-4-20 所示。在主平面内,蜗杆的形状相当于齿条,蜗轮相当于渐开线齿轮。

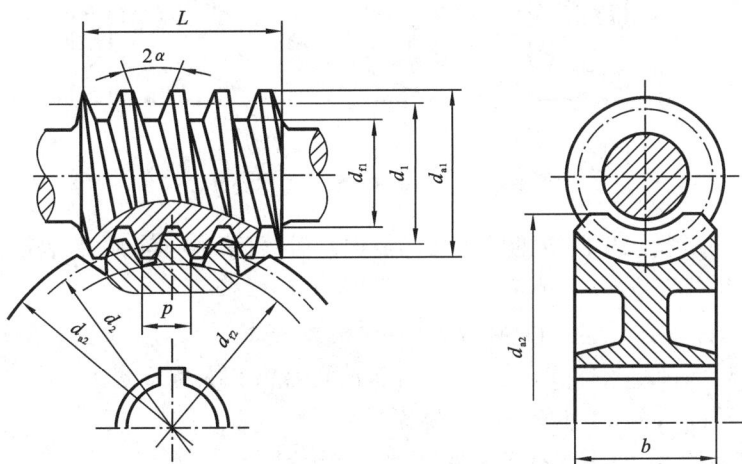

图 2-4-20　蜗杆传动的基本参数

(1)蜗杆与蜗轮的模数 m。

蜗杆的模数是指轴面模数,用 m_{x1} 表示;蜗轮的模数是指端面模数,用 m_{t2} 表示。$m_{x1}=m_{t2}$。

(2)蜗杆的分度圆直径 d_1。

由于蜗轮是用相当于蜗杆的滚刀切制的,为了限制蜗轮滚刀的数量,国家标准已将蜗杆分度圆直径 d_1 规定为标准值,并与标准模数 m 相匹配。蜗杆分度圆直径不仅与模数 m 有关,还与蜗杆头数 z_1 和升角 γ_1 有关。部分蜗杆分度圆直径 d_1 与标准模数 m 匹配的标准系列如表 2-4-2 所示。

表 2-4-2　部分蜗杆分度圆直径 d_1 与标准模数 m 匹配的标准系列

模数 m/mm	分度圆直径 d_1/mm	蜗杆头数 z_1	模数 m/mm	分度圆直径 d_1/mm	蜗杆头数 z_1
3.15	35.5	1、2、4	5	50	1、2、4
	56	1		90	1
4	40	1、2、4	6.3	63	1、2、4
	71	1		112	1

（3）蜗杆与蜗轮的压力角 α。

蜗杆的压力角是指轴向压力角，用 α_{x1} 表示；蜗轮的压力角是指端面压力角，用 α_{t2} 表示。$\alpha_{x1} = \alpha_{t2} = 20°$。

（4）蜗杆升角 γ_1 和蜗轮螺旋角 β_2。

蜗杆升角是指蜗杆的分度圆螺旋线的切线与端平面之间的夹角，用 γ_1 表示，如图2-4-21所示。蜗杆升角 γ_1 的大小直接影响蜗杆的传动效率。蜗杆升角 γ_1 大，则传动效率高，但自锁性差；蜗杆升角 γ_1 小，则传动效率低，但自锁性好。

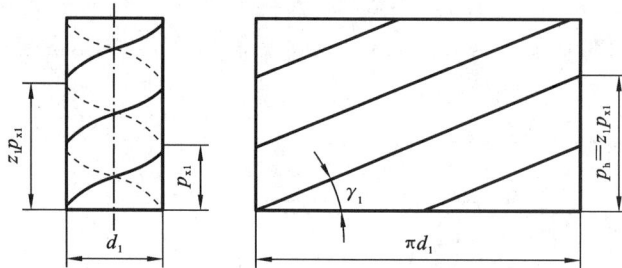

图 2-4-21　蜗杆升角 γ_1 与齿距 p_{x1}

蜗轮的螺旋角是指蜗轮的分度圆轮齿的旋向与轴线间的夹角，用 β_2 表示。$\gamma_1 = \beta_2$。

（5）蜗杆直径系数 q。

蜗杆直径系数是蜗杆分度圆直径 d_1 与轴向模数 m 的比值，用符号 q 表示。常用蜗杆的直径系数 q 为18、16、12.5、11.2、10、9、8。计算时可参考相关标准资料。

（6）蜗杆齿顶高系数 h_a^* 和蜗杆顶间隙系数 c^*。

蜗杆齿顶高系数 $h_a^* = 1$；蜗杆顶间隙系数 $c^* = 0.2$。

（7）中心距 a。

对于普通圆柱蜗杆传动，其中心距 a 的尾数应为0或5；标准蜗杆减速器的中心距 a（单位：mm）应取标准值，如40、50、65、80、100、125、160、(180)、200、(225)、250、(280)、315、(335)、400、(450)、500，其中，带括号的数字应尽可能不用。

（8）蜗杆头数 z_1 和蜗轮齿数 z_2。

蜗杆头数 z_1 的选择与传动比、传动效率及制造的难易程度等有关。对于传动比大或要求自锁性好的蜗杆传动，常取 $z_1 = 1$；为了提高传动效率，z_1 可取较大值，但会增加加工难度，故 z_1 常取 1、2、4、6。

蜗轮齿数 z_2 通常为 27～80。当 $z_2 < 27$ 时，加工蜗轮时会产生根切现象；当 $z_2 > 80$ 时，会使蜗轮尺寸过大及蜗杆轴的刚度下降。各种传动比下 z_1、z_2 的推荐值可参照表2-4-3。

表 2-4-3　各种传动比下 z_1、z_2 的推荐值

传动比 i_{12}	5～6	7～8	9～13	14～24	25～27	28～40	>40
z_1	6	4	3～4	2～3	2～3	1～2	1
z_2	30～36	28～32	27～52	28～72	50～81	28～80	>40

（9）传动比 i_{12}。

蜗杆的传动比是蜗杆转速 n_1 与蜗轮转速 n_2 之比，或者是蜗轮的齿数 z_2 与蜗杆头数 z_1 之比。蜗杆的传动比 i_{12} 的计算公式为

$$i_{12} = \frac{n_1}{n_2} = \frac{z_2}{z_1}$$

通常传动比 $i_{12} = 10 \sim 40$，最大可达 80。如果蜗杆传动仅用于传递运动（如分度运动），其传动比可达 1000。

（10）蜗杆传动的旋转方向。

蜗杆和蜗轮的旋转方向按右手法则判定，如图 2-4-22 所示。手心对着自己，四个手指顺着蜗杆（或蜗轮）的轴线方向摆正，如果齿向与右手拇指指向一致，则该蜗杆（或蜗轮）为右旋（见图 2-4-22(a)）；反之，该蜗杆（或蜗轮）为左旋（见图 2-4-22(b)）。

蜗杆传动时，蜗轮的旋转方向可用左、右手法则判定，如图 2-4-23 所示。当蜗杆右旋时用右手法则判定（见图 2-4-23(a)），当蜗杆左旋时用左手法则判定（见图 2-4-23(b)）。蜗轮旋转方向判定的具体做法是：手握住蜗杆轴向，四指弯曲的方向代表蜗杆旋转方向，大拇指所指的反方向就是蜗轮的回转方向。

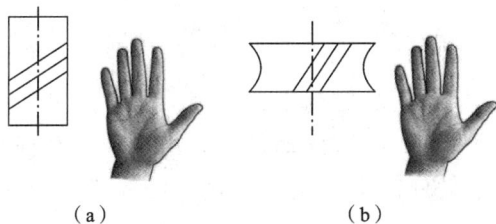

（a）　　　　　　　（b）

图 2-4-22　蜗杆和蜗轮的旋转方向判定

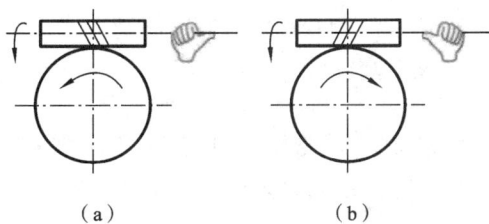

（a）　　　　　　　（b）

图 2-4-23　蜗轮旋转方向的判定

四、齿轮系

1. 齿轮系的分类和应用

齿轮系（简称轮系）是由一系列相互啮合的齿轮组成的传动装置。在机械传动中，仅由一对齿轮啮合传动是最简单的齿轮传动，而在绝大多数的机械设备中，常常由一系列相互啮合的齿轮组成传动系统，以实现从主动轴到从动轴之间的变速、变向、运动分解及合成等功能。

齿轮系根据传动时各齿轮轴线在空间的相对位置是否固定进行分类，可分为定轴轮系和周转轮系。

1）定轴轮系

定轴轮系是指在轮系运转时，所有齿轮（包括蜗杆、蜗轮）的几何轴线位置相对于机架均固定不动的轮系。定轴轮系主要应用于车床主轴箱、汽车变速器、起重设备、钟表等机械中，可使机械获得多种转速，并能实现变速和换向功能。图 2-4-24 所示的为两级圆柱齿轮定轴轮系。

2）周转轮系

周转轮系是指在轮系运转时,至少有一个齿轮的几何轴线绕另一个齿轮的固定轴线回转的轮系。如图 2-4-25 所示,小齿轮的轴线绕大齿轮的轴线做圆周运动,其位置是不断变化的。几何轴线做圆周运动的齿轮称为行星轮(见图 2-4-25(a)小齿轮);与其啮合的齿轮称为中心轮(见图 2-4-25(a)大齿轮);支承行星轮的构件称为行星架,也称为系杆(或转臂)。在周转轮系中,一般都以中心轮和转臂作为运动的输入和输出构件,它们是周转轮系中的基本构件。基本构件通常是绕同一固定轴线回转的。

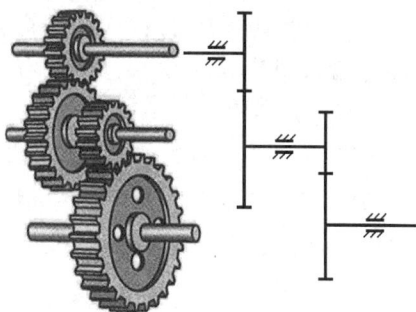

图 2-4-24　两级圆柱齿轮定轴轮系

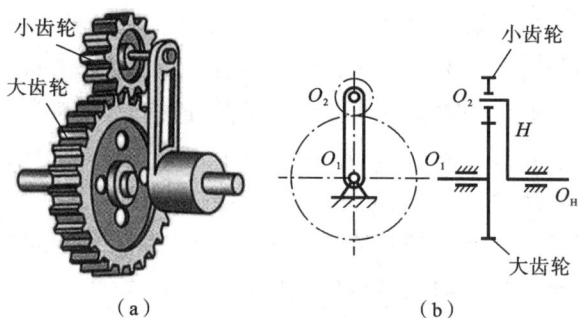

（a）　　　　　　（b）

图 2-4-25　周转轮系

周转轮系包括差动轮系和行星轮系等。差动轮系是指具有两个或两个以上自由度的周转轮系。在差动轮系中,具有对应的两个或两个以上的原动件,原动件可以由齿轮或系杆组成;或者说在差动轮系中,是由两个或两个以上的原动件决定了轮系中执行件的确定运动,执行件可以为齿轮或系杆。一般的差动轮系的自由度是 2 个,即只需要 2 个原动件就可以使整个差动轮系具有确定的运动。差动轮系可进行运动合成,广泛应用于机床、计算机构及补偿调整装置中。行星轮系是指所有具有一个自由度的周转轮系。在行星轮系中,为了使各构件具有确定的相对运动,只需要 1 个主动构件。

2. 定轴轮系传动比的计算

齿轮系传动比是指齿轮系中首末两轮的转速之比,用符号 i_{1n} 表示,其下标表示对应的两齿轮。例如,i_{15} 表示齿轮 1 与齿轮 5 的转速之比。通常齿轮系传动比的计算包括两个内容:一是计算传动比的大小,二是确定从动齿轮的转动方向。

图 2-4-26 所示的为某一定轴轮系,齿轮轴 I 为动力输入轴,齿轮轴 V 为动力输出轴。齿轮轴 I 的转速为 n_1,齿轮轴 V 的转速为 n_5,齿轮轴 I 与齿轮轴 V 的传动比就是主动齿轮 1 与从动齿轮 5 的传动比,并称该定轴轮系的总传动比为 i_{15}。该定轴轮系的总传动比为

$$i_{15}=\frac{n_1}{n_5}=\frac{n_1 n_2 n_3 n_4}{n_2 n_3 n_4 n_5} \tag{2-4-6}$$

由于 $n_2=n_2'$,$n_3=n_3'$,而且 $i_{12}=\dfrac{n_1}{n_2}=(-1)\dfrac{z_2}{z_1}$,$i_{23}=\dfrac{n_2}{n_3}=\dfrac{z_3}{z_2'}$,$i_{34}=\dfrac{n_3}{n_4}=(-1)\dfrac{z_4}{z_3'}$,$i_{45}=\dfrac{n_4}{n_5}=(-1)\dfrac{z_5}{z_4}$,由此可得

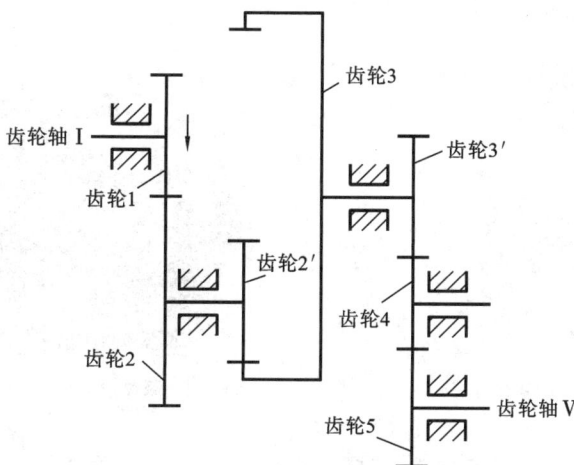

图 2-4-26　定轴轮系传动比分析图

$$i_{15} = i_{12}i_{23}i_{34}i_{45} = \left(\frac{-z_2}{z_1}\right)\left(\frac{z_3}{z_2'}\right)\left(\frac{-z_4}{z_3'}\right)\left(\frac{-z_5}{z_4}\right) = (-1)^3\frac{z_2z_3z_5}{z_1z_2'z_3'} \tag{2-4-7}$$

式(2-4-7)表明,该定轴轮系传动比等于轮系中各级齿轮传动比的连乘积,其数值是定轴轮系中所有从动齿轮齿数的连乘积与所有主动齿轮齿数的连乘积之比。同时可以看出,定轴轮系传动比的大小与其中的惰轮(z_4)的齿数无关。惰轮既是主动齿轮又是从动齿轮,惰轮的作用是既改变了传动装置的转向,也有利于加大齿轮轴之间的距离,因此,惰轮又称为过桥齿轮。

由此可见,由 k 个齿轮组成的定轴轮系的总传动比 i_{1k} 为

$$i_{1k} = \frac{n_1}{n_k} = (-1)^m\frac{\text{所有从动齿轮齿数的连乘积}}{\text{所有主动齿轮齿数的连乘积}} \tag{2-4-8}$$

式中:m 为定轴轮系中外啮合齿轮的对数。

3. 减速器的类型、结构、标准和应用

减速器是由封闭在箱体内的齿轮传动(或蜗杆传动)组成,常用于原动机和工作机(或执行机构)之间执行减速功能的封闭式传动装置。减速器是一种相对精密的机械,使用它的目的是降低转速、增大转矩或改变转动方向。由于减速器传递运动准确可靠、结构紧凑、润滑条件良好、效率高、寿命长,且使用、维修方便,故减速器得到广泛应用。

1) 减速器的类型及应用

按齿轮的形状进行分类,减速器可分为圆柱齿轮减速器和锥齿轮减速器;按传动的级数进行分类,减速器可分为一级减速器(见图 2-4-27)和多级减速器(见图 2-4-28);按传动的结构形式进行分类,减速器可分为展开式减速器、同轴式减速器和分流式减速器等;按传动和结构的特点进行分类,减速器可分为齿轮减速器、蜗杆减速器、行星齿轮减速器、摆线针轮减速器和谐波齿轮减速器。常用减速器的类型、特点及应用见表 2-4-4。

2) 减速器的结构

减速器的结构因其类型和用途不同而异。但无论何种类型的减速器,其结构都是由箱体、

图 2-4-27 一级减速器

图 2-4-28 多级减速器

表 2-4-4 常用减速器的类型、特点及应用

级数	减速器类型	结构简图	特点及应用
一级减速器	圆柱齿轮		结构简单,传动比小($i\leqslant 8$),传动效率高,功率较大,使用寿命长,维护方便。轴的支承部分通常选用滚动轴承,也可采用滑动轴承
	锥齿轮		用于输入轴与输出轴垂直相交的传动;通常当传动比$i=1\sim 6$时采用。但锥齿轮加工较难,安装复杂,只有在必要时选用
	下置式蜗杆		转动平稳、无噪声、传动比大,传递功率相对较大。由于蜗杆在蜗轮的下面,润滑方便,而且润滑和冷却效果较好;但蜗杆速度较大时,油的搅动损失较大,一般用于蜗杆圆周速度$v\leqslant 4$ m/s的场合
	上置式蜗杆		转动平稳、无噪声、传动比大,传递功率相对较小,油的搅动损失较小,拆装方便,蜗杆的圆周速度可较高,通常用于蜗杆圆周速度$v>4$ m/s的场合。但由于蜗杆在上面,润滑和冷却效果相对较差

续表

级数	减速器类型	结构简图	特点及应用
二级减速器	圆柱齿轮展开式		结构比一级减速器更合理、更紧凑,由于齿轮布置相对于轴承位置不对称,因此,要求轴应具有较高的刚度。它主要用于载荷稳定、传动比较大的场合。高速级传动常用圆柱斜齿轮,低速级传动常用斜齿或圆柱直齿轮
	锥齿轮圆柱齿轮		用于传动比较大$(i=6\sim35)$的场合,但锥齿轮加工较难,安装复杂,只有在必要时选用。其中锥齿轮可以是直齿或弧齿,圆柱齿轮可以是直齿或斜齿

轴、齿轮、轴承及相关附件(如视孔盖、通气器、油标尺等)组成。典型的一级圆柱齿轮减速器的结构如图 2-4-29 所示。

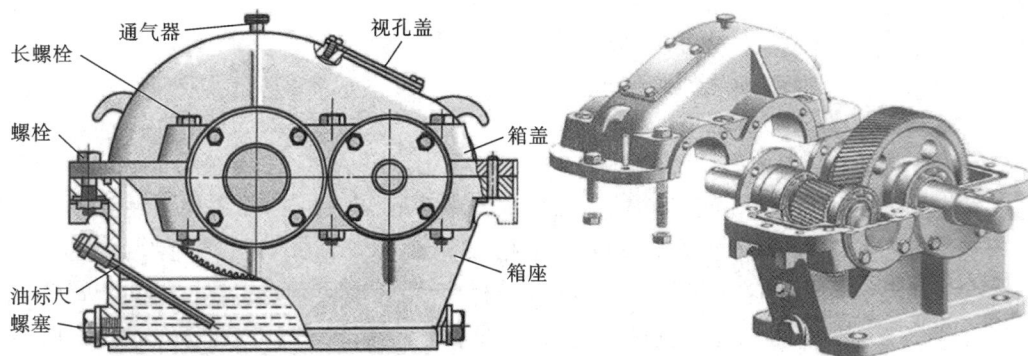

图 2-4-29　典型的一级圆柱齿轮减速器的结构

　　减速器一般由多级齿轮传动组合而成,其传动组合形式有直齿圆柱齿轮传动与直齿圆柱齿轮传动组合、斜齿圆柱齿轮传动与斜齿圆柱齿轮传动组合、锥齿轮传动与圆柱齿轮传动组合、斜齿圆柱齿轮传动与蜗杆传动组合等。在轮齿齿廓上,除了渐开线齿轮外,还有圆弧齿、摆线齿等。在齿面硬度上,减速器齿轮采用硬齿面,提高了传动能力和使用寿命。

　　3）减速器的标准

　　常用减速器的生产已经标准化和规格化,并由专门化生产厂商制造。由于多数减速器是闭式齿轮传动,具有良好的润滑条件和传动效率(98%以上),而且使用寿命较长,因此,用户可根据实际需要,尽可能选用标准减速器。常用减速器的铭牌及含义如图 2-4-30 所示。

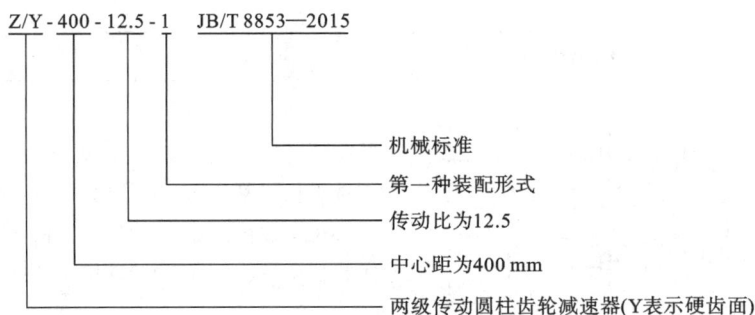

图 2-4-30　常用减速器的铭牌及含义

　　国家标准规定,减速器的中心距尾数是 0 和 5,常用的中心距为 100、125、160、200、250……,减速器的传动比为 1.25、1.4、1.6、1.8、2.0、2.24、2.5、2.8、3.15、3.55……,传动比常选用小数 1.25、2.24、3.15、3.55 等,其目的是使两啮合齿轮的齿数互为质数,最好有一个齿轮的齿数为质数,可保证两啮合齿轮中的每个轮齿都能交替地与另一个齿轮的轮齿进行啮合,以延长齿轮的使用寿命。

第五节　连接和支承零部件

一、连接

1. 连接的类型与应用

　　由于使用、结构、制造、装配、运输等原因,机器中有相当多的零件需要彼此连接。同时,实践证明机器的损坏常发生在连接部位。因此,要求机械设计人员必须熟悉各种机器中常用的连接方法及相关连接零件的结构、类型、性能与适用环境,掌握其设计理论或选用方法。

　　机械连接分为静连接和动连接两大类:被连接件之间相互固定、不能做相对运动的连接称为机械静连接,如螺纹、键、销连接等;被连接件之间能按一定运动形式做相对运动的连接称为机械动连接,如导向平键、导向花键连接和铰链等。但在机械设计中,轴承、螺旋传动等习惯上不列在"连接"之内,按不同功能分列在其他章节介绍。因此,通常所谓的连接主要是指静连接。

　　机械静连接又分为可拆连接和不可拆连接,如表 2-5-1 所示。除该表所列连接之外,还有成形连接、胀紧连接,也有把弹簧列在连接之内的。

　　可拆连接是指连接拆开时,不破坏连接中的零件,重新安装,即可继续使用的连接。不可拆连接是指连接拆开时,破坏连接中的零件后就不能继续使用的连接。通常采用不可拆连接多是考虑制造及经济上的原因;采用可拆连接多是由于结构、安装、运输、维修等方面的原因:不可拆连接的制造成本通常较可拆连接的低廉。表 2-5-1 所列的可拆连接大多具有双重性,如键连接、花键连接,因配合不同,紧的可构成静连接,松的可构成动连接。过盈连接介

表 2-5-1　机械静连接

连接	可拆连接	螺纹连接
		键连接、花键连接、销连接
		楔键连接
		弹性环连接
		过盈连接
	不可拆连接	铆钉连接
		焊接
		胶接

于可拆连接和不可拆连接之间,一般宜用作不可拆连接,因一经拆开,虽仍可使用,但承载能力有所降低。过盈量小的,则可多次使用,影响较小。锥面过盈连接、液压装配的过盈连接都是可拆连接。从工作性质看,弹性环连接也属于过盈连接。在具体选择连接的类型时,还须考虑连接的加工条件和被连接零件的材料、形状及尺寸等因素。例如,板件与板件的连接,多用螺纹连接、焊接、铆钉连接或胶接;杆件与杆件的连接,多选用螺纹连接或焊接;轴与轮毂的连接则常选用键连接、花键连接或过盈连接等。

螺纹连接大多用于静连接,其能经常拆装,应用最广。采用矩形、梯形等牙形的螺纹副连接,常被用作动连接,如螺旋传动。螺旋传动是利用具有内、外螺纹的两构件直接接触并保持相对运动的一种空间副,称为螺旋副。螺旋传动工作平稳、连续,承载能力大,自锁性好,多用实现回转运动与直线运动的相互转化。

2. 键和销的类型、作用和特点

1）键的类型

键连接根据键在连接时的松紧状态进行分类,可分为松键连接和紧键连接两大类。其中松键连接以键的两侧面为工作面,键宽与键槽需要紧密配合,而键的顶面与轴上零件之间有一定的间隙。松键连接时,依靠键的侧面传递转矩,键只对轴上零件作轴向固定,不能承受轴向力。如果要进行轴向固定,则需要附加紧定螺钉或定位环等定位零件。松键连接所用的键有普通平键、薄型平键、半圆键、导向平键、花键及滑键等。

紧键连接时,键侧与键槽有一定间隙,键的上表面、下表面都是工作面,上表面与下表面有 1∶100 的斜度。装配时将键打入键槽就构成了紧键连接。紧键连接利用过盈配合传递转矩,并能传递单向的轴向力,还可轴向固定零件。紧键连接包括楔键连接和切向键连接。

2）平键连接的作用和特点

平键连接结构简单、装拆方便、对中性好。平键主要有普通平键、薄型平键、导向平键和滑键四种。

（1）普通平键。

图 2-5-1 所示为普通平键连接的结构形式。普通平键连接属于静连接,主要用于轴上零件的周向固定,可以传递运动和转矩,键的两个侧面是工作面。普通平键按其端部形状进行

分类,可分为普通圆头(A 型)平键、普通平头(B 型)平键和普通单圆头(C 型)平键三种,如图 2-5-2 所示。普通平键通常采用中碳钢(如 45 钢)制造。

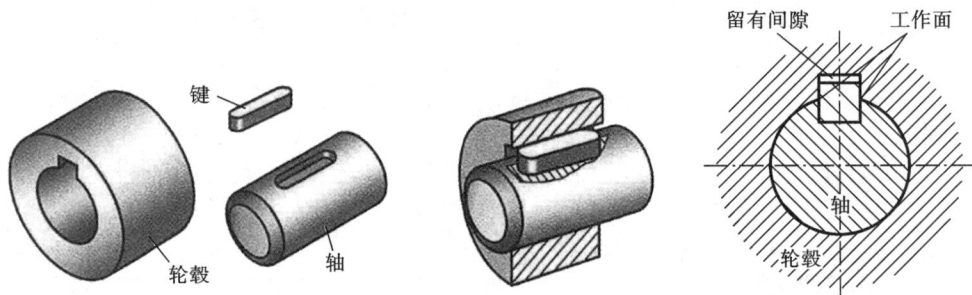

图 2-5-1　普通平键连接示意图

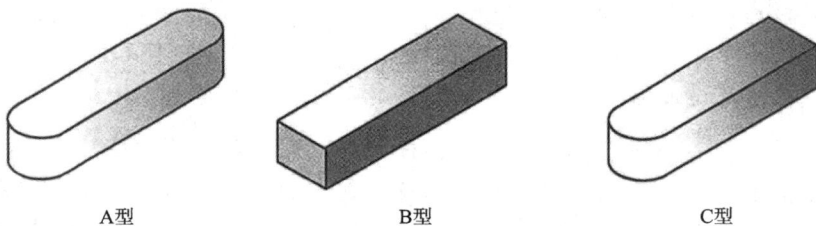

A型　　　　　　　　B型　　　　　　　　C型

图 2-5-2　普通平键的端部形状

A 型普通平键的两端为圆形,适用于轴的中间位置,键在槽中的定位性较好,应用广泛;B 型普通平键的两端为方形,适用于轴的端部位置,如电动机轴端通常采用 B 型普通平键进行连接;C 型普通平键的一端为方形,另一端为圆形,相比之下应用较少。

(2)薄型平键。

薄型平键与普通平键的主要区别是键的高度为普通平键的 $60\%\sim70\%$,也分为圆头薄型平键、平头薄型平键和单圆头薄型平键三种形式,但传递转矩的能力较低,常用于薄壁结构、空心轴及一些径向尺寸受限制的场合。

(3)导向平键。

图 2-5-3 所示为导向平键连接的结构形式。导向平键的长度比轴上轮毂的长度大,可用螺钉固定在轴上的键槽中,轮毂可沿着键在轴上自由滑动,但移动量不大。对中性要求不高的轴上需要做轴向移动的零件,可以应用导向平键。

(4)滑键。

图 2-5-4 所示为滑键连接的结构形式。当被连接零件的滑动距离较大时,可采用滑键。滑键固定在轮毂上,并与轮毂同时在轴上的键槽中做轴向滑动。滑键长度不受滑动距离的限制,只需在轴上加工出相应的键槽,滑键则可以制造得很短。

平键是标准零件,其主要尺寸是键宽 b、键高 h 和键长 L,如图 2-5-5 所示。

平键的标记格式为

标准号　键型　键宽×键高×键长

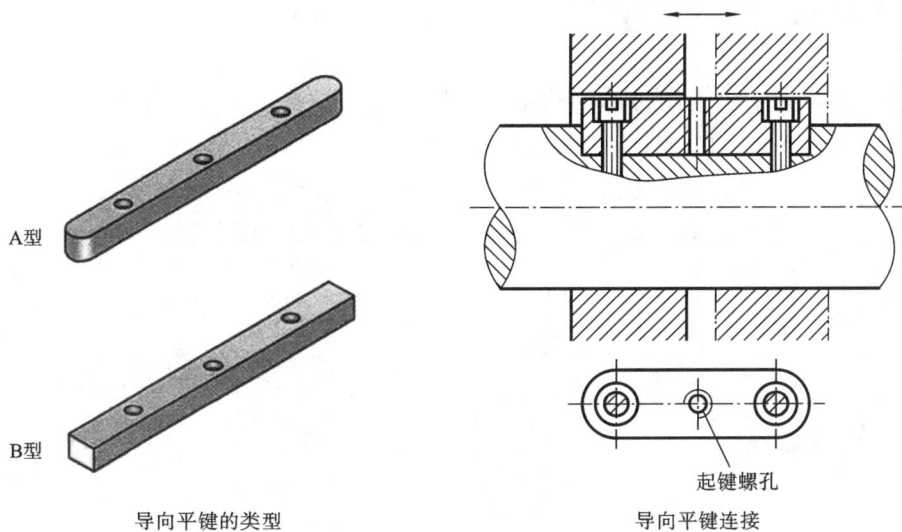

导向平键的类型 导向平键连接

起键螺孔

图 2-5-3 导向平键连接的结构形式

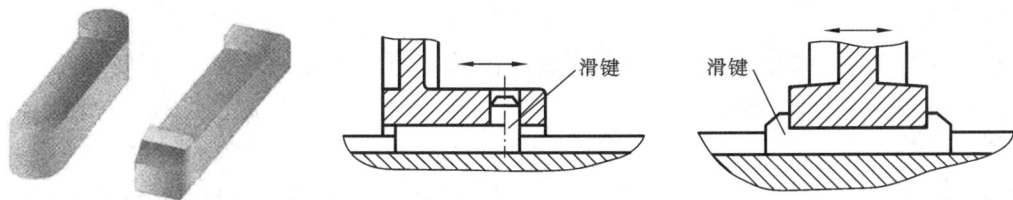

滑键 滑键

图 2-5-4 滑键连接的结构形式

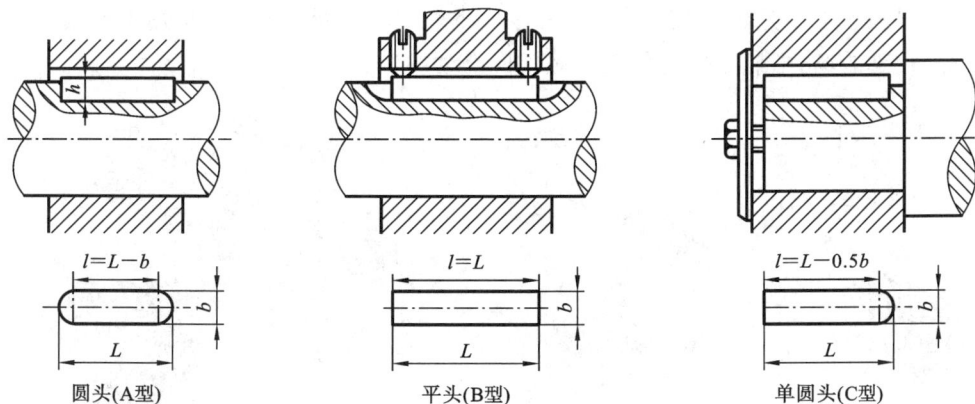

$l=L-b$ $l=L$ $l=L-0.5b$

圆头(A型) 平头(B型) 单圆头(C型)

图 2-5-5 普通平键类型及相关尺寸

例如,"GB/T 1096—2003 键 19×11×190"表示普通 A 型平键(圆头,A 型平键的字母 A 可以省略不标),$b=19$ mm,$h=11$ mm,$L=190$ mm;"GB/T 1096—2003 键 B 19×11×190"表示普通 B 型平键(平头),$b=19$ mm,$h=11$ mm,$L=190$ mm;"GB/T 1096—2003 键 C 19×

"11×190"表示普通 C 型平键(单圆头),$b=19$ mm,$h=11$ mm,$L=190$ mm。

3)半圆键连接

图 2-5-6 所示为半圆键连接的结构形式。其键呈半圆形,轴上的键槽也是相应的半圆形,半圆键能够在键槽内自由摆动以适应轴线偏转引起的位置变化,这样可使半圆键自动适应轮毂的装配。半圆键安装比较方便,但轴上键槽的深度较大,对轴的强度有所削弱,因此半圆键连接主要应用于轻载荷轴的轴端与轮毂的连接,尤其适用于锥形轴与轮毂的连接。

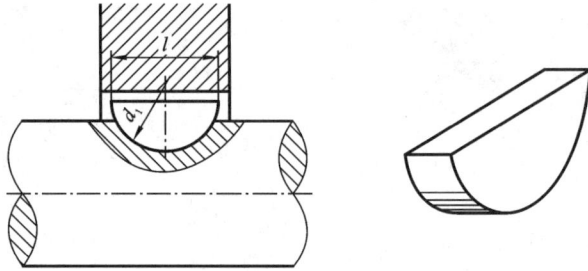

图 2-5-6 半圆键连接的结构形式

4)花键连接

花键由沿圆周均匀分布的多个键齿构成,轴上加工出的键齿称为外花键,而孔壁上加工出的键齿则称为内花键,如图 2-5-7 所示。由内花键和外花键所构成的连接,称为花键连接如图 2-5-8 所示。

花键的两个侧面是工作面,依靠键的两个侧面的挤压传递转矩。与平键连接相比,花键连接的优点是:键齿多,工作面多,承载能力强;键齿分布均匀,各键齿受力也比较均匀;键齿深度较小,应力集中小,对轴和轮毂的强度削弱较小;轴上零件与轴的对中性好,导向性好。花键的缺点是:加工工艺过程比较复杂,制造成本较高。因此,花键连接用于定心精度要求较高、载荷较重的场合,或者是轮毂经常做轴向滑动的场合。

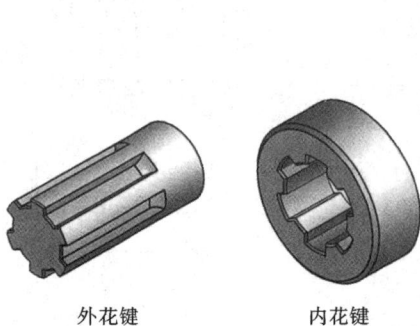

图 2-5-7 花键

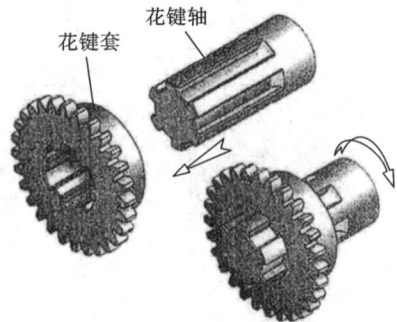

图 2-5-8 花键连接

目前,花键生产已经标准化,按花键齿形不同,花键可分为矩形花键和渐开线花键两种,如图 2-5-9 和图 2-5-10 所示。

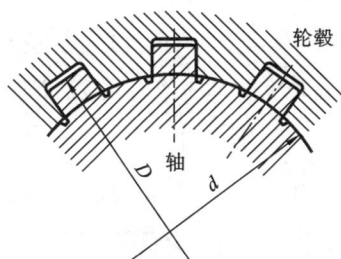

图 2-5-9　矩形花键

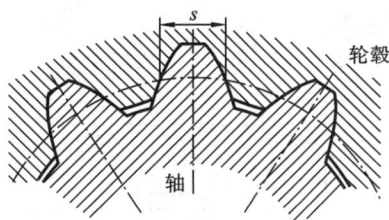

图 2-5-10　渐开线花键

渐开线花键连接如图 2-5-11 所示。渐开线花键的齿廓是渐开线,分度圆压力角有 30°和 45°两种,齿顶高分别是 $0.4\,m$ 和 $0.5\,m$,此处 m 为模数,图中 d_i 为渐开线花键的分度圆直径。与渐开线齿轮相比,渐开线花键的齿较短,齿根较宽,不发生根切的最少齿数。

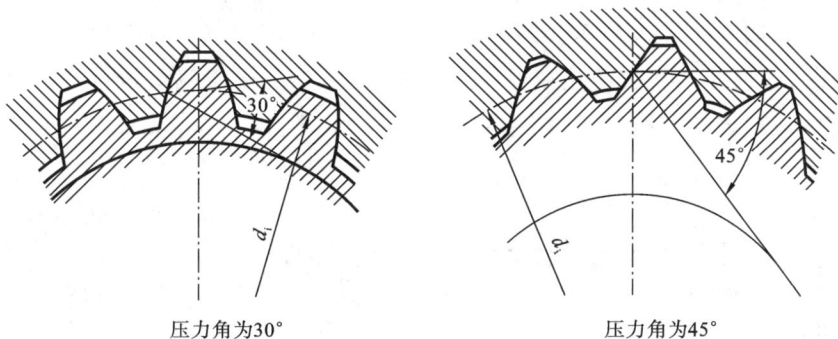

压力角为30°　　　　　　　　　　压力角为45°

图 2-5-11　渐开线花键连接

渐开线花键可以用制造齿轮的方法加工,工艺性好,制造精度高;花键齿的根部强度高,应力集中小,易于定心。当传递的转矩较大且轴颈也大时,宜采用渐开线花键连接。压力角为 45°的渐开线花键,由于齿形钝而短,与压力角为 30°的渐开线花键相比,对连接件的结构削弱较小,但齿的工作面高度也较小,故承载能力较低,大多用于载荷较轻、直径较小的静连接,特别适用于薄壁零件的轴毂连接。

渐开线花键的定心方式为齿形定心。当花键齿受载时,齿上的径向力能起到自动定心的作用,有利于各齿均匀受载。

5）楔键连接

楔键连接属于紧键连接,可使轴上零件轴向固定,并能使零件承受不大的单向轴向力,如图 2-5-12 所示。楔键的上、下面为工作面,楔键的上表面制成 1∶100 的斜度。装配时,将楔键打入轴与轴上被连接件之间的键槽内,使之连接成一体,从而实现传递转矩的作用。楔键的两侧面与键槽不接触,为非工作面,因此楔键连接的对中性较差,在冲击和变载荷的作用下容易发生松脱。楔键连接多用于承受单向轴向力、对精度要求不高的低速机械上。

楔键分普通楔键和钩头楔键,其中普通楔键包括 A 型(圆头)楔键、B 型(单圆头)楔键和 C 型(平头)楔键三种。钩头键用于不能从另一端将键打出的场合,钩头用于拆卸。

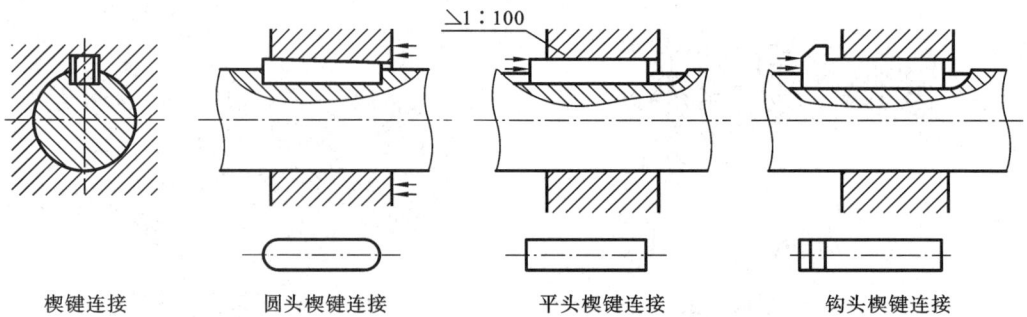

≤1:100

| 楔键连接 | 圆头楔键连接 | 平头楔键连接 | 钩头楔键连接 |

图 2-5-12　楔键连接示意图

6) 切向键连接

切向键连接也属于紧键连接,它由两个单边普通楔键(斜度1:100)反装组成一组切向键,其断面合成为长方形。切向键的上下面(窄面)为工作面,且互相平行,其中一个面在通过轴线的平面内,如图 2-5-13 所示。装配时,两个切向键分别从轮毂两端楔入;工作时,依靠工作面的挤压传递转矩。切向键连接可传递较大的转矩,多用于载荷较重,对同轴度要求不高的重型机械上,如大型带轮、大型绞车轮等。

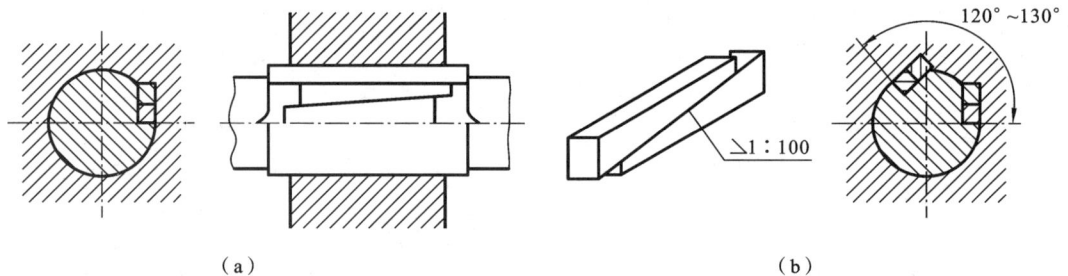

120°~130°

≤1:100

（a）　　　　　　　　　　　　　　　　　　（b）

图 2-5-13　切向键连接示意图

一对切向键可传递单向转矩,如图 2-5-13(a)所示;如果需要传递双向转矩,应装两对互成 $120°\sim130°$ 的切向键,如图 2-5-13(b)所示。

7) 销连接

销连接是用销将被连接件连接成一体的可拆卸连接。销连接主要用于固定零件之间的相对位置(定位销),也可用于轴与轮毂的连接或其他零件的连接(连接销),同时销还可传递较轻的载荷。另外,在安全装置中,销还可充当过载剪断元件(安全销),如图 2-5-14 所示。

销按其外形进行分类,可分为圆柱销、圆锥销和异形销等,如图 2-5-15 所示。圆柱销依靠过盈与销孔配合,为了保证定位精度和连接的紧固性,圆柱销不宜经常装拆;圆柱销还可用作连接销和安全销,可传递较轻的载荷;圆锥销具有 1:50 的锥度,小端直径为标准值,具有良好的自锁性,定位精度比圆柱销高,主要用于定位,也可作为连接销;异形销种类很多,其中开口销工作可靠、拆卸方便,常与槽形螺母合用,锁定螺纹连接件。

销是标准件,与圆柱销、圆锥销相配合的销孔均需铰制。使用销时,可根据工作情况和

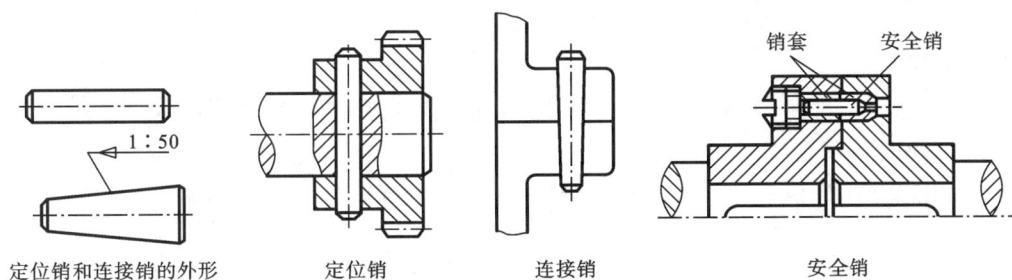

定位销和连接销的外形   定位销   连接销   安全销

图 2-5-14 销连接

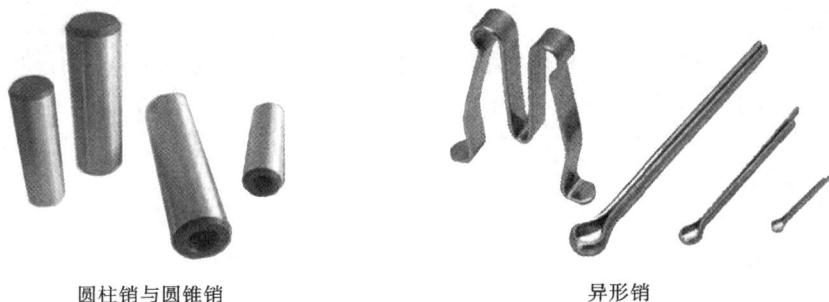

圆柱销与圆锥销   异形销

图 2-5-15 销

结构要求,按相应的国家标准选择销的形式和规格。销的制造材料可根据销的用途选用 35 钢、45 钢。

3. 螺纹的主要参数、类型、应用以及普通螺纹、梯形螺纹的标记

1) 螺纹的主要参数

螺纹的主要参数如图 2-5-16 所示。

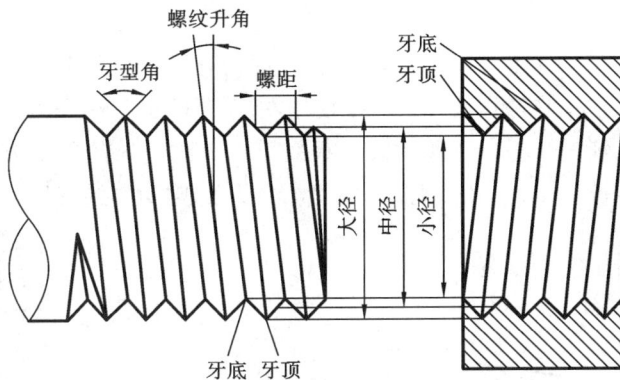

图 2-5-16 螺纹的主要参数

(1) 大径 d。

d 是螺纹的最大直径,即与外螺纹牙顶(或内螺纹牙底)相切的假想圆柱的直径,被规定为公称直径。

（2）小径 d_1。

d_1 是螺纹的最小直径，即与外螺纹牙底（或内螺纹牙顶）相切的假想圆柱的直径。

（3）中径 d_2。

d_2 是假想的圆柱体直径，该圆柱体到螺纹牙底和到螺纹牙顶的距离相等。

（4）螺距 P。

P 是相邻两螺纹牙在中径圆柱面上对应两点之间的轴向距离。

（5）线数 n。

螺纹根据线数进行分类，可分为单线螺纹和多线螺纹。

（6）导程 P_h。

导程是指在同一条螺旋线上相邻两螺纹牙在中径圆柱面上对应两点间的轴向距离。

对于单线螺纹，有

$$P_h = P$$

对于多线螺纹，有

$$P_h = nP$$

（7）螺纹升角 ϕ。

螺纹升角是指在中径 d_2 的圆柱面上，螺纹线的切线与垂直于螺纹轴向平面的夹角，如图 2-5-17 所示。螺纹升角 ϕ 与导程 P_h、螺距 P 之间的关系为

$$\tan\phi = \frac{P_h}{\pi d_2} = \frac{nP}{\pi d_2}$$

（8）牙型角 α。

牙型角是指在螺纹轴向剖面内，螺纹牙型两侧边的夹角。

（9）牙侧角 β。

牙侧角是指在轴向剖面内，螺纹牙型的一侧边与垂直于螺纹轴线的平面的夹角。

（10）螺纹旋向。

螺纹旋向是指螺纹线的绕行方向。根据螺纹旋向，可将螺纹分为右旋螺纹和左旋螺纹。右旋螺纹应用最广，但在一些特殊情况下需要使用左旋螺纹，如汽车左侧车轮用的螺纹、自行车左侧脚踏板用的螺纹、煤气罐与减压阀的接口螺纹等。螺纹旋向的判别方法：将螺杆垂直于地面，如果螺旋线右高左低（向右上升），则为右旋螺纹；反之，则为左旋螺纹，如图 2-5-18 所示。

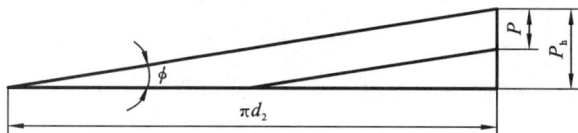

图 2-5-17　螺纹升角 ϕ 与导程、螺距之间的关系

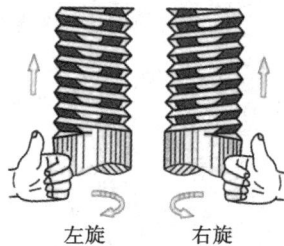

左旋　　右旋

图 2-5-18　螺纹旋向判别方法

2）螺纹的类型和应用

螺纹根据牙型分类,可分为普通螺纹、管螺纹、矩形螺纹、梯形螺纹、锯齿形螺纹等,如图 2-5-19 所示。除了矩形螺纹之外,其他螺纹均已标准化。除了多数管螺纹采用寸制(以每英寸牙数表示螺距)外,其他螺纹均采用米制。

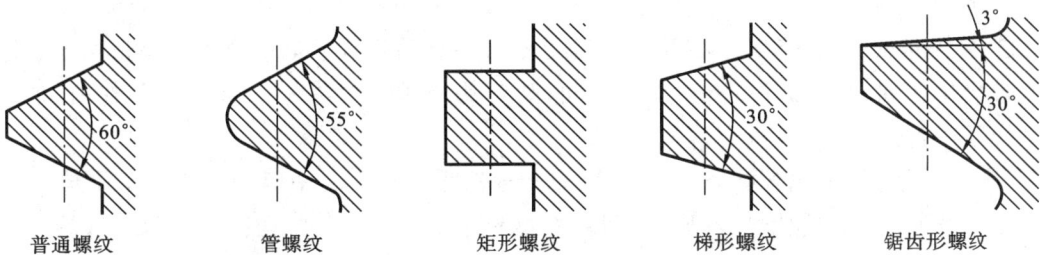

图 2-5-19 螺纹的牙型

（1）普通螺纹。

普通螺纹的牙型为等边三角形,其牙型角 $\alpha=60°$。普通螺纹的牙根强度高、自锁性好、工艺性能好,主要用于连接。对于同一公称直径的普通螺纹,按螺距大小,可分为粗牙螺纹和细牙螺纹。粗牙螺纹通常用于一般连接;细牙螺纹自锁性好,通常用于受冲击、振动和变载荷的连接,以及细小零件、薄壁管件的连接。

（2）管螺纹。

管螺纹的牙型为等腰三角形,其牙型角 $\alpha=55°$,公称直径近似为管子孔径,以英寸(in)为单位。由于管螺纹的牙型呈圆弧状,内、外螺纹旋合时,相互挤压变形后无径向间隙,故管螺纹多用于有紧密要求以及压力不大的水、煤气、天然气、油路的管件(如旋塞、管道、阀门等)的连接,以保证配合紧密。

米制圆锥管螺纹与管螺纹相似,但其螺纹是绕制在 1∶16 的圆锥面上的,牙型角 $\alpha=60°$。米制圆锥管螺纹的紧密性更好,适用于水、气、润滑管路系统的连接,以及高温、高压系统的管路连接。

（3）矩形螺纹。

矩形螺纹的牙型为正方形,牙厚是螺距的一半,牙型角 $\alpha=0°$。矩形螺纹传动效率高,通常用于传动。但矩形螺纹牙根强度弱,对中精度低,螺纹磨损后形成的间隙难以修复和补偿,从而使传动精度降低,因此矩形螺纹逐步被梯形螺纹所代替。

（4）梯形螺纹。

梯形螺纹的牙型为等腰梯形,其牙型角 $\alpha=30°$。梯形螺纹比三角形螺纹传动效率高,比矩形螺纹牙根强度高,其承载能力也较高,而且易加工、对中性好,可补偿磨损间隙,是最常用的传动螺纹。

（5）锯齿形螺纹。

锯齿形螺纹的牙型为不等腰三角形,其牙型角 $\alpha=33°$,工作面的牙侧角 $\beta=3°$,非工作面的牙侧角 $\beta'=30°$。锯齿形螺纹综合了矩形螺纹传动效率高和梯形螺纹牙根强度高的优点,但只能用于单向受力的传动。

3) 普通螺纹、梯形螺纹的标记

(1) 普通螺纹的标记。

普通螺纹的标记一般由螺纹特征代号、尺寸代号、公差带代号及其他信息组成。

① 螺纹特征代号用字母"M"表示。

② 尺寸代号包括螺纹大径(公称直径)和螺距。对于粗牙螺纹,螺距可以省略不标注。

③ 公差带代号由中径公差带代号和顶径公差带代号组成。如果中径公差带代号和顶径公差带代号相同,则只标注一个;如果不同,则对其分别标注,中径公差带代号在前,顶径公差带代号在后。

④ 其他信息可能包含旋合长度代号(短旋合长度代号为 S、中等旋合长度代号为 N、长旋合长度代号为 L)、旋向代号(右旋不标注,左旋标注 LH)等。在一般情况下,中等旋合长度(N)用得较多,可以不标注。

例如:M10-5g6g-S　表示公称直径为 10 mm、中径公差带代号为 5g、顶径公差带代号为 6g、短旋合长度的右旋普通螺纹。

M10×1-6H　表示公称直径为 10 mm,螺距为 1 mm,中径公差带代号和顶径公差带代号均为 6H、中等旋合长度的右旋普通螺纹。

(2) 梯形螺纹的标记。

梯形螺纹的标记由螺纹代号、公差带代号及旋合长度代号组成,彼此间用"-"隔开。

根据国标规定,梯形螺纹代号由种类代号"Tr"和螺纹"公称直径×导程"表示。对于单线螺纹,导程即为螺距。

国家标准对内螺纹小径 D_1 和外螺纹大径 d_2 只规定了一种公差带(4H、4h),规定外螺纹小径 d_1 的公差带为 h,其基本偏差为零。公差等级与中径公差等级数相同,而对内螺纹大径 D,标准只规定下偏差(基本偏差)为零,对上偏差不作规定,因此梯形螺纹仅标记中径公差带。

标记示例如下。

Tr40×6-6h-L,表示公称直径为 40、螺距为 6、中径公差代号为 6h、长旋合长度的右旋单线梯形螺纹。

Tr40×14(P7)-7e,表示公称直径为 40、导程为 14、螺距为 7、中径公差代号为 7e、中等旋合长度的右旋多线梯形螺纹。

各基本尺寸名称、代号及计算公式如下。

牙型角 $\alpha=30°$。

螺距 P 由螺纹标准确定。

牙顶间隙 a_c:当 $P=1.5\sim5$ 时,$a_c=0.25$;当 $P=6\sim12$ 时,$a_c=0.5$;当 $P=14\sim44$ 时,$a_c=1$。

外螺纹的大径 d 为公称直径,内螺纹的大径 $D=d+2a_c$,中径 $D_2=d_2$,小径 $D_1=d-P$。

牙高 $H=h$。

牙顶宽 $f=0.366P$。

牙槽底宽 $w=0.366P-0.536a_c$。

螺纹升角 ϕ 的 $\tan\phi = P/(\pi d_2)$。

4. 螺纹连接的基本形式及应用

螺纹连接是用螺纹连接件将两个或两个以上的零件连接在一起的可拆卸连接,在日常生活和生产中会经常用到。按用途进行分类,螺纹连接可分为螺栓连接、双头螺柱连接、螺钉连接和紧定螺钉连接。

1) 螺栓连接

常用标准螺栓连接件有螺栓、螺母、垫圈等。螺栓的杆部为圆柱形,一端与六角形(或圆形)头部连成一体,另一端制成普通螺纹,中间段为没有螺纹的圆柱体。螺栓的头部形状多以外六角形、内六角形和圆形为主。连接零件时,螺栓穿过被连接件的通孔,用垫圈、螺母将螺栓拧紧。普通螺栓连接的工件的内孔大于螺栓的杆径,通常工件内孔直径是螺栓杆径的1.1倍,这样螺栓容易穿过连接孔,如图 2-5-20(a)所示;用螺栓连接铰制孔工件时,孔的直径与螺栓杆部的直径相等,如图 2-5-20(b)所示。螺栓连接结构简单、拆装更换方便,适用于厚度不大且只能进行两面装配的场合。

2) 双头螺柱连接

当被连接件的厚度较大,不方便做成通孔时,可直接在被连接件上做出内螺纹,连接时去掉螺栓的头部,在螺栓的圆柱体上做出外螺纹,就形成双头螺柱。将双头螺柱的一端拧入被连接件的内螺纹中,另一端穿过被连接件的铰制孔并与孔形成过渡配合,再与螺母组合使用就形成了双头螺柱连接,如图 2-5-21 所示。双头螺柱连接适用于被连接件之一较厚、不宜制作通孔且需要经常拆卸、连接紧固(紧密程度要求较高)的场合。

3) 螺钉连接

螺钉的杆部全部制成普通螺纹,连接时不必使用螺母,直接穿过被连接件,并与另一被连接件的内螺纹相连接就形成了螺钉连接,如图 2-5-22 所示。螺钉直径较小,但长度较长,其头部以内、外六角形居多。螺钉连接适用于被连接件之一较厚、不宜制作通孔、受力不大、不经常拆卸且连接紧固(紧密程度要求不太高)的场合。

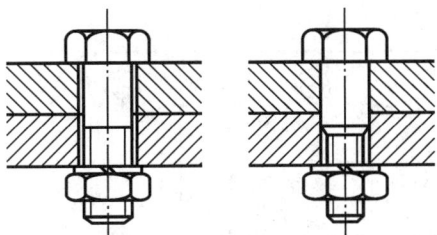

(a)普通螺栓连接　　(b)螺栓连接铰制孔工件

图 2-5-20　螺栓连接示意图　　　**图 2-5-21　双头螺柱连接示意图**　　　**图 2-5-22　螺钉连接**

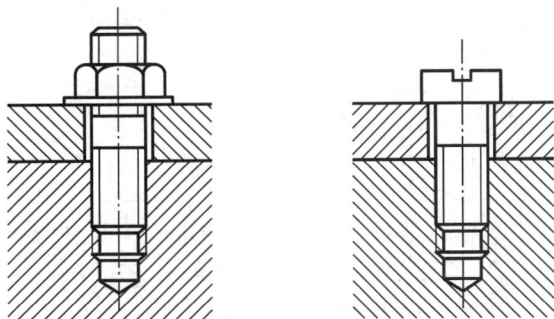

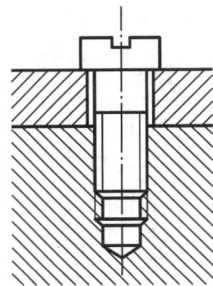

4) 紧定螺钉连接

紧定螺钉旋入被连接件的螺纹孔中,并用尾部顶住另一被连接件的表面或相应的凹坑就形成了紧定螺钉连接,如图 2-5-23 所示。紧定螺钉连接可固定被连接件之间的相对位置,或传递不大的力(或转矩)。紧定螺钉头部通常有一字槽,尾部有多种形状(如平端、圆柱端、锥端等),如图 2-5-24 所示。平端紧定螺钉适用于高硬度表面或经常拆卸的场合;圆柱端紧定螺钉可压入轴上的凹坑或孔中,适用于传递较重的载荷的场合;锥端紧定螺钉适用于低硬度表面或不经常拆卸的场合。

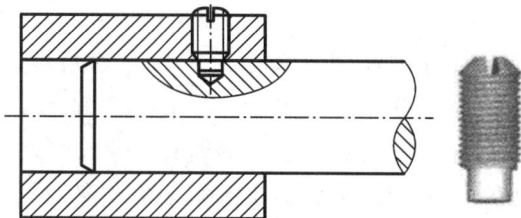

图 2-5-23　紧定螺钉连接

图 2-5-24　紧定螺钉

5. 螺纹连接的预紧和防松

1) 螺纹连接的预紧

绝大多数的螺纹连接在装配时需要将螺母拧紧,使螺栓和被连接件受到预紧力的作用,这种螺纹连接也称为紧螺纹连接。但也有少数情况,在装配时螺纹连接不需要拧紧,这种螺纹连接称为松螺纹连接。在螺纹连接中,预紧的目的是增强螺纹连接的刚性,提高紧密性和防松能力,确保连接安全可靠。一般螺母的拧紧主要靠操作工的实践经验控制;重要的紧螺纹连接,在装配时其拧紧程度要通过计算并用扭力扳手(或测力矩扳手)来控制。图 2-5-25 所示为扭力扳手。

图 2-5-25　扭力扳手

在机械装配过程中,有时使用多个螺栓进行装配,此时为了使被连接件均匀受压、贴合紧密、连接牢固,需要根据螺栓的实际分布情况,按合理的顺序(见图 2-5-26)分步拧紧螺母,而拆卸时松动螺母的顺序则正好与装配时拧紧螺母的顺序相反。

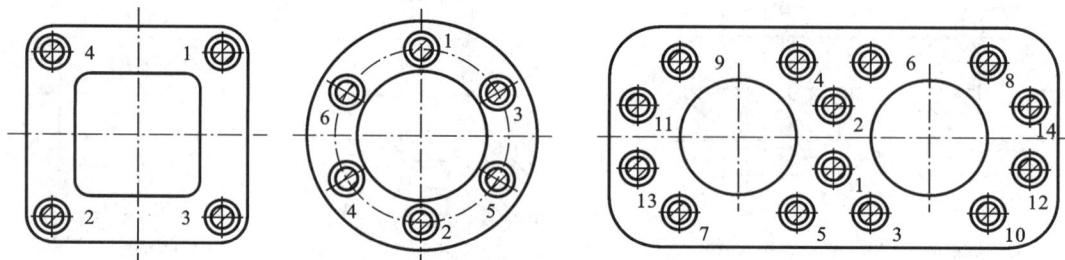

图 2-5-26　多个螺栓装配时拧紧螺母的顺序

2) 螺纹连接的防松措施

螺纹连接件在静载荷和常温工作条件下绝大多数能自锁,不会自行脱落。但在振动、变载荷、温差变化大的工作环境下,螺纹连接就有可能发生自松而影响正常运行,甚至发生事故。因此,为了确保螺纹连接锁紧,必须采取合理的防松措施。螺纹连接中常用的防松方法有摩擦力防松、机械防松以及其他防松方法,如表 2-5-2 所示。

表 2-5-2　螺纹连接中常用的防松方法

类别	防松方法	简图	说明
摩擦力防松	弹簧垫圈防松		利用垫圈压平后产生的弹力使螺纹间保持压紧力和摩擦力。该方法的特点是结构简单、工作可靠、防松方便、应用较广
	对顶螺母防松		利用主、副螺母的对顶作用使螺栓始终受到附加的拉力和附加的摩擦力。该方法的特点是结构简单、防松效果较好,用于低速重载场合,但应用不如弹簧垫圈防松普遍
机械防松	槽形螺母和开口销防松		将槽形螺母拧紧后,利用开口销穿过螺栓尾部小孔和螺母的槽,并将开口销尾部掰开与螺母侧面紧贴,依靠开口销阻止螺栓与螺母相对转动以防松动。该方法的特点是安全可靠,适用于受较大冲击、振动的高速机械中,应用较广
	止动垫圈防松		将螺母拧紧后,止动垫圈一侧被折弯,垫圈折弯处紧贴固定处,则可固定螺母与被连接件的相对位置。该方法的特点是结构简单、安全可靠,适用于高温部位的螺纹连接
	圆螺母和止动垫圈防松		将垫圈内翅插入键槽内,而外翅翻入圆螺母的沟槽中,使螺母和螺杆没有相对运动。该方法的特点是防松效果好,多用于滚动轴承的轴向固定

续表

类别	防松方法	简图	说明
机械防松	串金属丝防松	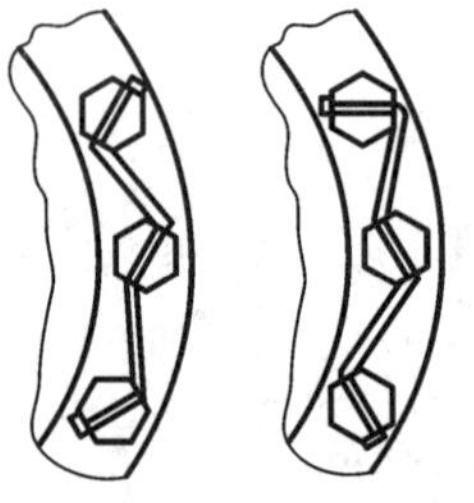 不正确　正确 串联钢丝	螺钉紧固后,在螺钉头部小孔中串入钢丝,但应注意串孔方向为旋紧方向。该方法的特点是简单安全但装拆不方便,常用于无螺母的螺钉组连接
其他防松方法	冲点防松	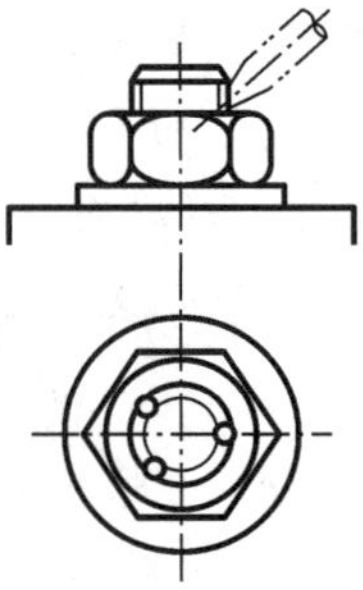	在螺母紧固后,用冲头在旋合处或端面冲点,将螺纹破坏。该方法的特点是防松效果好,常用于装配后不再拆卸的螺纹连接
	黏结法防松	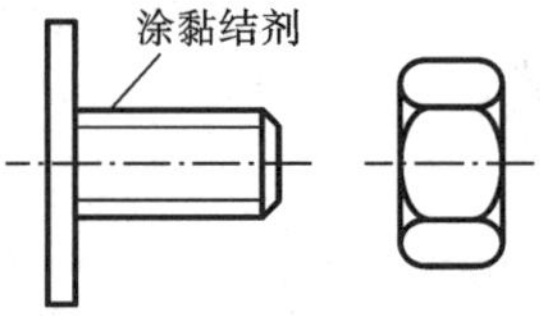 涂黏结剂	将黏结剂涂于螺纹旋合表面,螺母拧紧后黏结剂自行固化。该方法的特点是防松效果好但不便于拆卸

6. 联轴器的作用、类型和特点

1) 联轴器的作用

联轴器是用来连接不同机构中的两根轴(主动轴和从动轴),使之共同旋转以传递转矩的机械零件。联轴器是机械传动中的常用部件,一般动力机大都借助联轴器与工作机相连接。在高速重载动力设备中,有些联轴器还有缓冲、减振、安全保护和提高轴系动态性能的作用。联轴器由两半部分组成,分别与主动轴和从动轴连接。采用联轴器连接的两传动轴在机器工作时不能分离,只有当机器停止运转时,才能用拆卸方法将它们分开。另外,由于制造及安装误差、承载后的变形以及温度变化等影响,会导致被联轴器连接的两轴产生相对位移或偏差。因此,设计联轴器时需要从结构上采取各种措施,使联轴器具有补偿各种偏移量的能力,否则就会在轴、联轴器、轴承之间产生附加载荷,导致工作环境恶劣。

2) 联轴器的类型和特点

联轴器的类型很多,其中绝大多数已经标准化。根据联轴器对各种相对位移有无补偿能力进行分类,联轴器可分为刚性联轴器(无补偿能力)和挠性联轴器(有补偿能力)两大类。

(1)刚性联轴器。

刚性联轴器不能补偿两轴间的相对位移,无减振和缓冲能力,要求被连接两轴对中性好。刚性联轴器结构简单、承载能力大、制造成本低,但没有补偿轴线偏移的能力,适用于载荷平稳、转速稳定、两轴对中性良好的场合。常用刚性联轴器主要有凸缘联轴器和套筒联轴器两种。

① 凸缘联轴器。如图 2-5-27 所示,它由两个带凸缘的半联轴器组成,采用键连接方式分别与两轴连在一起,然后再用螺栓将两个独立的半联轴器连成一体。凸缘联轴器结构简单、制造成本低、工作可靠、装拆方便、刚性好,可传递较大转矩,常用于对中性精度较高、载荷平稳的两轴连接(如电动机输出轴与减速器的连接)。但连接时,要求安装准确。

② 套筒联轴器。如图 2-5-28 所示,它是利用键(或销)和套筒(或称衬套)将两轴连接起来的,以传递转矩。采用销连接的套筒式联轴器可用作安全联轴器,过载时销被剪断,避免薄弱环节零件受到损坏。套筒联轴器结构简单、径向尺寸小、承受转矩较小,常用于严格对中、工作平稳、无冲击的两轴连接。

图 2-5-27　凸缘联轴器

图 2-5-28　套筒联轴器

(2)挠性联轴器。

挠性联轴器按是否具有弹性元件分类,又可分为无弹性元件挠性联轴器和有弹性元件挠性联轴器。无弹性元件挠性联轴器具有补偿两轴线相对位移的能力,但不能缓冲减振;有弹性元件挠性联轴器因有弹性元件,除了具有补偿两轴线相对位移的能力外,还具有缓冲和减振作用,但传递转矩因受到弹性元件强度的限制,通常比无弹性元件挠性联轴器小。

① 无弹性元件挠性联轴器。无弹性元件挠性联轴器依靠自身动连接的可移动功能来补偿轴线偏移,适用于载荷和转速有变化以及两轴线有偏移的场合。常用无弹性元件挠性联轴器主要有齿式联轴器、十字滑块联轴器、万向联轴器和链条联轴器等。

a. 齿式联轴器:如图 2-5-29 所示,它由齿数相同的两个带内齿的外套筒和两个带外齿的内轴套组成,并依靠内、外齿啮合传递转矩。齿式联轴器结构较复杂,传递转矩大,但总的质量较大、制造成本较高、齿轮啮合处需要润滑。齿式联轴器多用于高速、重载、起动频繁和经常正反转的重型机器和起重设备中。

b. 十字滑块联轴器:如图 2-5-30 所示,它由两个端面上开有凹槽的半联轴器和两面有凸牙的中间滑块组成。中间滑块可在凹槽中滑动,以补偿安装及运转时两轴间的偏移。十字滑块联轴器结构简单、制造方便,主要用于低速、轴的刚度较大且无剧烈冲击的两轴连接。

图 2-5-29　齿式联轴器

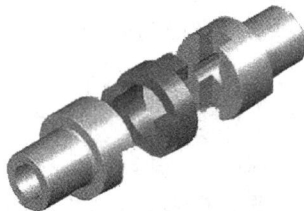

图 2-5-30　十字滑块联轴器

c. 万向联轴器:如图 2-5-31 所示,它由两个叉形接头、一个中间连接件和轴销组成。万向联轴器属于可动的连接,且允许两轴间有较大的夹角(35°~45°)。万向联轴器结构紧凑、维护方便,常成对使用,广泛用于汽车、拖拉机、多头钻床中。

d. 链条联轴器:如图 2-5-32 所示,它由具有相同齿数的链轮半联轴器和滚子链连接组成。链条联轴器结构简单、拆装方便、传动效率高,但不能承受轴向力,适合于恶劣工作环境下的两轴连接。

图 2-5-31　万向联轴器

图 2-5-32　链条联轴器

② 有弹性元件挠性联轴器。有弹性元件挠性联轴器是依靠本身动连接的可移动功能补偿轴线偏移的,适用于载荷和转速有变化以及两轴线有偏移的场合。常用有弹性元件挠性联轴器主要有弹性套柱销联轴器、弹性柱销联轴器、梅花销联轴器、轮胎式联轴器和蛇形弹簧联轴器等。

a. 弹性套柱销联轴器。如图 2-5-33 所示,弹性套柱销联轴器的构造与凸缘联轴器相似,不同之处是用具有弹性套的柱销代替了连接螺栓。通过蛹状耐油橡胶(或尼龙),可提高其弹性。弹性套柱销联轴器结构比较简单、制造容易、不用润滑、弹性套更换方便,是有弹性元件挠性联轴器中应用最广泛的一种联轴器,多用于经常正、反转,起动频繁,转速较高的两轴连接,如电动机与机器轴之间的连接。

b. 弹性柱销联轴器。如图 2-5-34 所示,它采用尼龙柱销将两个独立的半联轴器连接起来,为防止柱销滑出,两侧装有挡板。弹性柱销联轴器结构简单,制造、安装容易,维修方便,传递转矩较大,具有吸振和补偿轴向位移的能力,多用于轴向窜动量较大,经常正、反转,起动频繁,转速较高的两轴连接。

图 2-5-33　弹性套柱销联轴器

图 2-5-34　弹性柱销联轴器

　　c. 梅花销联轴器。如图 2-5-35 所示,它主要由两个独立的半联轴器和弹性元件(如橡胶)密切啮合并承受径向挤压来传递转矩。当两轴线发生偏移时,通过弹性元件的弹性变形起到自动补偿作用。梅花销联轴器结构简单,安装、制造容易,补偿能力强,主要用于经常正、反转,有一定冲击载荷,起动频繁,中高转速的两轴连接。

　　d. 轮胎式联轴器。如图 2-5-36 所示,它主要由两个独立的半联轴器、橡胶轮胎和止退垫板组成,止退垫板通过螺钉将橡胶轮胎固定在半联轴器上,橡胶轮胎将运动传递给另一半联轴器,从而实现两轴一起运动。由于橡胶轮胎具有较好的减振作用,两传动轴允许有一定的径向和轴向误差。轮胎式联轴器具有良好的消振和补偿能力,主要用于经常正、反转,起动频繁,有潮湿、振动、冲击和轴向有窜动的中、小载荷的两轴连接。

　　e. 蛇形弹簧联轴器。如图 2-5-37 所示,它主要由两个独立的带外齿圈的半联轴器和置于齿间的一组蛇形弹簧组成,每个齿圈上有 50～100 个齿,齿间的弹簧为 1～3 层。为了便于安装,将弹簧分成6～8 段,蛇形弹簧用外壳罩住。蛇形弹簧联轴器补偿能力强,主要用于大功率的机械传动。

图 2-5-35　梅花销联轴器

图 2-5-36　轮胎式联轴器

图 2-5-37　蛇形弹簧联轴器

7. 离合器的作用、类型和特点

1) 离合器的作用

离合器是传动系统中直接与发动机相连接的部件,担负动力系统和传动系统的切断和接合功能。虽然离合器也用来连接两轴,使两轴一起转动并传递转矩,但离合器与联轴器也有不同之处,即离合器可根据工作需要,在机器运转过程中随时将两轴接合或分离。离合器主要用于机器运转过程中随时将主动件、从动件接合或分离,使机器能空载起动,起动后又能随时接通(或中断)的场合,并完成传动系统的换向、变速、调整、停止、过载保护等工作。例如,汽车中的离合器可以保证汽车平稳起步,保证换挡时平顺,也可防止传动系统过载。

2) 离合器的类型和特点

离合器的类型很多,根据工作原理进行分类,可将离合器分为牙嵌式离合器、摩擦离合器、安全离合器和超越离合器等。不管是哪种离合器,都应接合迅速、分离彻底、动作准确、调整方便。

(1) 牙嵌式离合器。

牙嵌式离合器是利用特殊形状的牙、齿、键等相互嵌合来传递转矩的。如图 2-5-38 所示,牙嵌式离合器由两个端面带牙的半离合器组成。主动半离合器用平键与主动轴连接,从动半离合器用导向键(或花键)与从动轴连接,并借助操作机构做轴向移动,使两个独立的半离合器端面爪牙相互嵌合或分离。为了保证两个独立的半离合器对中,主动半离合器上安装有对中环。

图 2-5-38 牙嵌式离合器

牙嵌式离合器的牙型有三角形、矩形、梯形等。三角形牙容易接合,但强度低,用于中、小转矩;矩形牙嵌入与脱开困难,牙磨损后无法补偿,常用于静态接合;梯形牙强度高,传递转矩大,易接合或分离,牙磨损后能自动补偿,冲击小,应用广泛。牙嵌式离合器的牙数 $z=3\sim60$。牙数多离合容易,但受载不匀,故转矩大时,牙数宜少;要求接合时间短时,牙数宜多。

牙嵌式离合器结构简单、外廓尺寸小,主动轴、从动轴能同步回转,传递转矩大。但牙嵌式离合器在接合时冲击大,适宜在停机或转速差很小时进行接合,否则牙会因撞击而折断。

(2) 摩擦离合器。

摩擦离合器依靠离合器中内、外摩擦盘间的摩擦力传递转矩。在主动轴、从动轴上分别安装摩擦盘,滑环可以使摩擦盘随从动轴移动。接合时两摩擦盘压紧,主动轴上的转矩由两摩擦盘接触面间产生的摩擦力矩传递到从动轴上。摩擦离合器接合平稳,冲击与振动较小,有过载保护作用,但在离合过程中主动轴、从动轴不能同步回转,外形尺寸较大,适用于在高速下接合,且主动轴、从动轴对同步要求较低的场合。

摩擦离合器分为单片式摩擦离合器和多片式摩擦离合器两种,如图 2-5-39 所示。单片式摩擦离合器结构简单,散热好,但尺寸较大,传递转矩较小,常用于自动控制的数控机床中;多片式摩擦离合器由内、外摩擦盘交错排列组合,结构较复杂,外径尺寸较小,传递转矩大,常用于要求径向空间紧凑且较大的机械上。

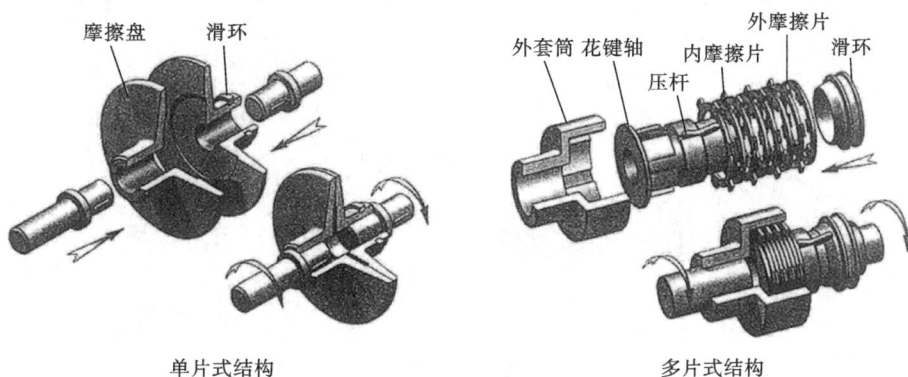

单片式结构　　　　　　　　多片式结构

图 2-5-39　摩擦离合器

（3）安全离合器。

安全离合器的工作原理:在离合器中设置有弹簧机构(如钢珠),当扭力超过弹簧力时就打滑,调整弹簧力的大小可以限制扭力的大小。安全离合器在过载时可自动脱开,保护重要零件,当载荷恢复正常时,可自动接合并传递转矩。

安全离合器通常有三种形式:嵌合式安全离合器、摩擦式安全离合器和破断式安全离合器。当传递的转矩超过设计值时,上述三种安全离合器分别会分开连接件、使连接件打滑和使连接断开,从而防止机器中的重要零件损坏。

（4）超越离合器。

超越离合器又称为单向超越离合器或自由轮离合器。与其他离合器的区别是:超越离合器无需控制机构,依靠单向锁止原理来发挥固定或连接作用。其力矩的传递是单方向的,连接和固定完全由与之相连接元件的受力方向所决定。当与之相连接元件的受力方向与锁止方向相同时,该元件即被固定或连接,而当受力方向与锁止方向相反时,该元件即被释放或脱离连接。也就是说,在主动轴与从动轴之间,只能使从动轴做一个方向的回转,具有反方向空转功能。

二、支承零部件

1. 轴的分类、制造材料、结构

1）轴的分类

（1）按轴的形状进行分类。

轴可分为直轴、曲轴和软轴三类。

① 直轴。直轴的轴线为一条直线。直轴按其外形进行分类,可分为光轴、阶梯轴和空心轴三类。光轴的各截面直径相同,它加工方便,但不易定位,如图 2-5-40（a）所示;阶梯轴的各段截面直径不相等,可以很容易对轴上零件进行定位,也便于装拆,常用于一般机械中,如

图 2-5-40(b)所示;空心轴的中心是空的,其主要目的是减轻轴的质量、增加刚度,如图 2-5-40 (c)所示。此外,还可以利用空心轴的空心来输送润滑油、切削液等,也便于放置待加工的棒料。例如,车床的主轴就是典型的空心轴。

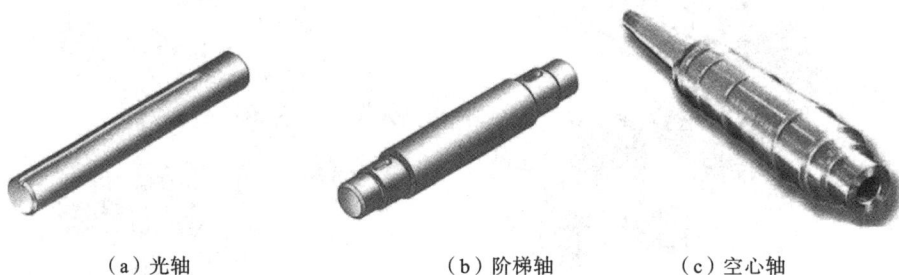

(a)光轴　　　　　　　　(b)阶梯轴　　　　　　　　(c)空心轴

图 2-5-40　直轴

② 曲轴。如图 2-5-41 所示,曲轴是指将回转运动转变为往复直线运动(或将往复直线运动转变为回转运动)的轴。曲轴兼有转轴和曲柄的双重功能,可实现运动转换和动力传递,主要用于内燃机及曲柄压力机中。

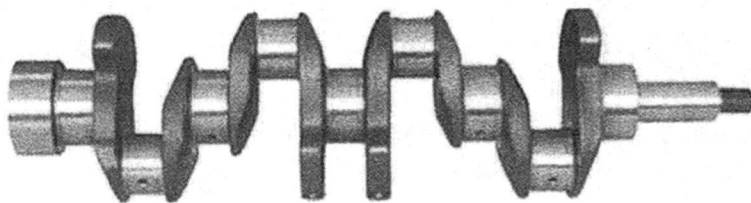

图 2-5-41　曲轴

③ 软轴。软轴包括挠性轴、钢丝软轴等,通常由几层紧贴在一起的钢丝构成。软轴可以将旋转运动和较小的转矩灵活地传到任何位置,但它不能承受弯矩,多用于转矩不大、以传递旋转运动为主的简单传动装置中。图 2-5-42 所示为软轴砂轮机与软轴工作示意图。

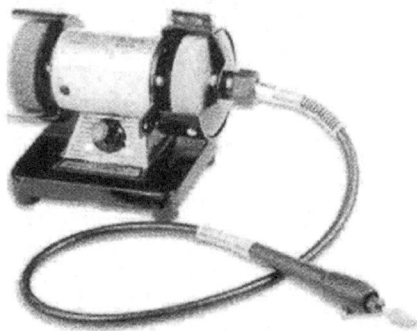

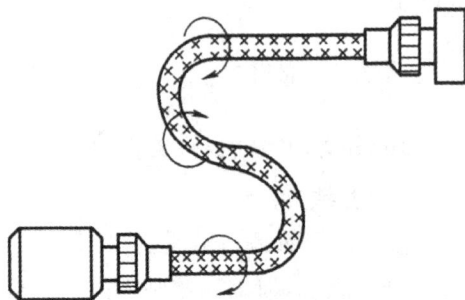

软轴砂轮机　　　　　　　　　　　　软轴工作示意图

图 2-5-42　软轴砂轮机与软轴工作示意图

（2）按轴承受的载荷进行分类。

轴可分为心轴、转轴和传动轴三类。

① 心轴。心轴是指工作时仅承受弯矩作用而不传递转矩的轴，如铁道车辆的轮轴（见图 2-5-43）和自行车轴（见图 2-5-44）等。

图 2-5-43　铁道车辆轮轴

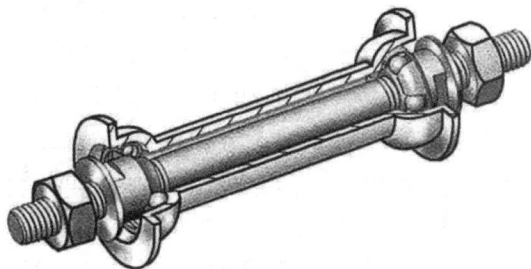

图 2-5-44　自行车轴

② 转轴。转轴是指工作时既承受弯矩又承受转矩的轴，大部分轴都属于转轴，如减速器的蜗杆和齿轮轴（见图 2-5-45）等。

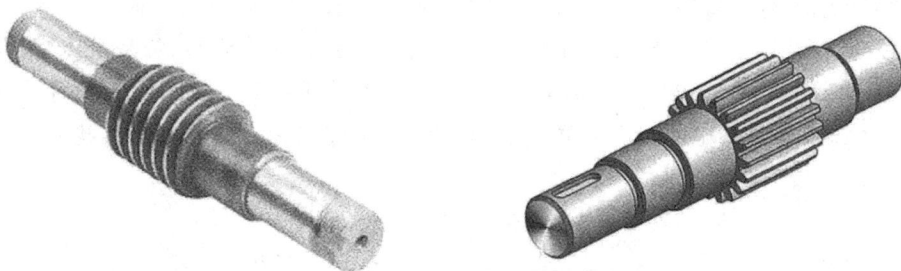

图 2-5-45　减速器的蜗杆和齿轮轴

③ 传动轴。传动轴是指工作时仅传递转矩，不承受弯矩（或承受很小的弯矩）的轴。如载重汽车底盘的传动轴（见图 2-5-46）、汽车转向盘的传动轴等。

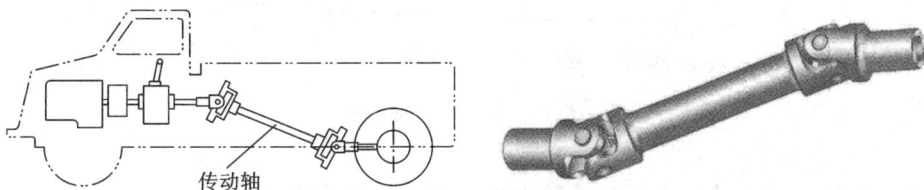

传动轴

图 2-5-46　载重汽车底盘的传动轴

2）轴的制造材料

轴在工作过程中承受的应力多为交变应力，其失效形式主要是疲劳断裂，因此，轴的制造材料除了应具备足够的强度外,还应具备足够的塑性、韧性、耐磨性、耐蚀性和疲劳强度,对应力集中现象的敏感性要低。目前,制造轴的主要材料有非合金钢、合金钢、铸铁。

制造轴的非合金钢主要是碳素结构钢和优质碳素结构钢,它们的价格相对低廉,对应力集中现象的敏感性较低,可以通过热处理(如调质、正火)提高其耐磨性和疲劳强度。对于重要的轴可以选用优质中碳钢(如 35 钢、40 钢、45 钢等)制造,其中以 45 钢的应用最多;对于受力较小或不重要的轴,可以选用 Q235 系列和 Q275 系列进行制造。

合金钢的强度比非合金钢的强度高,热处理性能也较好,但合金钢对应力集中现象的敏感性较高,价格也相对较高。对于要求高强度、高耐磨性、尺寸较小或有其他特殊性能(如耐高温、耐腐蚀)要求的轴,可以选用合金钢制造。对于要求较高耐磨性的轴,可选用 20Cr 钢、20CrMnTi 钢等低碳合金钢制造,并通过渗碳和淬火改善其力学性能;对于要求较高综合性能的轴,可选用 40Cr 钢、35SiMn 钢、40MnB 钢、40CrNi 钢等中碳合金钢制造,并通过调质和表面淬火改善其力学性能。

对于外形比较复杂的轴,如曲轴和凸轮轴等,可以选用高强度铸铁和球墨铸铁制造,这些铸铁不仅具有良好的工艺性能和较低的应力集中敏感性,而且价格低廉、吸振性好、耐磨性好。

3) 轴的结构

轴在生活、生产中随处可见,它是支承回转零部件的重要零件,也是机械运动的主要部件。以典型的阶梯轴(见图 2-5-47)为例,轴的结构主要包括轴颈、轴头、轴身、轴环、轴肩等部分。其中轴颈是轴上与被支承轴承配合的部分;轴头是安装联轴器、齿轮等传动零件的部分;轴身是连接轴颈和轴头的部分;轴环是指直径最大的用于定位的轴段;轴肩是指截面尺寸变化处。此外,还有轴肩的过渡圆角、轴端的倒角、与键连接处的键槽等结构。

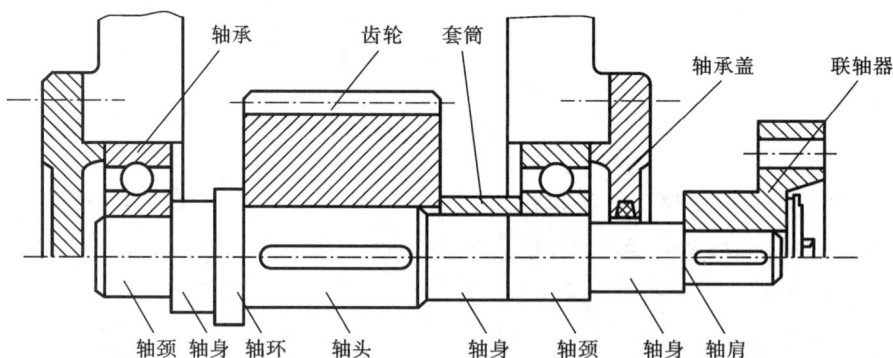

图 2-5-47　阶梯轴的典型结构

2. 轴的结构应满足的基本要求及轴上零件常用的固定方法

(1) 轴的受力要合理,有利于提高轴的强度和刚度。

(2) 安装在轴上的零件要能够牢固而可靠地相对固定(如轴向固定、周向固定)。轴上零件的轴向固定方法有轴肩固定、轴环固定、套筒固定(见图 2-5-48)、双圆螺母固定(见图

2-5-49)、弹性挡圈固定、轴端压板固定、紧定螺钉固定、销固定等;轴上零件的周向固定方法有普通平键固定、花键固定、销固定等。

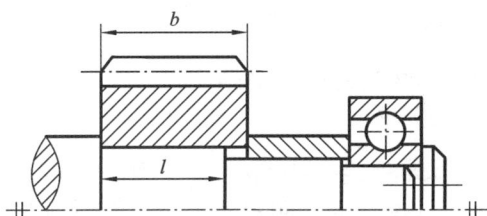

图 2-5-48 利用套筒轴向固定

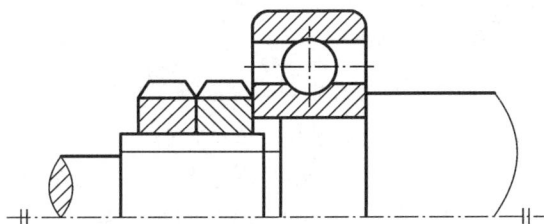

图 2-5-49 利用双圆螺母轴向固定

(3) 如果轴上安装标准零件,则轴的直径尺寸及相关尺寸应符合相应的标准或规范。例如,轴上的各个键槽应开在同一素线位置上,各圆角、倒角、砂轮越程槽及退刀槽等尺寸应尽可能统一,如图 2-5-50 所示。

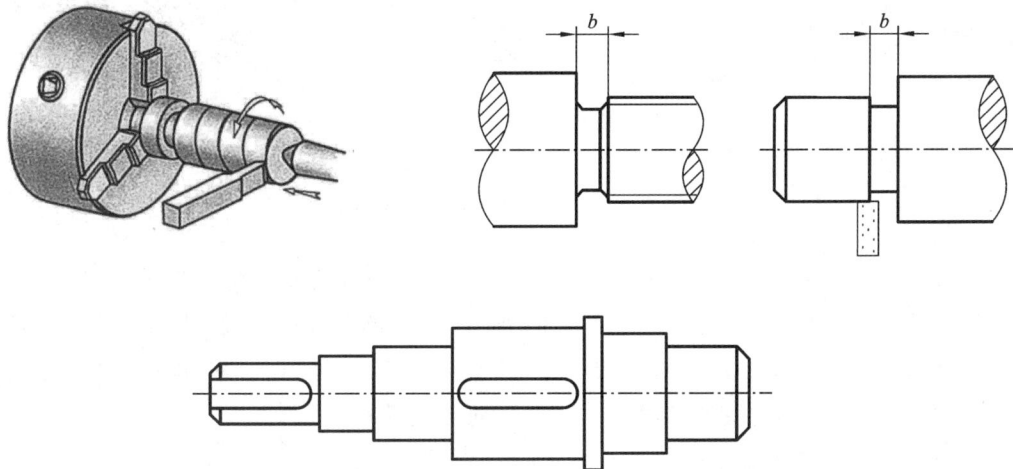

图 2-5-50 轴上越程槽、退刀槽、键槽的合理布置

(4) 轴的结构应便于加工,便于装拆、固定和调整。例如,阶梯轴一般设计成两头小、中间大的形状,以便于零件从两端装拆。此外,为了便于装配,轴端应有倒角。轴肩高度不能妨碍零件拆卸,如轴肩的直径应小于滚动轴承内圈的外径,以便于滚动轴承的拆卸。

(5) 轴的形状应力求简单,阶梯轴的级数应尽可能少,各段直径不能相差太大。

(6) 尽量避免在轴的各段剖面产生突变,防止产生局部应力集中现象。

3. 滑动轴承的类型、结构、特点和应用

轴承是用来支承轴或轴上回转零件的部件。根据轴承工作时摩擦性质的不同,轴承分为滑动轴承和滚动轴承两大类。在高速重载、高精度、冲击较大、结构要求剖分的轴承中,则大多数使用滑动轴承。

1) 滑动轴承的类型

滑动轴承是工作时轴承和轴颈的支承面间形成直接或间接滑动摩擦的轴承。滑动轴承根据承受载荷方向的不同,可分为向心滑动轴承和推力滑动轴承两大类。其中向心滑动轴承只能承受径向载荷,它又分为整体式滑动轴承和剖分式滑动轴承两类。推力滑动轴承主要用来承受轴向载荷。

　　2)滑动轴承的结构、特点和应用

　　滑动轴承通常由轴承座、轴瓦(或称轴套)、润滑装置和密封装置等组成。

　　(1)整体式滑动轴承的结构。

　　图2-5-51所示为典型的整体式向心滑动轴承,它由轴承座、轴瓦以及与机架连接的螺栓组成。轴承座孔内压入用减摩材料(如铜合金等)制成的轴瓦,为了润滑在轴承座的顶部设置油杯螺纹孔,轴瓦上设有进油孔,并在轴瓦内表面开设轴向油沟以分配润滑油。

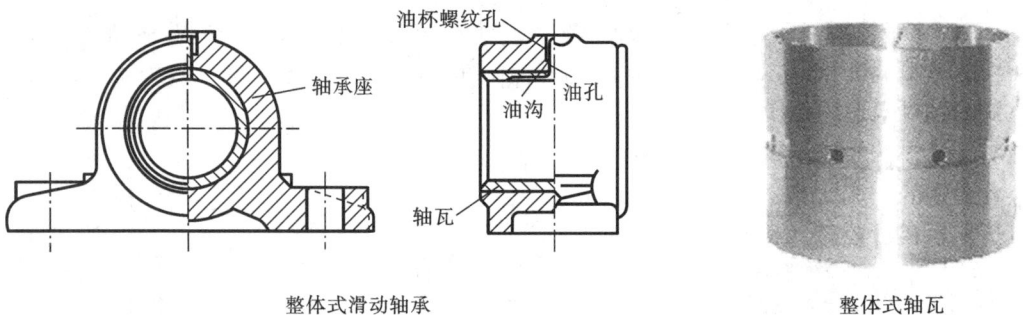

图 2-5-51　整体式向心滑动轴承

　　整体式滑动轴承的特点是:结构较为简单,制造成本低,但拆装时轴或轴承需要做轴向移动。轴承磨损后,轴与滑动轴承之间的径向间隙无法调整。轴颈只能从端部装入轴承中,这使粗重的轴或具有中间轴颈的轴安装不便,甚至无法安装。整体式滑动轴承适用于轻载、低速、有冲击及间歇工作的机械传动,如绞车、手动起重机等。

　　(2)剖分式滑动轴承的结构。

　　图2-5-52所示为典型的剖分式向心滑动轴承,它由轴承座、轴承盖、剖分式轴瓦(上瓦、下瓦)及螺栓等组成。剖分式滑动轴承的特点是剖分面应与载荷方向近于垂直,多数滑动轴承剖分面是水平的,也有斜的。轴承盖与轴承座的剖分面常做成阶梯形,以便定位和防止剖分式滑动轴承工作时错动。剖分式滑动轴承装拆方便,轴瓦与轴的间隙可以调整。轴瓦磨

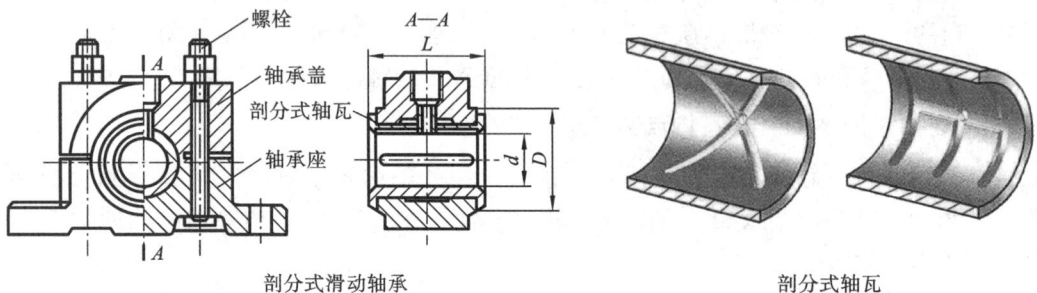

图 2-5-52　剖分式向心滑动轴承

损后的轴承间隙可以通过减小剖分面处的金属垫片或将剖面刮掉一层金属的办法来调整，同时合理刮配轴瓦，以保证传动精确。剖分式滑动轴承应用广泛，主要用于重载、高速、有冲击的机械传动，如汽轮机、水轮机、曲轴轴承、精密磨床等。

（3）推力滑动轴承的结构。

推力滑动轴承是承受轴向推力并限制轴做轴向移动的滑动轴承，又称为止推滑动轴承，以立式轴端推力滑动轴承（见图 2-5-53）为例，它通常由轴承座、衬套、径向轴瓦和止推轴瓦组成。轴承座上设有油孔。止推轴瓦底部制成球面，可以自动复位，避免偏载；销钉用来防止轴瓦转动；径向轴瓦用于固定轴的径向位置，同时也可承受一定的径向载荷。润滑油依靠压力从底部注入，并从上部油管流出。推力滑动轴承通常采取环状支承面。

对推力滑动轴承来说，如果轴与轴瓦之间的两摩擦表面完全被润滑剂流体膜隔开，则推力滑动轴承适用于高、中速运行的机械。如果轴与轴瓦之间

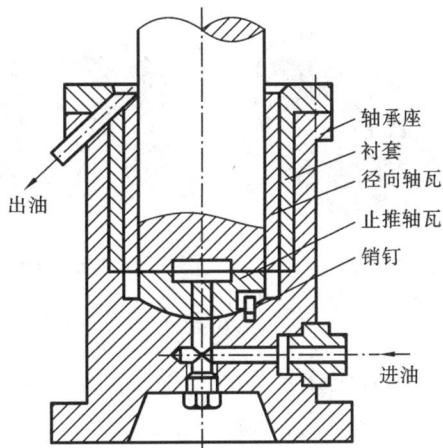

图 2-5-53　立式轴端推力滑动轴承

的两摩擦表面不能完全被润滑剂流体膜隔开，则推力滑动轴承适用于低速运行的机械。

3）轴瓦的结构

轴瓦是滑动轴承中的重要零件，它的结构是否合理对滑动轴承使用性能的影响很大。轴瓦应具有一定的强度和刚度，在滑动轴承中定位可靠，便于注入润滑剂，容易散热，并且装拆、调整方便。

另外，为了节约贵重金属，常在轴瓦内表面浇注一层滑动轴承合金作为减摩材料，以改善轴瓦接触表面的摩擦状况，进而提高滑动轴承的承载能力，这层滑动轴承合金称为轴承衬。

常用的轴瓦分为整体式轴瓦和剖分式轴瓦两种结构。整体式轴瓦一般在轴瓦上开设油孔和油沟以便润滑，但粉末冶金材料制成的轴瓦一般不带油沟。因为由粉末冶金材料制成的轴瓦具有多孔组织，在工作前已经浸泡了润滑油，工作时由于热膨胀作用，孔隙中的润滑油被挤压到轴瓦工作表面进行润滑，因此，此类轴瓦可自润滑，可不必加润滑油。

剖分式轴瓦由上轴瓦、下轴瓦组成。上轴瓦开有油孔和油沟，油孔来供应润滑油，油沟的作用是使润滑油均匀分布，并且油沟（或油孔）开设在非承载区。

4. 滚动轴承的结构、特点、类型和应用

滚动轴承是将运转的轴与轴座之间的滑动摩擦变为滚动摩擦，从而减少摩擦损失的一种精密的机械元件。滚动轴承具有摩擦因数小、易起动、适用范围广、已经标准化、润滑和维护方便等优点，滚动轴承一般由专业的轴承企业制造，应用范围很广。

1）滚动轴承的结构

如图 2-5-54 所示，滚动轴承一般由内圈、外圈、滚动体和保持架组成。内圈的作用是与轴相配合并与轴颈一起转动；外圈的作用是与轴承座相配合，装在机座或轴承孔内，固定不

动,起支承作用。内圈和外圈内都有滚道,当内圈和外圈相对旋转时,滚动体将沿着滚道滚动。保持架的作用是将滚动体沿滚道均匀地隔开,防止滚动体脱落,引导滚动体旋转并起润滑作用。

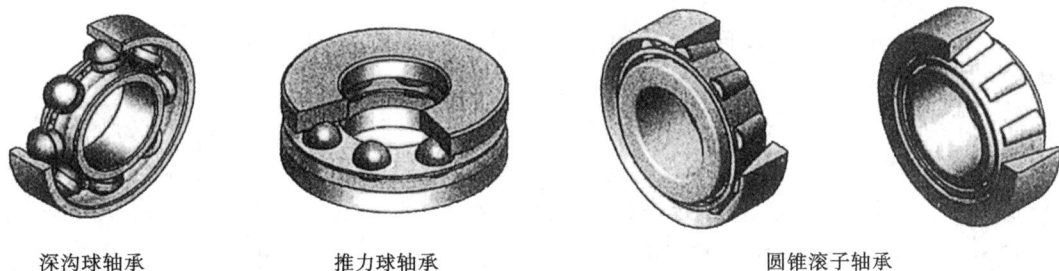

深沟球轴承　　　　　　推力球轴承　　　　　　　　圆锥滚子轴承

图 2-5-54　滚动轴承的结构

滚动轴承常见的滚动体有球、短圆柱滚子、长圆柱滚子、球面滚子、圆锥滚子、螺旋滚子、滚针等多种,如图 2-5-55 所示。

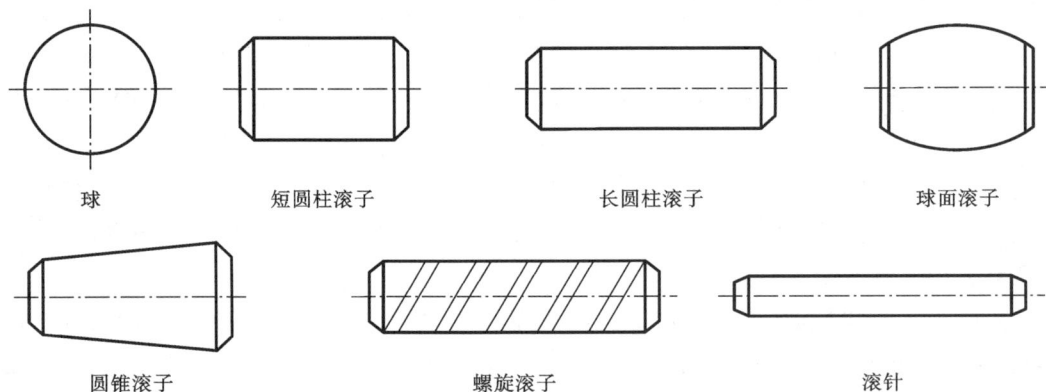

球　　　　　　短圆柱滚子　　　　　　长圆柱滚子　　　　　　球面滚子

圆锥滚子　　　　　　螺旋滚子　　　　　　　滚针

图 2-5-55　滚动体的形状

2）滚动轴承的特点

与滑动轴承相比,滚动轴承具有摩擦阻力小、轴向尺寸小、径向间隙小、传动效率高、润滑简便、易于互换、使用与维护方便、工作可靠、起动性能好、在中等速度下承载能力较强等优点,其应用广泛。滚动轴承的缺点是:抗冲击能力差,易产生振动,高速运转时容易出现噪声,使用寿命不及滑动轴承。

3）滚动轴承的类型和应用

滚动轴承的分类方法很多,按滚动轴承所能承受的载荷方向或公称接触角进行分类,滚动轴承可分为向心滚动轴承和推力滚动轴承,其中向心滚动轴承主要用于承受径向载荷的机械传动,推力滚动轴承主要用于承受轴向载荷的机械传动。按滚动轴承中滚动体的种类进行分类,滚动轴承可分为球轴承和滚子轴承。其中球轴承的滚动体为球,滚子轴承的滚动体为滚子。按滚子的种类进行分类,滚子轴承又可分为圆柱滚子轴承和圆锥滚子轴承。按滚动轴承工作时能否进行调心进行分类,滚子轴承可分为调心轴承和非调心轴承(或称为刚性轴承)。其中调心轴承的滚道是球面,可适应两滚道轴心线间的角偏差及角运动的轴承,非调心轴承是可阻止滚道间轴心线角偏移的轴承。常用滚动轴承的类型、简图、类型代号、特性和应用见表 2-5-3。

表 2-5-3 常用滚动轴承的类型、简图、类型代号、特性和应用

滚动轴承类型	表示简图	类型代号	特性和应用
调心球轴承		1 型	主要承受径向载荷,也可承受较小的双向轴向载荷;外圈滚道是球面,具有自动调心性能,适用于多支点和弯曲刚度较小的轴,以及难以对中的轴
调心滚子轴承		2 型	主要承受径向载荷,也可承受较小的双向轴向载荷;承载能力比调心球轴承大;具有自动调心性能,适用于其他种类轴承不能胜任的重载机械,如大功率减速器、吊车车轮、轧钢机等
圆锥滚子轴承		3 型	可承受较大的径向载荷和轴向载荷,内圈、外圈可分离,轴承游隙可在安装时调整,通常成对使用,对称安装;承载能力大,适用于斜齿轮轴、锥齿轮轴和蜗杆减速器轴,以及机床主轴的支承等
双列深沟球轴承		4 型	主要承受径向载荷,也可承受较小的双向轴向载荷;承载能力较深沟球轴承大,但承受冲击能力较差;在不宜采用推力轴承时,可以代替推力轴承承受轴向载荷,适用于刚性较好的轴,常用于机床齿轮轴、小功率电动机等
推力球轴承		5 型	只能承受单向轴向载荷,而且载荷作用线必须与轴承轴线重合,不允许有角偏差,适用于轴向载荷大而且转速较低的轴,常用于起重机吊钩、蜗杆轴和立式车床主轴的支承等
深沟球轴承		6 型	主要承受径向载荷,也可承受较小的双向轴向载荷;摩擦阻力小,极限转速高,结构简单,应用广泛;承受冲击能力较差;在不宜采用推力轴承时,可以代替推力轴承承受轴向载荷,适用于刚性较好的轴,常用于机床齿轮轴、小功率电动机以及普通民用设备等

滚动轴承类型	表示简图	类型代号	特性和应用
角接触球轴承		7 型	可承受较大的径向和单向轴向载荷;接触角越大,承受轴向载荷的能力也越大,通常成对使用;转速高时,可以代替推力球轴承,适用于刚度较大、跨距较小的轴,如斜齿轮减速器和蜗杆减速器中轴的支承等
推力圆柱滚子轴承		8 型	只能承受单向轴向载荷,承载能力比推力球轴承大得多,不允许轴线偏移,适用于轴向载荷大且不需要调心的轴
圆柱滚子轴承		N 型	只能承受径向载荷,不能承受轴向载荷;承受载荷能力比同尺寸的球轴承大,尤其是承受冲击载荷能力大,适用于刚性较好、对中性良好的轴,常用于大功率电动机、人字齿轮减速器等

4)滚动轴承的代号

滚动轴承的类型和尺寸很多,为了便于设计、生产和选用,我国在 GB/T 272—2017 中规定,一般用途的滚动轴承代号由基本代号、前置代号和后置代号构成,其排列顺序如图 2-5-56 所示。

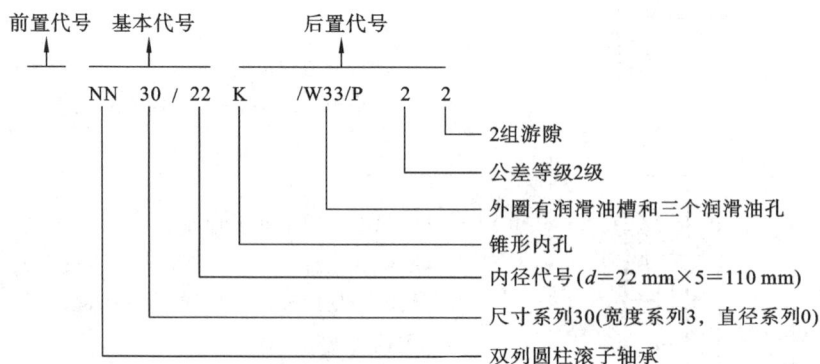

图 2-5-56 滚动轴承的代号示例

（1）基本代号。

基本代号表示滚动轴承的基本类型和尺寸,是滚动轴承代号的基础。除了滚针轴承外,基本代号由滚动轴承类型代号、尺寸系列代号及内径代号构成。

滚动轴承的类型代号采用数字或大写拉丁字母表示,部分滚动轴承的类型代号如表 2-5-4 所示。

表 2-5-4 部分滚动轴承的类型代号

代号	轴承类型	代号	轴承类型
0	双列角接触球轴承	5	推力球轴承
1	调心球轴承	6	深沟球轴承
2	调心滚子轴承和推力调心滚子轴承	7	角接触球轴承
3	圆锥滚子轴承	8	推力圆柱滚子轴承
4	双列深沟球轴承	N	圆柱滚子轴承

注:在表中代号后或前加字母或数字表示该类滚动轴承中的不同结构。

滚动轴承的尺寸系列代号由滚动轴承宽(高)度系列代号和直径系列代号组合而成,它们分别用一位数字表示,组合时,代表宽度系列的数字在前,代表直径系列的数字在后,部分滚动轴承的尺寸系列代号如表 2-5-5 所示。

表 2-5-5 部分滚动轴承的尺寸系列代号

直径系列代号	向心轴承			
	宽度系列代号			
	1	2	3	4
	尺寸系列代号			
0	10	20	30	40
1	11	21	31	41
2	12	22	32	42
3	13	23	33	—
4	—	24	—	—

内径代号表示滚动轴承公称内径的大小,用两位数字来表示滚动轴承的内径大小,一般情况下两位数字为滚动轴承内径的 $1/5$,部分滚动轴承的内径代号见表 2-5-6。

表 2-5-6 部分滚动轴承的内径代号

内径代号	04~99	00	01	02	03
内径/mm	代号表示的数字乘以 5 等于内径,如 $25 \times 5 = 125$	10	12	15	17

如图 2-5-57 所示,滚动轴承的基本代号一般由五个数字组成。

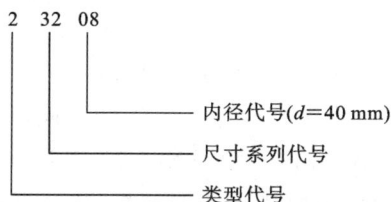

图 2-5-57 滚动轴承的基本代号

例如,滚动轴承 61206,其中"06"表示滚动轴承的内径代号,$d=30$ mm;"12"表示尺寸系列代号,"1"表示宽度系列,"2"表示直径系列;"6"表示滚动轴承类型,是深沟球轴承。

再如,滚动轴承 N2211,其中"11"表示滚动轴承的内径代号,$d=55$ mm;"22"表示尺寸系列代号,第一个"2"表示宽度系列,第二个"2"表示直径系列;"N"表示滚动轴承类型,是圆柱滚子轴承。

（2）前置代号和后置代号。

前置代号用字母表示,放在基本代号左侧,表示成套轴承的分部件,如"L"表示可分离内圈或外圈的轴承,"K"表示滚子和保持架组件等。

后置代号是补充代号。当滚动轴承在结构形状、尺寸、公差、技术要求等有改变时,在其基本代号的右侧距离半个汉字的宽度用字母或数字表示。

滚动轴承前置代号、后置代号的排列如表 2-5-7 所示。

表 2-5-7　滚动轴承前置代号、后置代号的排列

前置代号	基本代号	后置代号							
		滚动轴承代号							
成套滚动轴承分部件		1	2	3	4	5	6	7	8
		内部结构	密封与防尘套圈变型	保持架及其材料	滚动轴承材料	公差等级	游隙	配置	其他

（3）公差等级。

滚动轴承的公差等级分为普通级、6 级、6X 级、5 级、4 级和 2 级共六级,其代号分别是/PN、/P6、/P6X、/P5、/P4、/P2,依次由低级到高级,普通级在滚动轴承代号中省略不标。此外还有/SP(尺寸精度相当于 5 级,旋转精度相当于 4 级)和/UP(尺寸精度相当于 4 级,旋转精度相当于 4 级)两个代号。

第六节　机械节能环保与安全防护

一、机械摩擦和润滑、润滑剂的概念与分类

1. 机械摩擦概念与分类

摩擦是指两相互接触物体发生相对滑动或有相对滑动趋势时,在接触面上产生阻碍物体相对滑动的现象。

摩擦的类别很多,按摩擦副的运动形式分类,摩擦分为滑动摩擦和滚动摩擦,前者是两相互接触物体有相对滑动或有相对滑动趋势时产生的摩擦,后者是两相互接触物体有相对滚动或有相对滚动趋势时产生的摩擦。在相同条件下,滚动摩擦阻力小于滑动摩擦阻力。

按摩擦表面的润滑状态分类,摩擦可分为干摩擦、流体摩擦、边界摩擦和混合摩擦。其中干摩擦是两个摩擦表面直接接触,没有润滑剂存在时产生的摩擦;流体摩擦是指两个摩擦

面之间不直接接触,有一层完整的润滑剂油膜时产生的摩擦;边界摩擦是指两个摩擦面上吸附一层很薄的边界膜时产生的摩擦,它的状态介于干摩擦和流体摩擦状态之间;混合摩擦是指两个摩擦面之间可能出现干摩擦、流体摩擦和边界摩擦的混合状态的摩擦。此外,摩擦还可分为外摩擦和内摩擦。外摩擦是指两物体表面做相对运动时的摩擦;内摩擦是指物体内部分子间的摩擦。

2. 润滑的概念与分类

1) 润滑的概念

润滑是指在发生相对运动的各种摩擦副的接触面之间加入润滑剂,使两摩擦面之间形成润滑膜,将原来直接接触的干摩擦面分隔开来,变干摩擦为润滑剂分子间的摩擦,达到减小摩擦、减少磨损、延长机械设备的使用寿命的措施。润滑的作用是:降低摩擦、减少磨损、防止腐蚀,提高传动效率,改善机器运动状况,延长机器的使用寿命。

2) 润滑的分类

根据润滑剂的不同,润滑可分为流体润滑、固体润滑和半固体润滑三类。

(1) 流体润滑是指使用的润滑剂为流体的润滑,它包括气体润滑和液体润滑两种。其中气体润滑是指采用气体润滑剂(如采用空气、氢气、氦气、氮气、一氧化碳和水蒸气等)进行的润滑;液体润滑是指采用液体润滑剂(如矿物润滑油、合成润滑油、水基液体等)进行的润滑。

(2) 固体润滑是指使用的润滑剂(如二硫化钼、氮化硼、尼龙、聚四氟乙烯、氟化石墨等)为固体的润滑。

(3) 半固体润滑是指使用的润滑剂为半固体的润滑,它是由基础油和稠化剂组成的塑性润滑脂,有时根据特殊需要,还可加入各种添加剂。

3. 润滑剂的概念与分类

1) 润滑剂的概念

润滑剂是指用于润滑、冷却和密封机械摩擦部分的物质。

2) 润滑剂的分类

根据来源进行分类,润滑剂可分为矿物润滑剂(如机械油)、生物润滑剂(如蓖麻油、牛脂、鲸鱼油等)和合成润滑剂(如硅油、脂肪酸酰胺、油酸、聚酯、合成酯、羟酸等);根据外形进行分类,润滑剂可分为油状液体润滑剂、油脂状半固体润滑剂和固体润滑剂。

润滑剂的主要作用是降低摩擦表面的摩擦损伤。在一般机械中,通常采用润滑油(或润滑脂)来润滑摩擦表面。润滑油、润滑脂均属于润滑剂。

(1) 润滑油。

润滑油(见图 2-6-1)是指用在各种类型机械设备上以减少摩擦、保护机械及加工件的液体或半固体润滑剂,它主要起润滑、辅助冷却、防锈、清洁、密封和缓冲等作用。润滑油按用途进行分类,可分为机械油(如高速润滑油)、织布机

图 2-6-1　润滑油

油、轨道油、轧钢油、汽轮机油、压缩机油、冷冻机油、气缸油、船用油、齿轮油、机压齿轮油、车轴油、仪表油、真空泵油等。

润滑油一般由基础油和添加剂两部分组成。其中基础油是润滑油的主要成分，决定着润滑油的基本性质。基础油主要包括矿物基础油、合成基础油以及生物基础油三大类。添加剂是为了改善基础油的性能，以及满足不同的使用条件而有意添加的物质，它是润滑油的重要组成部分。添加剂是近代高级润滑油的精髓，科学合理地加入添加剂，不仅可以改善润滑油的物理化学性质，而且可以赋予润滑油新的特殊性能，或加强其原来具有的某种性能，以满足更高的要求。添加剂的种类很多，按添加剂的作用进行分类，添加剂可分为清净分散剂、摩擦缓和剂、极压抗磨剂、抗氧化剂、防腐蚀剂、缓蚀剂、油性剂、金属钝化剂、抗泡沫剂、降凝剂、黏度指数改进剂等。

（2）润滑脂。

润滑脂是指在基础油中加入增稠剂与润滑添加剂制成的半固态机械零件润滑剂。因为常温下润滑脂的外形呈黏稠的半固体油膏状且多半呈深浅不一的黄色（或乳白色），与常见的奶油、牛油很像，因而得名黄油（或生油），如图 2-6-2 所示。

图 2-6-2　黄油

润滑脂主要用于机械的摩擦部位，起润滑和防止机械磨损的作用，也可用于金属表面，起到填充空隙、防止金属腐蚀及密封防尘的作用。

润滑脂种类多，按基础油进行分类，润滑脂可分为矿物油润滑脂和合成油润滑脂；按用途进行分类，润滑脂可分为减摩润滑脂、防护润滑脂和密封润滑脂；按特性进行分类，润滑脂可分为高温润滑脂、耐寒润滑脂、极压润滑脂；按稠化剂的类别进行分类，润滑脂可分为皂基润滑脂和非皂化润滑脂。其中皂基润滑脂又分为单皂基润滑油脂（如钠基润滑脂、锂基润滑脂、钙基润滑脂等）、混合皂基润滑脂（如钙钠基润滑油）和复合基润滑脂（如复合钙基润滑脂、复合锂基润滑脂、复合铝基润滑脂等）；非皂化润滑脂分为烃基润滑脂、无机润滑脂、有机润滑脂等。

润滑脂主要由稠化剂、基础油、添加剂及填料四部分组成。在润滑脂中，通常稠化剂占 10%～20%，基础油占 75%～90%，添加剂及填料各占约 5%。

二、机械噪声的形成与防护措施

1. 机械噪声的形成

噪声是发声体做无规则振动时发出的声音，是人们不需要的声音。从环境保护的角度看，凡是妨碍人们正常休息、学习和工作的声音，以及对人们要听的声音产生干扰的声音，都属于噪声。

噪声污染主要来源于交通运输、工业噪声（如机械转动、锻造、冲压、天车吊装、摩擦等）、建筑施工、社会噪声(如高音喇叭、大声说话)等。

噪声可用分贝(dB)来衡量。

0 dB 的声音是人们刚刚能听到的最微弱的声音;10~20 dB 的声音相当于微风吹落树叶的沙沙声;20~40 dB 的声音相当于轻声细语,属于比较理想的安静环境;40~60 dB 的声音相当于普通室内谈话,会对休息有影响;60~70 dB 的声音会干扰谈话,影响工作效率;70~90 dB 的声音会很吵闹,严重影响听力,并可能引起神经衰弱、头疼、血压升高等疾病;90~100 dB 的声音使吵闹加剧,会使听力受损;100~120 dB 的声音令人难以忍受,一分钟即可导致暂时致聋;120 dB 以上的声音会导致极度聋或全聋。

日常生活中,我们在使用家电产品时,也会产生噪声,如洗衣机、缝纫机产生的噪声为50~80 dB,电风扇的噪声为 30~65 B,空调机、电视机的噪声约为 70 dB。

噪声是感觉性公害,是一种危害人类环境的公害。声音在 30 dB 左右时,一般不会影响正常的生活和休息。而当声音超过 50 dB 时,人们有较大的感觉,很难入睡。通常将超过 80 dB 的声音定为噪声。还有如下场景会产生噪声。

(1)机械部件的振动:如旋转部件的不平衡、往复运动部件的冲击等,都会导致机械振动,从而产生噪声。

(2)摩擦和冲击:零件之间的摩擦、碰撞及冲击,会引发振动和噪声。

(3)气流噪声:如通风设备、喷气设备等中高速气流的流动会产生噪声。

(4)电动机和电磁噪声:电动机运行时的电磁力变化、磁场变化等会产生噪声。

2. 防护措施

控制噪声必须从噪声源、噪声传播途径、噪声接受者三个方面进行系统控制。

第一,降低噪声源,这是治本,如用液压传动设备代替机械传动或气动传动设备、用斜齿轮代替直齿轮、用焊接代替铆接等措施来改进机械设备,使用先进的阻尼材料,在噪声源附近配置消声器等,都可减少噪声的产生。

第二,在噪声传播途径上降低噪声,控制噪声的传播,改变声源已经发出的噪声传播途径(如采用吸音、隔音、音屏障板、减振、种树等措施)及合理布局车间内的机械设备和厂房窗户等措施,均能减少噪声对人体的影响。

第三,对噪声接受者或受音器官进行噪声防护,在噪声源、噪声传播途径上无法采取有效措施时,或采取降噪措施仍不能达到预期效果时,就需要对接受者或受音器官采取防护措施,如长期在职业性噪声中暴露的工人可以佩戴隔音耳塞、耳罩、耳棉或头盔等护耳器以防止噪声伤害。

还有其他防护措施如下。

(1)优化机械设计:通过改进机械结构,减少不平衡、振动和冲击,如采用平衡设计、减震装置等。

(2)选择低噪声材料:使用具有良好吸声、隔声性能的材料来制造机械部件。

(3)安装隔音罩或消声器:对噪声源进行封闭或安装专门的消声器,以降低噪声的传播。

(4)润滑和维护:保证机械部件的良好润滑,减少摩擦和磨损,都可减少噪声的产生。

(5) 控制运行速度:合理调整机械的运行速度,避免高速运行导致的噪声增加。

(6) 安装隔振基础:将机械设备安装在隔振基础上,减少振动向周围环境的传递。

(7) 人员防护:为操作人员配备耳塞、耳罩等个人防护设备,减少噪声对人体的影响。

三、机械安全防护措施

1. 机械传动装置存在的潜在危险因素

机械传动装置是现代生产和生活中不可缺少的装备,它们在给人类带来高效、快捷和方便的工作方式的同时,也带来一些潜在的危险因素,如撞击、挤压、切割、触电、噪声、高温等伤害。在日常生产和生活中,如下这些机械传动装置的零部件都可能对人类造成潜在伤害。

(1) 旋转零部件与成切线运动部件间的咬合处(齿轮与齿轮、动力传输带与带轮、飞轮上的凸出物、链条与链轮等)存在潜在伤害因素,如图 2-6-3 所示。

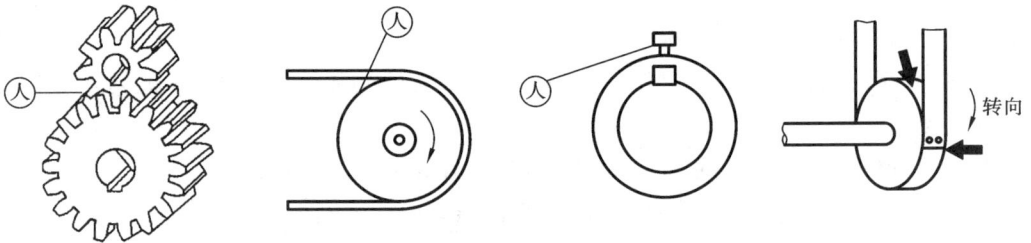

图 2-6-3　机械传动装置存在的潜在伤害因素

(2) 旋转轴(如心轴等)存在潜在伤害因素。

(3) 旋转的凸块和孔(如风扇叶片、凸轮、飞轮、砂轮等)存在潜在伤害因素。

(4) 转向相反的旋转部件的咬合处(如齿轮系、轧辊等)存在潜在伤害因素。

(5) 旋转部件与固定部件的咬合处(如手轮或飞轮与机床床身、旋转搅拌机(见图 2-6-4)与无防护外壳的搅拌设备等)存在潜在伤害因素。

(6) 操作机床类机械设备时,也存在潜在伤害因素(如压力机的滑块与冲头、空气锤的锤体、刨床的滑枕与刨刀、剪切机的刀片、切割机床的锯齿(见图 2-6-5)等),如果操作不当,会造成人身伤害。

图 2-6-4　旋转搅拌机存在的潜在伤害因素　　图 2-6-5　切割机床存在的潜在伤害因素

（7）旋转部件与滑动部件之间存在潜在伤害因素，如某些平版印刷机的机构、纺织机床等。

2．机械伤害的类型

机械伤害是指由于机械零件、工具、工件或飞溅的固体、流体物质的机械作用而产生的伤害。机械伤害的类型有多种，主要有挤压伤害、剪切伤害、切割或切断伤害、缠绕伤害、吸入或卷入伤害、冲击伤害、刺伤或扎穿伤害、摩擦或磨损伤害及高压流体喷射伤害。

1）挤压伤害

这种伤害是在两个零部件之间产生的，其中的一个或两个零部件是运动零部件，如图2-6-6 所示。挤压伤害中最典型的是压力机的伤害，当压力机的冲头下落时，如果操作人员的手正在安放工件或调整模具，就会使手受伤。此外，在操作螺旋输送机、塑料注射成型机时，也会发生挤压伤害。

2）剪切伤害

典型的剪切伤害是指在操作剪切机械时，因操作不当造成的人身伤害。其他具有锐利刃部的机械也会存在相同的剪切伤害可能性。

3）切割或切断伤害

在生产过程中，当人体与机械上尖角或锐边做相对运动时，就有可能产生切割或切断伤害。尤其当机械上有锐边、尖角的部件做高速转动时，其危险性更大。

4）缠绕伤害

有的机械设备表面上的尖角或凸出部分，能缠住人的衣服、头发，甚至皮肤，当这些尖角或凸出部分与人之间产生相对运动时，就有可能产生缠绕伤害。典型的缠绕伤害就是某些运动部件上的凸出物、传动带接头、车床的转轴（见图 2-6-7），以及进行加工的工件可将人的手套、衣服、头发，甚至擦机器用的棉纱等缠绕住，从而对人体造成严重的伤害。

图 2-6-6　挤压伤害　　　　　　　　　　　　　图 2-6-7　缠绕伤害

5）吸入或卷入伤害

典型的吸入或卷入伤害常发生在风力强大的引风设备上。例如，一些大型的抽风或引风设备开动时，能产生强大的空气旋流，将人吸向快速转动的桨叶上而发生人体伤害，其后果是很严重的。

6）冲击伤害

它主要来自两个方面：一是比较重的往复运动部件的冲击，典型的冲击伤害就是人受到往复运动的刨床部件的冲击碰撞；另一个是飞来物及落下物的冲击。冲击伤害所造成的伤害往往是严重的，甚至是致命的。如果高速旋转的零部件、工件、砂轮等因固定不牢发生松脱而甩出去，虽然这类物件的质量不大，但由于其转速高、动能大，对人体造成的伤害也是很大的。

7）刺伤或扎穿伤害

操作人员在使用锋利的切削刀具时，或者靠近高速运动的金属切屑时，有可能会对人体造成刺伤或扎穿伤害。

8）摩擦或磨损伤害

此类伤害主要发生在旋转的刀具、砂轮等机械部件上。当人体接触到正在旋转的这些部件时，会与其产生剧烈的摩擦、撞击而给人体带来伤害。

9）高压流体喷射伤害

机械设备上的液压元件超负荷工作，当压力超过液压元件允许的最大值时，就有可能使高压流体喷射而出，并对人体产生喷射伤害。

3. 预防机械伤害的措施

机械伤害的风险除了与机械的类型、用途、使用方法有关外，还与操作人员的职业素养与职业技能、工作态度以及对机械伤害的正确认识有关。为了杜绝机械伤害，企业和相关操作人员需从以下方面采取措施。

（1）树立"预防第一，安全第一"意识，根据行业特点和企业实际，建立科学合理的安全管理制度。例如，机械加工厂规定：必须穿戴工作服上岗，不留长发，不穿高跟鞋，不戴手套操作旋转机床，车间配置安全检查员，严格执行交接班制度等。

（2）定期对机械设备的操作人员进行安全培训，提高操作人员的安全操作技能和规范意识，提高操作人员避免机械伤害的能力。

（3）尽可能消除机械设备存在的机械危害因素。

（4）采取合理的安全措施，如提供安全装置，对机械设备的危险部位进行隔离，让操作人员不能接近机械设备的危险部位；或者是设置保护机构，避免操作人员受到伤害。

机械安全防护措施包括如下。

① 防护装置。

a. 防护栏：设置在危险区域周围，阻止人员接近。

b. 防护网：用于阻挡人员或物体进入危险区域。

c. 防护盖：覆盖可能产生危险的运动部件。

② 安全联锁装置。

a. 电气联锁：通过电气信号控制机械的起动和停止。

b. 机械联锁：利用机械结构实现互锁，保证操作顺序的正确性。

③ 制动装置。

a. 机械制动：如刹车盘、刹车带等。

b. 电气制动：如能耗制动、反接制动。

④ 过载保护装置：防止机械因过载而损坏或引发事故。

⑤ 行程限制装置：限制机械运动部件的行程范围，避免超出行程而造成危险。

⑥ 安全监控系统：实时监测机械的运行状态，发现异常及时报警并采取措施。

⑦ 光电保护装置：利用光电感应，当人员或物体进入危险区域时，自动停止机械运行。

⑧ 安全距离设定：确保操作人员与机械危险部位之间保持足够的安全距离。

⑨ 通风与散热系统：防止机械因过热引发故障或火灾。

⑩ 安全色与安全标志：用鲜明的颜色和醒目的标志提示危险和不安全信息。

⑪ 防护手套和服装：提供特定的防护性能，如防切割、防火等。

⑫ 机器设备的稳定性：安装牢固，防止倾倒或移动造成危险。

⑬ 紧急停止按钮：分布在易于操作的位置，紧急情况下能迅速停止机械运行。

⑭ 安全通道和疏散设施：保证人员在紧急情况下能够安全撤离。

（5）在机械设备的危险部位设置警示牌，提醒相关人员不要靠近。例如，车间"起重臂下严禁站人""当心触电""当心机械伤人""当心表面高温"等警示，如图 2-6-8 所示。

当心触电　　　　　　　　当心机械伤人　　　　　　　当心表面高温

图 2-6-8　机械危险部位警示牌

（6）不断对机械设备进行更新改造，减少机械危害因素。

第三章

工程材料及机械制造基础

第一节 工程材料

一、常用金属的力学性能

金属的力学性能是指金属在力的作用下所显示的与弹性和非弹性反应相关或涉及应力-应变关系的性能。弹性是指物体在外力作用下改变其形状和尺寸,当外力卸除后物体又恢复到其原始形状和尺寸的特性。应力是指物体受外力作用后物体内部相互作用力(称为内力)与截面积的比值。应变是指由外力所引起的物体原始形状和尺寸的相对变化,通常以百分数(%)表示。

金属的力学性能主要是指塑性、强度、硬度、韧度与疲劳等。表征和判定金属的力学性能所用的指标和依据,称为金属力学性能判据。金属力学性能判据是金属零件选材和设计的主要依据。金属受力特点不同,将有不同的表现,显示各种不同的力学性能。

1. 塑性与强度

塑性是指断裂前材料发生不可逆的永久变形的能力。强度是指金属抵抗永久变形和断裂的能力。塑性和强度的判据通过拉伸试验测定。拉伸试验是指用静拉伸力对试样进行轴向拉伸,测量拉伸力和试样的相应伸长,一般将试样拉至断裂,然后测定其力学性能的试验。通过拉伸试验绘制的拉伸力-伸长曲线,可以计算出试样的塑性与强度的主要判据。

1) 塑性的主要判据有断后伸长率和断面收缩率

断后伸长率是指拉伸试样拉断后,标距的残余伸长($L_u - L_0$)与原始标距 L_0 之比的百分比,用符号 A 表示。

断面收缩率是指拉伸试样拉断后,缩颈处截面积的最大缩减量($S_0 - S_u$)与原始截面积 S_0 之比的百分比,用符号 z 表示。

2) 强度的主要判据有屈服强度和抗拉强度

屈服强度是指试样在试验过程中力不增加(保持恒定)仍能继续伸长(变形)时的应力,

用符号 R_e 表示。

不少金属材料在拉伸试验中没有明显的屈服现象，难以测出屈服强度。此时可用规定残余延伸强度表示屈服强度。例如，$R_{r0.2}$ 表示残余伸长率达 0.2% 时的应力。

抗拉强度是指拉伸试样相应最大拉力 F_m 对应的应力，用符号 R_m 表示。

2. 硬度

硬度是指材料抵抗局部变形，特别是抵抗塑性变形、压痕或划痕的能力。在规定的静态试验力下，将压头压入材料表面，用压痕深度或压痕表面面积来评定的硬度，称为压痕硬度。布氏硬度和洛氏硬度都属于压痕硬度。

1）布氏硬度

布氏硬度试验是指对规定直径的硬质合金球加规定的试验力压入试样表面，经规定的保持时间后，卸除试验力，测出试样表面的压痕直径，以便确定材料硬度的全部过程，如图 3-1-1 所示（h 为球冠形压痕的高，φ 为压入角）。

布氏硬度是指材料抵抗通过硬质合金球压头施加试验力所产生永久压痕变形的度量单位。

HBS 表示压头为淬硬钢球，适用于测定布氏硬度在450 以下的材料。

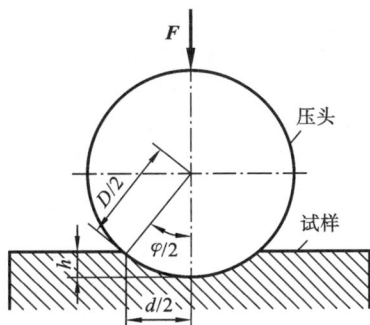

图 3-1-1　布氏硬度试验原理

HBW 表示压头为硬质合金球，适用于测定布氏硬度在 650 以下的材料。

标注布氏硬度时，符号 HBW 之前写硬度值，符号后面按球体直径（mm）、试验力（kgf，1 kgf≈9.807 N）和试验力保持时间（10～15 s 不标注）顺序用数值表示试验条件。

例如，120 HBW10/1000/30，表示直径为 10 mm 的硬质合金球在 1000 kgf 试验力作用下，保持 30 s 测得布氏硬度为 120。500 HBW5/750，表示直径为 5 mm 的硬质合金球在 750 kgf 试验力作用下保持 10～15 s 测得的布氏硬度为 500。

2）洛氏硬度

洛氏硬度试验是指在初始试验力及总试验力的先后作用下，将压头（金刚石圆锥或钢球或硬质合金球）压入试样表面，经规定的保持时间后，卸除主试验力，测出在初试验力下的残余压痕深度，以便确定材料硬度的全部过程，如图 3-1-2 所示。

洛式硬度是指材料抵抗通过硬质合金或钢球压头，或对应某一标尺的金刚石圆锥体压头施加试验力所产生永久压痕变形的度量单位。

残余压痕深度增量是指在洛氏硬度试验中，在卸除主试验力并保持初始试验力的条件下测量的深度方向塑性变形量，用符号 h 表示。h 的数值很小，不用毫米作为计算单位，而是用 0.002 mm 作为一个单位计算。

图 3-1-2（a）所示 0-0 表示压头尚未接触试样表面的原始位置；压头因试样弹性恢复而获得残余压痕深度增量 h 的位置。标尺与 h 的关系如图 3-1-2（b）所示。

洛氏硬度用 HR 表示，是指用洛氏硬度相应标尺满量程值与残余压痕深度增量之差计

(a) 原理　　　　　　　　　　　　(b) 标尺与h的关系

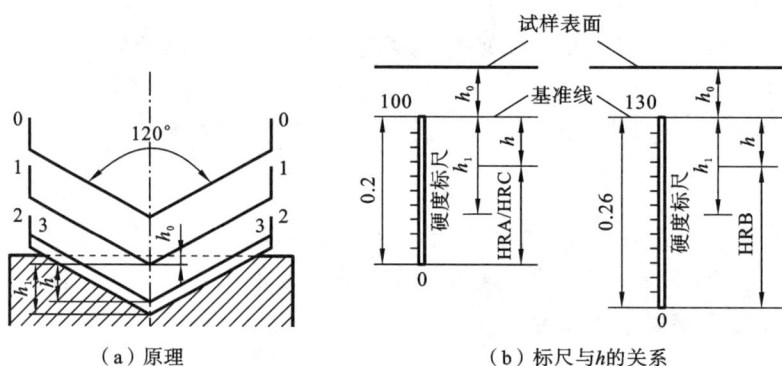

图 3-1-2　洛氏硬度试验原理

算的硬度。常用的洛氏硬度标尺有三种。

A 标尺洛氏硬度(HRA),用圆锥角为120°的金刚石圆锥体压头(见图 3-1-3)在初始试验力为98.07 N,总试验力为588.4 N的条件下进行试验,刻度满量程值为100,用100−h可计算出洛氏硬度。

B 标尺洛氏硬度(HRB),用直径1.588 mm的淬火钢球(见图 3-1-4)在初始试验力为98.07 N、总试验力为980.7 N的条件下进行试验,刻度满量程值为130,用130−h可计算出洛氏硬度。

C 标尺洛氏硬度(HRC),用圆锥角为120°的金刚石圆锥体压头(见图 3-1-3)在初始试验力为98.07 N,总试验力为1471.0 N的条件下进行试验,刻度满量程值为100,用100−h可计算洛氏硬度值。

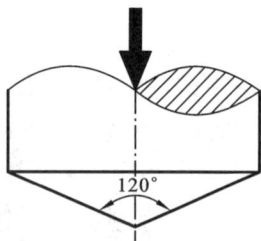

图 3-1-3　120°金刚石圆锥体压头　　　图 3-1-4　ϕ1.588 mm 钢球压头　　　图 3-1-5　金刚石正四棱锥体压头

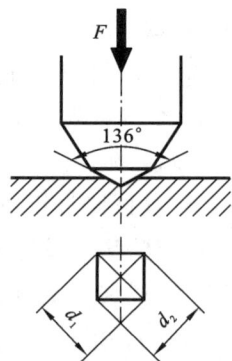

3) 维氏硬度

维氏硬度是材料抵抗通过金刚石正四棱锥体压头(见图 3-1-5)施加试验力所产生永久压痕变形的度量单位,用 HV 表示。这种方法适用对象是薄金属材料,表面层硬度测量范围为5~1000。例如,640 HV30/20 表示用 30 kgf 保持 20 s,测定的维氏硬度为640。维氏硬度测试法具有布氏法、洛氏法的主要优点,并克服了它们的基本缺点,但不如洛氏法简便。

4)硬度判据的实用性

硬度试验简便迅速,基本上不损伤金属材料,甚至不需要做专门的试样,可以直接在工件上进行测试。因此,常常把各种硬度判据作为技术要求标注在零件工作图上。

5)耐磨性

物体表面相接触并做相对运动时,材料从该表面逐渐损失以致表面损伤的现象,称为磨损。耐磨性是材料抵抗磨损的一种性能指标,可用磨损量表示。磨损量越小,材料的耐磨性越好。对于研磨磨损,钢的耐磨性随其硬度的提高而增加。实验表明,硬度由 62～63 HRC 降至 60 HRC 时,其耐磨性下降 25%～30%。

3. 韧度与疲劳

塑性、强度、硬度等都是在静试验力作用下测定的金属力学性能,但实际上多数机械零件并不是在静载荷作用下工作的。韧度和疲劳就是在动载荷作用下测定的金属力学性能。

1)韧度

韧度是指金属断裂前吸收变形能量的能力。金属的韧度通常随着加载速度的增大而减小。在冲击力作用下折断时吸收变形能量的能力,称为冲击韧度。冲击韧度用 a_k 表示。

2)疲劳

疲劳是指零件在循环应力和循环应变作用下,在一处或几处产生局部永久性累积损伤,经一定循环次数后产生裂纹或突然发生完全断裂的过程。循环应力(或循环应变)是指应力(或应变)的大小和方向都随时间变化发生周期性变化(或无规则变化)的一类应力(或应变)。

应力的值通常小于材料的屈服强度,但工作时间达到某一数值后,就会发生突然破断,这就是疲劳现象。疲劳断裂前不产生明显的塑性变形,因此危险性大,常造成严重事故。大部分损坏的机械零件属于疲劳破坏。

疲劳极限是指在指定循环基数下的中值疲劳强度。对于钢铁材料,循环基数通常取 10^7;对于非铁金属材料,循环基数通常取 10^8。疲劳极限用符号 σ_D 表示。

二、碳素钢的成分及分类、牌号、性能和用途

1. 碳素钢的成分及分类

1)成分

碳质量分数大于 0.02%、小于 2.11%,并含少量硅、锰、磷、硫等杂质元素的铁碳合金称为碳素钢,常用碳素钢的碳质量分数一般都小于 1.3%。

2)分类

碳素钢的种类很多,常按以下方法分类。

(1)按钢的碳的质量分数分类,碳素钢可分为低碳钢($0.0218\% < \omega_C < 0.25\%$)、中碳钢($0.25\% \leqslant \omega_C \leqslant 0.60\%$)、高碳钢($0.60\% < \omega_C < 2.11\%$)。

(2)按钢的主要质量等级分类,碳素钢可分为普通质量碳素钢($\omega_S \leqslant 0.050\%$、$\omega_P \leqslant 0.045\%$)、优质碳素钢($\omega_S \leqslant 0.035\%$、$\omega_P \leqslant 0.035\%$)、特殊质量碳素钢($\omega_S \leqslant 0.020\%$,$\omega_P \leqslant$

0.020%)。

（3）按钢的用途分类,碳素钢可分为碳素结构钢、碳素工具钢。

（4）按钢的冶炼方法不同,碳素钢可分为平炉钢、转炉钢和电炉钢。

（5）按冶炼时脱氧程度的不同,碳素钢可分为沸腾钢、镇静钢、半镇静钢和特殊镇静钢等。

2. 碳素钢牌号、性能和用途

1）普通碳素结构钢

普通碳素结构钢的强度和韧性均较好。与合金钢相比,这类钢生产成本较低、价格便宜,通常以热轧钢板、钢管、型钢、棒钢、盘圆等形式供应,一般不进行热处理就可以直接满足使用性能,故应用十分广泛。普通碳素结构钢主要用于建筑、桥梁、船舶、车辆制造等部门制造的各种工程构件及普通机器零件,故又称为建筑用钢。还可用于制作机械零件,一般属于低、中碳钢。

国家标准对于普通碳素结构钢的牌号、表示方法及符号做了规定:碳素结构钢的牌号由代表屈服点(屈服强度)的字母、屈服点数值(单位为 MPa)、质量等级符号和脱氧方法符号四个部分按顺序组成。现将各规定符号内容说明如下。

Q 为钢材屈服点"屈"字汉语拼音首字母;A、B、C、D 为质量等级,并逐级升高;F 为沸腾钢,b 为半镇静钢,Z 为镇静钢,TZ 为特殊镇静钢。但是,在牌号组成方法中,"Z"与"TZ"符号按规定应予以省略。例如,Q235-A·F,它表示屈服点 $\sigma A > 235$ MPa 的 A 级沸腾钢。

普通碳素结构钢按其屈服点数值(单位为 MPa)可分为五种牌号:Q195、Q215、Q235、Q255、Q275。各种牌号的钢种又可依据其质量等级与脱氧方法的不同细分为若干种。

Q195、Q215 含碳量低,强度较低,但塑性好,焊接性能及可冲压性良好,主要用于制造强度要求不高的普通螺钉、铆钉、螺母、垫圈等。Q195 用于屋面板、装饰板、除尘管道、包装容器、铁桶、仪表壳、火车车厢;Q215 除与 Q195 有相同的用途外,还可用于生产螺钉、普通铆钉、螺母、螺栓、垫圈圆钉、铰链等五金零件。

Q235 强度与塑性居中,可以被轧制成盘条或圆制、方制,还可以被轧制成扁钢、角钢、工字钢、槽钢、窗框钢等型钢,还可被轧制成中厚钢板,主要用于桥梁、建筑等工程钢结构和性能要求不太高的机械零件,也可制造强度要求一般的普通机械零件,如螺钉、螺母、螺栓等标准件及销轴、拉杆等。C、D 级钢可制造较为重要的焊接件。

Q255、Q275 含碳量较高,强度也较高,可用于制造强度要求高一些的普通零件,如农业机械零件中的转轴、挂钩、摇杆等,还常轧制成各种型钢和异型钢。Q275 应用于制作要求有较高强度和一定耐磨性的机械零件,如机械工程中承受中等载荷的轴、连杆和车轮、钢轨、拖拉机犁,也用于铆接和焊接结构,还用于制造农业机具、钢轨接头夹板、板、轧辊等。

这类钢主要保证的是力学性能。一般情况下,在热轧状态下使用,不再进行热处理。但是,在准确掌握其化学成分的前提下,对某些零件也可以进行正火、调质、渗碳等处理,以进一步提高其使用性能。

2）优质碳素结构钢

优质碳素结构钢的有害杂质较少，其强度、塑性、韧性均比碳素结构钢好。

优质碳素结构钢牌号通常用碳含量表示，即用平均碳质量分数的万分数的数字表示。必要时增加主要合金元素含量或其他要素。

第一部分	第二部分（必要时）	第三部分（必要时）	第四部分（必要时）	第五部分（必要时）
|	|	|	|	|
以两位数字表示平均碳含量（以万分之几计）	锰含量较高者（0.7%～1.2%）加元素符号 Mn	钢材材质，A-高级优质钢，E-特级优质钢（优质钢不标）	脱氧方式，F-沸腾钢，b-半镇静钢，Z-镇静钢（可不标）	产品用途、特性和工艺方法

优质碳素结构钢的质量等级都是优质，所以牌号中不加质量等级代号（如 65Mn）。

牌号 08、10、15、20、25 的优质碳素结构钢，塑性好、焊接性好，宜制作冷冲压件、焊接件及一般螺钉、铆钉、螺母、容器渗碳件（齿轮、凸轮、摩擦片）等。

牌号 30、35、40、50、55 的优质碳素结构钢，综合力学性能优良，宜制作受力较大的零件，如连杆、曲轴、主轴、活塞杆、齿轮等。

牌号 60、65、70、75、80、85 的优质碳素结构钢，屈服点高、硬度高，宜制作弹性元件，如各种螺旋弹簧、板簧，以及耐磨零件、弹簧垫圈、轧辊等。

牌号 15Mn、20Mn、25Mn、30Mn、35Mn、40Mn、45Mn、50Mn、60Mn、65Mn、70Mn 的优质碳素结构钢，强度高、耐磨性好，宜制作渗碳件、受磨损零件及要求强度稍高的零件、较大尺寸的各种弹性元件等。

3）碳素工具钢

这类钢的编号原则是在"碳"或"T"字符的后面附以数字来表示，数字是以千分数表示碳质量分数。例如，钢号 T8、T12 分别表示平均碳质量分数为 0.80% 和 1.20% 的碳素工具钢。若为高级优质碳素工具钢，则在钢号末端附以"高"或"A"字符，如 T12A 等。碳素工具钢用于制造各种刃具、模具、量具等，一般属于高碳钢，其牌号及化学成分见表 3-1-1。以上各种碳素工具钢均需进行适当的热处理后才能加以使用。

表 3-1-1　碳素工具钢的牌号及化学成分

序号	牌号	化学成分/（%）				
		C	Mn	Si	S	P
1	T7	0.65～0.75	<0.40	≤0.35	≤0.03	≤0.35
2	T8	0.75～0.84				
3	T8Mn	0.80～0.90	0.40～0.60			
4	T9	0.85～0.94				
5	T10	0.95～1.04				
6	T11	1.05～1.14	≤0.40			
7	T12	1.15～1.24				
8	T13	1.25～1.35				
9	T7A	0.65～0.75	≤0.40	≤0.35	≤0.02	≤0.03

续表

序号	牌号	化学成分/(%)				
		C	Mn	Si	S	P
10	T8A	0.75~0.84				
11	T8MnA	0.80~0.90	0.40~0.60			
12	T9A	0.85~0.94				
13	T10A	0.95~1.04				
14	T11A	1.05~1.14	≤0.40			
15	T12A	1.15~1.24				
16	T13A	1.25~1.35				

注:(1) 平炉冶炼的钢的硫含量:优质钢 $\omega_S \leq 0.035\%$,高级优质钢 $\omega_S \leq 0.025\%$。

(2) 钢中允许残余元素含量:$\omega_{Cr} \leq 0.25\%$;$\omega_{Ni} \leq 0.20\%$;$\omega_{Cu} \leq 0.30\%$。

碳素工具钢具体用途如下。

(1) T7、T7A 用于制造硬度较高、韧性较好的受冲击工具,如模垫、铆钉模、顶尖、剪刀、铁锤、小尺寸冷冲模等。

(2) T8、T8A、T8Mn、T8MnA 用于制造需要足够韧性和较高硬度的工具,如木工工具、锉刀、冲头、锯条、剪刀、钻凿工具等。

(3) T9、T9A 用于制造略具韧性但高硬度的工具,如各种冷冲模、冲头、木工工具等。

(4) T10、T10A 用于制造不受突然冲击的锋利工具、刀具,如锉刀、刮刀、要求不高的丝锥等。T11、T11A 除与 T10 用途相同外,还可用于制造刻锉刀纹的凿子、钻岩石的钻头等。

(5) T12、T12A、T13、T13A 用于制造高硬度、耐磨的工具,如刮刀、低速切削的丝锥、钟表工具、剃刀、低精度量具、外科医疗工具等。

三、合金钢的分类、牌号及常用合金钢的性能和用途

1. 合金钢的分类

合金钢分类的方法有以下三种。

(1) 按所含合金元素总量多少分类,合金钢可分为低合金钢(合金总量少于 5%)、中合金钢(合金总量为 5%~10%)和高合金钢(合金总量大于 10%)。

(2) 按正火或铸造状态的组织类型分类,又可分为贝氏体钢、马氏体钢、铁素体钢、奥氏体钢及莱氏体钢。

(3) 按用途分类,可分为合金结构钢、合金工具钢和特殊性能钢,如图 3-1-6 所示。

2. 合金钢的牌号

钢的编号原则是用简明确切的符号和数字将钢中各组成元素的大致含量表示出来,有的还可以反映钢的性能和用途特征,其优点是易识易记。我国规定合金钢的编号方法主要有以下四种。

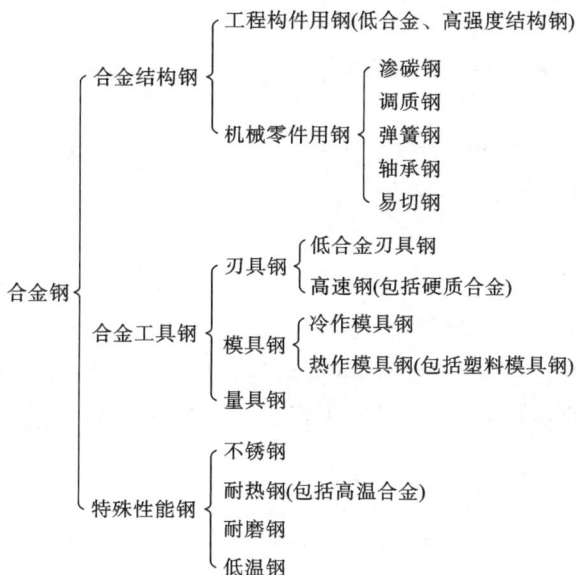

图 3-1-6　合金钢按用途分类图

1) 合金结构钢

基本形式为"两位数字+元素符号+数字+…",其前两位数字表示平均碳质量分数的万倍($\omega_C \times 10000$);元素符号后面的数字为该元素平均质量分数的百倍($\omega_{AE} \times 100$)。当其 $\omega_{AE} < 1.5\%$ 时,只标出元素符号,而不标明数字;当平均碳质量分数 $\omega_{AE} \geqslant 1.5\%$、$2.5\%$、$3.5\%$、$4.5\%$……时,相应标注为 2、3、4、5……,如 18Cr2Ni4W 表示平均成分为 $\omega_C = 0.18\%$,$\omega_{Cr} = 2\%$,$\omega_{Ni} = 4\%$,$\omega_W < 1.5\%$。若 S、P 含量达到高级优质钢标准,则在钢号后加"A",如 38CrMoAlA;若达到特级优质标准,则在钢号后加"E"。

低合金高强度结构钢的编号规则与普通碳素结构钢相同。低合金高强度结构钢的牌号由代表屈服强度的汉语拼音首字母"Q"、屈服强度数值、质量等级符号(A、B、C、D、E,从 A 至 E,钢中磷的含量逐级减少)三个部分按顺序排列。例如,Q390A 表示屈服强度为 390 MPa 的 A 级低合金高强度结构钢。

Q345A(原 16Mn)钢是典型的低合金高强度结构钢,其生产最早、产量最大、低温性能较好,可以在 $-40\ ℃ \sim 450\ ℃$ 范围内使用。GB/T 1591—2018 为《低合金高强度结构钢》标准,其中增加了 Q500、Q550、Q620、Q690 四个牌号,取消了 Q295 牌号。

2) 合金工具钢

合金工具钢编号方法与合金结构钢相似,合金工具钢的牌号以碳的质量分数、合金元素符号及其理论质量百分比表示。基本形式为"一位数字(或无数字)+元素符号+数字+…",其第一位数字表示平均碳质量分数的千倍($\omega_C \times 1000$),而且,当平均碳质量分数 $\omega_C \geqslant 1.0\%$ 时,钢号中不标出数字而元素符号以后的内容规定与合金结构钢的相同。例如,9SiCr 表示平均成分为 $\omega_C = 0.9\%$,$\omega_{Si} < 1.5\%$,$\omega_{Cr} < 1.5\%$;CrWMn 表示平均成分为 $\omega_C \geqslant 1.0\%$,$\omega_{Cr} < 1.5\%$、$\omega_W < 1.5\%$、$\omega_{Mn} < 1.5\%$。$\omega_C < 1.0\%$ 时,将碳的质量分数以钢质量的千分之一为单位标在牌号的前面。CrWMn 钢表示 $\omega_C \geqslant 1.0\%$,而铬、钨、锰等合金元素的名义质量百分数

均小于 1.5%(可不标出)。又如,9Mn2V 钢表示 $\omega_C = 0.9\%$,$\omega_{Mn} = 2\%$,并含有微量钒元素。

合金工具钢均属于高级优质钢,但钢号后不加"A"。

3)特殊性能钢

这类钢中的不锈钢、奥氏体型和马氏体型耐热钢与合金工具钢的编号规则基本一致。但当不锈钢中的 $\omega_{Cr} < 0.09\%$ 或 $\omega_C \leqslant 0.03\%$ 时,应分别标注"0"或"00",如 0Cr18Ni12Mo2Cu2 和 00Cr12 铁素体型不锈钢。

4)编号例外的钢

(1)合金结构钢中的滚动轴承钢。

在钢号前加"G"("滚"字汉语拼音首字母),其后数字表示平均铬的质量分数的千倍($\omega_{Cr} \times 1000$),而平均碳质量分数 $\omega_C > 1.0\%$ 时不标出。例如,GCr15、GCr9 钢中铬的质量分数分别为 1.5% 和 0.9%。

(2)合金工具钢中的高速钢。

例如,W18Cr4V、W6Mo5Cr4V2 等,它们的平均碳质量分数大多小于 1.0%,但不标明其数字;而合金元素含量与合金工具钢的编号方法相同,如 W18Cr4V 表示平均成分为 $\omega_C = 0.7\% \sim 0.8\%$,$\omega_W = 18\%$,$\omega_{Cr} = 4\%$,$\omega_V < 1.5\%$。

(3)易切削钢。

仅在钢号前加"Y"("易"字汉语拼音首字母),其中碳和合金元素含量均与结构钢编号法则一致。例如,Y40CrSCa 表示易切削钢的平均成分为 $\omega_C = 0.4\%$,$\omega_{Cr} < 1.5\%$,S、Ca 为易切削元素($\omega_S = 0.05\% \sim 0.3\%$,$\omega_{Ca} < 0.015\%$)。

3. 常用合金钢的性能和用途

1)合金结构钢的性能和用途

(1)低合金高强度结构钢的性能和用途。

低合金高强度结构钢用于桥梁、车身、船体等金属结构,对材料的主要要求是比强度(强度与密度之比)高,以减轻结构的自重;还要求有足够的塑性和韧性,以保证安全。

低合金高强度结构钢的成分设计要点是:以低碳($\omega_C < 0.2\%$)保证钢具有足够的塑性和韧性;加入锰元素等,从而细化晶粒,以提高材料的比强度。这类钢中加入合金元素的总量 $\omega_{Mn} < 3\%$,而强度比相应的碳素结构钢提高 10% ~ 30%。

低合金高强度结构钢通常以热轧、正火或淬火加回火等状态供应。在供应状态下使用不再进行热处理。

部分低合金高强度结构钢的牌号及用途如表 3-1-2 所示。

表 3-1-2　部分低合金高强度结构钢的牌号及用途

牌号	用途
Q345	用于制造船舶、铁路车辆、桥梁、管道、锅炉、低温压力容器、石油贮罐、起重及矿山机械、电站设备、厂房钢架等
Q390	用于制造中高压锅炉汽包、中高压石油化工容器、大型船舶、桥梁、车辆、压力容器、起重机及其他较高载荷的焊接结构件等

续表

牌号	用途
Q420	用于制造矿山机械、大型船舶、桥梁、电站设备、起重机械、机车车辆、中压或高压锅炉及容器的大型焊接结构件等
Q460	用于制造大型工程结构件和工程机械;经淬火加回火后,可用于制造大型挖掘机、起重机运输机械、钻井平台等

（2）合金渗碳钢的性能和用途。

汽车齿轮一类零件的工作条件比较恶劣,轮齿表面承受强烈的摩擦和磨损,又经常承受冲击载荷。这类零件要求工作表面具有高硬度、高耐磨性,心部则要求良好的塑性和韧性。为此,设计制造了合金渗碳钢。

合金渗碳钢的成分设计要点是:以低碳($\omega_C < 0.25\%$)保证零件心部具有良好的塑性和韧性;通过加入一定量的合金元素铬、锰、镍等元素,提高钢的淬透性;通过加入微量的钛、钒、钨、钼等元素,形成稳定的合金碳化物,以细化晶粒。

合金渗碳钢的热处理工艺设计要点是:通过渗碳使工件表层 $\omega_C = 0.8\% \sim 1.05\%$,成为高碳钢;工件成形前应通过正火提高硬度,改善钢的可加工性;渗碳后应淬火并低温回火,使表层获得高硬度、高耐磨性的回火马氏体与合金碳化物的复相组织。若心部淬透,回火后则形成低碳回火马氏体组织;若心部未淬透,回火后则形成由少量低碳马氏体、托氏体与铁素体组成的复相组织。因此,工件的心部具有良好的塑性和韧性。

合金渗碳钢中合金元素的量不同,淬透性也不同,其可以分为低透性、中透性、高淬透性三类。常用合金渗碳钢的牌号及用途如表 3-1-3 所示。

表 3-1-3　常用合金渗碳钢的牌号及用途

类别	牌号	用途举例
低淬透性	15Cr	用于制造截面较小、心部具备较高强度和韧度、表面需承受磨损的零件,如齿轮、凸轮、活塞、活塞环、万向节、轴等
	20Cr	用于制造截面积在 30 mm² 以下,形状复杂,心部具备较高强度、工作表面需承受磨损的零件,如机床变速箱齿轮、凸轮、蜗杆、活塞销、爪形离合器等
	20CrV	用于制造截面较小、心部要求具备较高强度、工作表面要求高硬度、高耐磨性的零件,如齿轮、活塞销、小轴、传动齿轮、顶杆等
	20MnV	用于制造锅炉、高压容器、大型高压管道等较重载荷的焊接结构件,使用温度上限 450～475 ℃,也可用于制造冷拉、冲压零件,如活塞销和齿轮等
中淬透性	20Mn2	代替 20Cr 钢,用于制造渗碳的小齿轮、小轴,低要求的活塞销、气门推杆、变速器操纵杆等
	20 CrNi3	用于制造在高载荷条件下工作的齿轮、蜗杆、轴、螺杆、双头螺柱、销钉等

类别	牌号	用途举例
中淬透性	20CrMnTi	在汽车、拖拉机工业中,用于制造截面积在 30 mm² 以下、承受高速、中等或重载荷以及受冲击、摩擦的重要渗碳件,如齿轮、轴、齿轮轴、爪形离合器和蜗杆等
	20Mn2B	用于制造截面较大、形状较简单、受力不复杂的渗碳件,如轴套、齿轮、离合器、转向轴、调整螺栓等
	20MnVB	用于制造模数较大、载荷较重的中小渗碳件,如重型机床上的齿轮、轴,汽车后桥的主动齿轮和从动齿轮等
低淬透性	20Cr2Ni4	用于制造大截面渗碳件,如大型齿轮和轴等
	18Cr2Ni4WA	用于制造大截面、高强度、较好韧度以及缺口敏感性低的重要渗碳件,如大截面的齿轮、传动轴、曲轴、花键轴、活塞销,以及精密机床上控制进刀的蜗轮等

(3) 合金调质钢的性能和用途。

机床主轴一类零件的工作比较平稳,没有汽车齿轮承受的那种冲击载荷,但受力情况比较复杂,要求具有良好的综合力学性能。为此,设计制造了合金调质钢。

合金调质钢的成分设计要点是:以中碳($w_c = 0.25\% \sim 0.50\%$)避免钢的强度不足及脆性断裂;通过加入一定量的合金元素锰、铬、镍、硅等元素,提高钢的淬透性;通过加入钼、钨、钒、钛等元素,形成稳定的合金碳化物,以细化晶粒及提高耐回火性。

合金调质钢的热处理工艺设计要点是:通过对工件进行淬火与高温回火(调质),获得良好综合力学性能的回火索氏体组织;若要求零件表面具有高硬度、高耐磨性,可进行表面淬火处理。

合金调质钢中合金元素的量不同,其淬透性也不同,据此可将其分为低淬透性、中淬透性、高淬透性三类。常用合金调质钢的牌号及用途如表 3-1-4 所示。

表 3-1-4   常用合金调质钢的牌号及用途

类别	牌号	用途举例
低淬透性	40Cr	用于制造承受中等载荷和中等速度工作下的零件,如汽车后半轴及机床上的齿轮、轴、花键轴、顶尖套等
	40Mn2	用于制造轴、半轴、活塞杆、连杆、螺栓等
	42SiMn	在高频感应淬火及中温回火状态下制造中速、载荷中等的齿轮;调质后,在高频感应淬火及低温回火状态下,制造表面要求高硬度、较高耐磨性、较大截面的零件,如主轴、齿轮等
	40MnB	代替 40Cr 钢制造中、小截面重要调质件,如汽车半轴、转向轴、蜗杆以及机床主轴、齿轮等
	40MnVB	代替 40Cr 钢制造汽车、拖拉机和机床上的重要调质件,如轴、齿轮等

续表

类别	牌号	用途举例
中淬透性	35CrMo	通常用作调质件,也可在高、中频感应淬火或常规淬火、低温回火后用于高载荷下工作的重要结构件,特别是承受冲击、振动、弯曲、扭转载荷的机件,如主轴、大电动机轴、曲轴、锤杆等
	40CrMn	用于制造在高速、重载荷下工作的齿轮轴、齿轮、离合器等
	30CrMnSi	用于制造重要用途的调质件,如高速、重载荷的砂轮轴、齿轮、轴、螺母、螺栓、轴套等
	40CrNi	用于制造截面较大、较重载荷的零件,如轴、连杆、齿轮轴等
	38CrMoAl	高级氮化钢,常用于制造磨床主轴、自动车床主轴、精密丝杠、精密齿轮、高压阀门、压缩机活塞杆、橡胶及塑料挤压机上的各种耐磨件
高淬透性	40CrMnMo	用于制造截面较大、高强度和高韧度的调质件,如8 t卡车的后桥半轴、齿轮轴、偏心轴、车轮、连杆等
	40CrNiMoA	用于制造韧度高、强度高及大尺寸的重要调质件,如重型机械中等、重载荷的轴类、大直径齿轮、叶片、曲轴等
	25Cr2Ni4WA	用于制造200 mm以下要求淬透的零件

（4）合金弹簧钢的性能和用途。

弹簧一类零件在冲击、振动和周期性弯扭等交变应力下工作。为了吸收冲击能量及缓和冲击振动,要求弹簧具有高的规定塑性延伸强度,尤其是较高的屈强比。为此,设计制造了合金弹簧钢。

屈强比是指金属材料屈服强度与抗拉强度之比。屈强比高表示材料的强度得到了比较充分的发挥。

合金弹簧钢的成分设计要点是:以中高碳($\omega_C = 0.5\% \sim 0.7\%$)保证钢具有足够的规定塑性延伸强度,通过加入一定量的合金元素铬、锰、硅等元素,提高钢的淬透性。

合金弹簧钢的热处理工艺设计要点是:通过对弹簧进行淬火与中温回火,获得规定塑性延伸强度高的回火托氏体组织。截面积≥8 mm^{2}的大型弹簧在热态下成形,即把钢加热到比淬火温度高50～80 ℃热卷成形,利用成形后的余热立即淬火与中温回火。截面<8 mm^{2}的弹簧常采用冷拉钢丝冷卷成形,通常也进行淬火与中温回火处理或去应力退火处理。常用合金弹簧钢的牌号及用途如表3-1-5所示。

表 3-1-5　常用合金弹簧钢的牌号及用途

牌号	用途举例
55Si2Mn	用于制造汽车、拖拉机、机车上的减振板簧和螺旋弹簧、气缸安全阀、电力机车用升弓钩弹簧,止回阀簧,还可制造250 ℃以下使用的耐热弹簧
55Si2MnB	
60Si2Mn	

续表

牌号	用途举例
55SiMnVB	代替 60Si2Mn 钢,用于制造重型、中型、小型汽车的板簧和其他中等截面的板簧和螺旋弹簧
60Si2CrA	用于制造承受高应力及工作温度在 300~350 ℃以下的弹簧,如调速器弹簧、汽轮机汽封弹簧、破碎机用簧等
55CrMnA	用于制造车辆、拖拉机工业上载荷较重、应力较大的板簧和直径较大的螺旋弹簧
50CrVA	用于制造较大截面的重载荷的重要弹簧,及工作温度<300 ℃的阀门弹簧、活塞弹簧、安全阀弹簧等
30W4Cr2VA	用于制造工作温度≤500 ℃的耐热弹簧,如锅炉主安全阀弹簧和汽轮机汽封弹簧等

(5) 高碳铬轴承钢的性能和用途。

滚动轴承的内外套圈及滚动体在工作时承受很大的交变载荷和极大的接触应力,有严重的摩擦、磨损,要求具有很高的硬度及耐磨性。为此,设计制造了高碳铬轴承钢。

高碳铬轴承钢的成分设计要点是:以高碳(ω_C=0.95%~1.10%)保证钢的硬度及耐磨性;通过加入合金铬元素(ω_{Cr}=0.5%~1.5%),提高钢的淬透性,并使铬碳化物均匀细小。

通过对轴承内外圈及滚动体进行淬火和低温回火,以保证零件的强度、硬度和耐磨性;轴承零件成形之前,应进行球化退火、降低硬度以改善可加工性。常用高碳铬轴承钢的牌号及用途如表 3-1-6 所示。

表 3-1-6　常用高碳铬轴承钢的牌号及用途

牌号	用途举例
GCr9	用于制造一般工作条件下的小尺寸的滚动体和内、外套圈
GCr9SiMn	用于制造一般工作条件下的滚动体和内、外套圈,其广泛应用于汽车、拖拉机、内燃机、机床及其他工业设备上的轴承
GCr15	
GCr15SiMn	用于制造大型轴承或特大型轴承(外径>410 mm)的滚动体和内、外套圈

2) 合金工具钢的性能和用途

按用途进行分类,合金工具钢可分为量具刃具钢、模具钢等。

(1) 量具刃具钢的性能和用途。

按用途不同,量具刃具钢可分为量具钢和刃具钢。

① 量具是指游标卡尺和塞规等。量具测出的数据应准确可靠,这要求量具必须具有高硬度、高耐磨性和良好的尺寸稳定性。为此,设计制造了量具钢。

量具钢的成分设计要点是:以高碳(ω_C=0.90%~1.50%)保证钢的高硬度、高耐磨性;通过加入合金元素铬、钨、锰等,提高钢的尺寸稳定性。

量具钢的热处理工艺设计要点是:淬火后立即进行深冷处理,然后低温回火,以保证量具尺寸的稳定性。对高精度量具,在淬火回火后还要进行一次稳定化处理。稳定化处理是指稳定组织、消除残余应力,以使工件形状和尺寸变化保持在规定范围内而进行的任何一种热处理工艺。

合金工具钢、高碳铬轴承钢、碳素工具钢、渗碳钢等都可以作为量具钢使用。对于高精度且形状复杂的量具,常采用微变形合金工具钢(如 CrWMn 等)制造。

② 切削加工时,刀具与工件之间存在着严重的摩擦和磨损,工作温度较高,要求刃具材料具有高硬度、高耐磨性和耐热性。为此,设计制造了刃具钢。

刃具钢的成分设计要点是:以高碳($\omega_C = 0.75\% \sim 1.5\%$)保证钢的高硬度和高耐磨性;通过加入合金元素铬、硅、锰、钒等,提高其淬透性及耐回火性。刃具钢在 $200 \sim 300$ ℃时,洛氏硬度可保持在 60 HRC 以上。

刃具钢的热处理工艺设计要点是:通过对刃具进行淬火并低温回火,以保证其硬度和耐磨性要求;刃具成形前应进行球化退火,以改善其切削加工性能。常用刃具钢的牌号及用途如表 3-1-7 所示。

表 3-1-7 常用刃具钢的牌号及用途

牌号	用途举例
9SiCr	用于制作板牙、丝锥、钻头、铰刀、冲模等
9Mn2V	用于制作丝锥、板牙、冲模、量具、样板等
CrWMn	用于制作板牙、拉刀、丝锥、量规、形状复杂的高精度冲模等

(2) 模具钢的性能和用途。

根据工作条件不同,模具钢可分为冷作模具钢和热作模具钢。冷作模具钢是指使工件在冷态下成形的模具钢;热作模具钢是指使工件在热态下成形的模具钢。

冷作模具(如冲模、冷挤压模等)工作时,承受复杂的应力、摩擦或冲击。因此,对冷作模具钢的要求与刃具钢类似。

热作模具(如热锻模等)工作时,使炽热的金属在锻压力作用下强制成形,模面受到强烈摩擦、冲击力或压力。由于热作模具工作温度为 $400 \sim 600$ ℃,又常需要喷水冷却,易产生热疲劳裂纹(受冷热交替作用导致模具工作表面产生的裂纹)。因此,热作模具钢的成分类似于合金调质钢,但要通过加入铬、钨、锰等元素提高钢的相变点,以便在冷热交替作用时不发生密度变化较大的相变,防止产生疲劳裂纹。模具钢具有较高的强度、韧性和良好的耐磨性,并且在 $500 \sim 600$ ℃时力学性能几乎不降低。

3) 高速工具钢的性能和用途

高速工具钢也称为高速钢。高速工具钢刃具可以磨出锋利的刃口,故有锋钢之称。高速工具钢在 $500 \sim 600$ ℃时仍然具有完成切削工作所必需的硬度和耐磨性。

高速工具钢的成分设计要点是:以高碳($\omega_C = 0.7\% \sim 1.65\%$)形成足够的碳化物,保证钢的高硬度、高耐磨性;通过加入合金元素钨、钼、钒等元素,提高钢的耐回火性和耐热性,并造成回火过程中的二次硬化效应;通过加入一定量的铬元素,提高钢的淬透性。

高速工具钢的导热性很差,加热时,必须在 $800 \sim 840$ ℃保温一段时间(预热),然后再加热到淬火温度,以防止其在加热过程中变形、开裂;冷却时,常采用分级淬火方法,防止其在冷却过程中发生变形、开裂。淬火后需进行三次回火才能消除产生的内应力。

四、热处理的方法、目的、过程和应用

整体热处理是对工件整体加热的金属热处理工艺,常用的金属热处理工艺有退火、正火、淬火、回火和表面淬火等五种基本工艺。

1. 退火

机械零件的毛坯一般是通过铸造、锻造或焊接的方法加工而成的,这些毛坯往往不同程度地存在晶粒粗大、加工硬化、内应力较大等缺陷。为了克服铸、锻、焊后所遗留的一系列缺陷,为后续工序做好组织和性能上的准备,一般在毛坯生产后、切削加工前进行的退火或正火处理称为预备热处理。

退火是指将钢加热到 A_{c3}(或 A_{c1})以上的一定温度,或 A_{c1} 以下某一温度,保温一定时间,然后随炉冷却或将工件埋入石灰等冷却能力弱的介质中缓慢冷却到 600 ℃以下,再空冷至室温的热处理工艺。

退火的目的在于:降低钢的硬度、提高塑性,以利于切削加工及冷变形加工;细化晶粒,均匀组织及成分,改善钢的性能,为以后热处理做准备;消除钢中的残余内应力,以防止变形和开裂。

根据退火目的不同,常用的退火工艺方法主要有完全退火、等温退火、球化退火、扩散退火、再结晶退火及去应力退火等。

1) 完全退火

完全退火是指钢铁加热到 A_{c3} 以上 20~40 ℃,保温一定时间,经过完全奥氏体化后随炉或埋入石灰等介质中缓慢冷却至 500 ℃以下,然后空冷,以获得近于平衡组织的热处理工艺。其主要特点是在退火过程中进行完全重结晶,所以,完全退火又称为重结晶退火。所得到的室温组织为铁素体和珠光体。其主要作用和目的是细化晶粒、均匀组织、降低硬度,改善钢的切削加工性,同时还可消除内应力。

在机械制造中,完全退火主要适用于含碳量为 0.3%~0.6% 的中碳钢及中碳合金钢铸件、锻件、热轧件及焊接件等,低碳钢和过共析钢不宜采用此工艺。这是因为:低碳钢完全退火后硬度偏低,不利于切削加工;过共析钢完全退火、缓慢冷却后,渗碳体有充分的时间析出,大量的渗碳体在晶界上连成网状,导致钢的硬度不均匀、塑性和韧度显著降低。

2) 等温退火

等温退火是指将钢件加热到 A_{c3}(或 A_{c1})以上某个温度,保温后较快地冷却到珠光体转变区的某一温度(一般为 600~680 ℃)并等温保持,使奥氏体转变为珠光体型组织,然后在空气中冷却的退火工艺。

等温退火的转变较易控制,能获得均匀的预期组织。同时,对于奥氏体较稳定的合金钢可大大缩短退火时间,一般只需完全退火 1/2 左右的时间。等温退火适合于高碳钢、中碳合金钢、经渗碳处理的低碳合金钢和某些高合金钢的大型铸件、锻件及冲压件等。

3）球化退火

球化退火是指使钢中碳化物球状化的热处理工艺。退火后获得的组织为铁素体基体上分布着细小均匀的球状渗碳体，即球状珠光体组织。

球化退火的目的是降低硬度、提高塑性、改善切削加工性能，以及获得均匀组织、改善热处理工艺性能，为以后的淬火做准备。球化退火主要适用于过共析钢、共析钢，如工具钢、滚动轴承钢等。

球化退火一般随炉加热，加热温度略高于 A_{c1}（在 A_{c1} 以上 $10\sim20$ ℃），以便保留较多的未溶碳化物粒子和较大的奥氏体碳浓度分布不均匀性，促使碳化物形成。若加热温度过高，二次渗碳体易在慢冷时以网状形式析出。另外，球化退火需要较长的保温时间来保证二次渗碳体的自发球化。保温后随炉冷却，在通过 A_{r1} 温度范围时，应足够缓慢，以使奥氏体在进行共析转变时以未溶渗碳体粒子为核心形成粒状渗碳体。

在球化退火前，若钢的原始组织中有明显的网状渗碳体，则应先进行正火处理。

4）扩散退火

扩散退火是指将钢锭、铸件或锻坯加热至略低于固相线的温度下长时间保温，然后缓慢冷却以消除化学成分不均匀现象的热处理工艺，该工艺又称为均匀化退火。其主要作用是消除铸锭或铸件在凝固过程中产生的成分偏析，使成分和组织均匀化。

扩散退火的加热温度高、保温时间长，所以加工效率低、成本高，也容易产生粗晶、氧化、脱碳等缺陷。因此，扩散退火只用于一些优质合金钢及偏析较严重的合金钢铸件及钢锭，并且扩散退火后一般需进行一次完全退火或正火，以细化晶粒、消除缺陷。

5）再结晶退火

再结晶退火是指把冷变形后产生加工硬化的金属加热到再结晶温度以上保温适当的时间，使变形晶粒重新转变为均匀等轴晶粒，从而消除加工硬化的热处理工艺。

再结晶退火的主要作用是消除加工硬化，降低强度和硬度，使钢的力学性能恢复到冷变形前的状态。再结晶温度与材料的熔点有关，钢的再结晶温度约为 450 ℃，铝合金的再结晶温度约为 100 ℃。再结晶温度还与变形程度有关，一般来说，形变量越大，再结晶温度越低。

6）去应力退火

去应力退火是指将工件随炉缓慢加热至 $500\sim650$ ℃，保温一定时间后，又随炉缓慢冷却的一种热处理工艺。由于这种退火不发生相变，主要作用和目的是减小和消除工件在铸造、锻造、焊接、切削、热处理等加工过程中产生的残余内应力，稳定工件的尺寸，防止工件的变形。其主要工艺特点是加热温度低、保温时间长，因而该工艺又称为低温退火。

2. 正火

1）正火工艺及应用

正火是指把钢件加热到 A_{c3}（或 A_{cc}）以上的一定温度，经适当保温，使钢全部奥氏体化后在空气中冷却，得到较细珠光体组织（珠光体、索氏体或托氏体）的热处理工艺。

正火与退火的目的基本相同，可认为正火是退火的特殊形式。其主要区别为：退火是随炉冷却，而正火则为空冷。由于正火的冷却速度比退火稍快，故正火钢的组织较细一些，珠光体的分散度大一些,铁素体的含量少一些,从而它的强度、硬度也较退火钢的高。

正火的应用主要有以下几个方面。

(1) 用于低碳钢($\omega_C < 0.25\%$),作为中间热处理,以提高硬度,防止"黏刀"现象,改善切削加工性能。

(2) 用于中碳钢,可降低加工的表面粗糙度;若用它代替退火,可以得到满意的力学性能并能缩短生产周期,降低成本。

(3) 用于高碳钢,能破坏渗碳体网,为球化退火做必要的准备。

(4) 由于正火一般得到细珠光体或索氏体组织,性能较好,故对于不很重要的或截面较大的碳钢工件,常用正火代替调质作为最终热处理。这样既可降低成本、减少废品,又可获得满意的力学性能。

2) 正火的选择

正火与退火在某种程度上虽然有相似之处,但在实际选用时仍有不同之处,应从以下四个方面考虑。

(1) 从切削加工件考虑:一般认为硬度为 170～230 HBS 的钢材,其切削加工性较好。低碳钢宜正火,而高碳钢宜退火。

(2) 从使用性能考虑:对亚共析钢来说,正火比退火具有更好的力学性能,如果零件的性能要求不高或截面较大,可用正火作为最终热处理。

(3) 从经济考虑:正火比退火生产周期短、成本低、操作方便,故在可能条件下应优先采用正火。

(4) 从结构形状考虑:大型及结构复杂的铸件宜用退火,以防止正火产生较大内应力而发生裂纹。

3. 淬火

淬火是将工件加热到 A_{c3}(或 A_{c1})以上某一温度保持一定时间,然后以适当速度冷却获得马氏体或贝氏体组织的热处理工艺。淬火的主要目的是获得马氏体或贝氏体组织,以便在随后不同温度回火后获得所需要的性能。

在机械制造中,多数零件都需要通过淬火与回火来获得所要求的组织、性能,因此,常把淬火+回火称为最终热处理。淬火可以显著提高钢的强度和硬度,是赋予钢件最终性能的关键性工序。

钢的淬火包括两种:一种是等温淬火,目的是获得贝氏体;另一种是普通淬火,目的是获得马氏体。通常所提到的淬火是指普通淬火。有了这种组织之后,就可以利用回火来调整它的强度、硬度、塑性、韧性,以获得所需要的性能。

1) 淬火工艺

淬火质量取决于淬火的三个要素,即加热温度、保温时间和冷却速度。

(1) 加热温度。

确定淬火温度的原则是获得均匀细小的奥氏体,依据是 Fe-Fe$_3$C 相图中钢的临界点。

亚共析钢的淬火加热温度一般确定为 A_{c3} 以上 30～50 ℃,使钢完全奥氏体化,淬火后获得全部马氏体组织。若淬火加热温度为 $A_{c_3} \sim A_{c_1}$，则淬火组织中除马氏体外，还保留一部分铁素体，使钢的硬度和强度降低；但淬火温度也不能超过 A_{c_3} 过多，以防奥氏体晶粒粗化，淬火后获得粗大的马氏体，会降低钢的韧度。

共析钢、过共析钢的淬火加热温度一般为 A_{c_1} 以上 30～50 ℃，得到奥氏体和部分二次渗碳体，淬火后得到马氏体（共析钢）或马氏体加渗碳体（过共析钢）组织。若淬火加热温度超过 A_{ccm}，一方面由于奥氏体中的含碳量增加，淬火后残余奥氏体量增多，从而使钢的硬度和耐磨性降低；另一方面会导致奥氏体晶粒粗化，淬火后易得到含显微裂纹的粗片状马氏体，使钢的脆性增大。

（2）保温时间。

确定淬火加热时间的原则是使工件烧透，保证工件内外温度一致，奥氏体化过程充分，奥氏体均匀细小。加热保温时间主要根据钢的成分特点、加热介质和零件尺寸来确定。钢的含碳量越高，含合金元素越多，导热性就越差，因此，保温时间就越长。

（3）冷却速度。

为了获得马氏体组织，工件在淬火冷却时必须有足够快的冷却速度。实际冷却速度必须大于该钢的临界淬火冷却速度。但冷却速度过大会导致工件淬火内应力增大、工件变形甚至开裂，故淬火介质的选择尤为重要。

　2）淬火介质及淬火方法

淬火介质的冷却能力决定了工件淬火时的冷却速度。为减小淬火应力，防止工件变形甚至开裂，在保证材料淬火中过冷奥氏体只发生马氏体转变而不发生其他组织转变的前提下，应尽量选用冷却能力弱的冷却介质。同时，淬火介质应根据零件传热系数大小、淬透性、尺寸、形状等进行选择。

理想的淬火冷却介质是在 C 曲线"鼻温"以上冷却能力强，而在"鼻温"以下冷却能力弱，这样既可保证得到马氏体组织，又可减小淬火应力。常用的淬火冷却介质有水（或水溶液）、油、盐浴等。

水是常用的淬火介质，在 C 曲线"鼻温"以上和以下都具有很强的冷却能力，工件容易获得马氏体组织，但水在低温时的冷却速度过快，会产生较大的淬火应力，易引起工件变形和开裂。常用水作为临界淬火冷却速度较大的碳素钢和某些低合金钢工件的淬火介质。

油类淬火介质有矿物油（如 10 号、20 号机油）和植物油（如菜油、豆油）两类，也是常用的淬火冷却介质。油类淬火介质的冷却能力比水差，特别是在 200～300 ℃内冷却速度比水低得多，因此，能减小工件的淬火应力，防止工件变形和开裂。常用油类作为临界淬火冷却速度较低的合金钢和某些小型复杂碳素钢件的淬火介质。实际生产中，碳钢一般用水作淬火介质，合金钢一般用油作淬火介质，而盐浴一般用于等温淬火。

此外，还有一些效果好甚至特性近于理想的新型淬火介质，如水玻璃-苛性碱淬火介质、氯化锌-苛性碱淬火介质、过饱和硝酸盐水溶液淬火介质和合成火剂等。

为了保证工件淬透，同时防止变形和开裂，应根据材料的种类，工件的形状、尺寸和技术要求，选择正确的淬火冷却方法。常用的淬火方法有单介质（水、油、空气）淬火、双介质淬火、分级淬火和等温淬火等。

3）钢的淬透性与淬硬性

（1）淬透性。

钢的淬透性是指钢材被淬透的能力，是表征钢材淬火时获得马氏体能力的特性，以钢在一定淬火条件下得到的马氏体深度来表示，深度越大，淬透性越好。

淬透性主要取决于其临界冷却速度的大小，而临界冷却速度则主要取决于过冷奥氏体的稳定性，因此，淬透性的高低取决于钢的过冷奥氏体的稳定性。过冷奥氏体的稳定性越高，淬透性越好；反之，淬透性越差。影响淬透性的因素很多，凡是使钢的温度曲线向右移的因素，均能提高钢的淬透性，具体如下。

① 钢的化学成分。合金元素（除 Co 外）可提高淬透性。

② 奥氏体晶粒度。奥氏体晶粒尺寸增大，可提高淬透性。

③ 奥氏体化温度。提高奥氏体化温度，不仅能使奥氏体晶粒粗大，促使碳化物及其他非金属夹杂物掺入，而且能使奥氏体成分均匀化，并能提高过冷奥氏体稳定性，从而提高淬透性。

④ 第二相及其分布。奥氏体中未熔的非金属夹杂物和碳化物的存在，以及其大小和分布，影响过冷奥氏体的稳定性，从而影响淬透性。

在所有的影响因素中，合金元素及其含量对钢的淬透性影响最大，一般来说，合金钢的淬透性优于碳素钢。

钢的淬透性对于合理选用钢材，正确制定热处理工艺都具有非常重要的意义。例如，对于大截面、形状复杂的工件，以及承受轴向拉压的连杆、螺栓、锻模等要求表面和心部性能均匀一致的零件，应选用淬透性良好的钢材，以保证心部淬透；而对于承受弯曲、扭转应力（如轴类）及表面要求耐磨并承受冲击力的零件，因应力主要集中在表面，可不淬透；焊接件一般不选用淬透性好的钢，否则在焊接和热影响区会出现淬火组织，造成焊件变形、开裂。

碳素钢的导热能力强，临界淬火冷却速度快，淬透性较差，一般采用冷却能力强的淬火介质；合金钢的导热能力弱，临界淬火冷却速度慢，淬透性较好，一般采用冷却能力弱的淬火介质，这对减小淬火应力、变形和开裂十分有利，尤其对形状复杂和截面尺寸变化大的工件更为重要。

（2）淬硬性。

钢的淬硬性是指钢能够淬硬的程度，也就是钢淬火后得到的马氏体的硬度的高低。它是指钢在正常淬火条件下可能达到的最高硬度。马氏体是含碳量过饱和的间隙式固溶体，碳的过饱和程度越高，则马氏体的硬度越高，所以淬硬性主要取决于钢的含碳量。含碳量越高，加热保温后奥氏体的碳浓度越大，淬火后所得到马氏体中的碳的过饱和程度越大，马氏体的晶格畸变越严重，钢的淬硬性越好。因此，当要求钢的硬度高、耐磨性好时，应选用含碳量高的钢。

钢的淬透性与淬硬性是两个不同的概念。淬硬性好的钢，其淬透性不一定好，两者之间没有必然的联系。

在加热和冷却过程中,加热不足或过度加热、加热过程缺乏保护、升温速度或淬火速度过快等原因可能会导致零件淬火后硬度不足、脆性过大、变形或开裂等缺陷的产生,需要特别注意。

4. 回火

将淬火零件重新加热到 A_{c1} 以下某一温度,保温一定时间后冷却到室温的工艺称为回火。回火通常是热处理的最后一道工序,淬火后必须及时进行回火。

回火的目的主要是:消除或减小淬火内应力,降低脆性,防止工件变形与开裂;稳定组织,从而稳定工件的形状与尺寸;调整工件的力学性能,以满足其对最终性能(硬度、强度、塑性和韧性等)的要求。

1) 淬火钢在回火时组织和性能的变化

钢经淬火后得到的组织是马氏体和残余奥氏体,都是不稳定组织,在回火过程中会逐步向稳定的铁素体和渗碳体两相组织进行转变。但在室温下,由于原子活动能力很弱,这种转变很难发生。回火加热时,随着回火温度的升高,原子活动能力加强,使组织转变能逐步进行。淬火钢在回火时的组织转变一般分为以下四个阶段。

(1) 马氏体的分解(100~250 ℃)。

在这一温度回火时,从马氏体中分解出与其保持共格关系的过渡相碳化物,使马氏体的过饱和度降低,晶格畸变减轻,内应力明显减小,但钢仍然保持淬火后的高硬度,这种组织称为回火马氏体。

(2) 残余奥氏体的分解(200~300 ℃)。

这一阶段,在马氏体分解的同时,降低了残余奥氏体的压力,其转变为过饱和固溶体与碳化物,也称为回火马氏体。

(3) 回火托氏体的形成(250~400 ℃)。

这一阶段碳原子的析出使过饱和的 α 固溶体转变为铁素体;回火马氏体中的渗碳体转变为粒状渗碳体。这种由铁素体和极细渗碳体组成的机械混合物,称为回火托氏体。

(4) 渗碳体的聚集长大(400 ℃以上)。

当温度高于 400 ℃时,固溶体发生回复与再结晶,同时渗碳体颗粒不断长大。当温度高于 500 ℃时,形成块状铁素体与球状渗碳体的混合组织,称为回火索氏体。钢的硬度、强度不断降低,但韧度却明显提高。

2) 回火方法

根据对工件力学性能的不同要求,按其淬火后采用的不同回火温度,通常将回火分为以下三种。

(1) 低温回火。

回火温度为 150~350 ℃,所得组织为回火马氏体。回火马氏体组织基本保持淬火钢的高硬度(58~64 HRC)、高耐磨性,同时内应力明显降低,减小了钢的脆性。低温回火常用于各种高碳钢,合金工具钢制造的刀具、量具、冷作模具,以及滚动轴承、渗碳件、碳氮共渗件和表面淬火件等淬火后的回火。

（2）中温回火。

回火温度为 350~500 ℃，所得组织为回火托氏体。回火托氏体组织具有较高的弹性极限及一定的韧度，且屈服强度比较高，淬火内应力基本消除。中温回火后硬度一般为 35~50 HRC。中温回火常用于弹性零件（如弹簧、发条、刀杆、轴套）及热作模具等淬火后的回火。一般枪械上使用的弹簧、击针和冲击工具等，多采用淬火后的中温回火。

（3）高温回火。

回火温度为 500~650 ℃，所得组织为回火索氏体。通常把淬火＋高温回火的复合热处理工艺称为调质处理。回火索氏体组织具有强度和硬度都较高且塑性和韧性都较好的综合力学性能，且切削加工性能较好。高温回火后硬度一般为 220~330 HBS。调质处理广泛应用于汽车、拖拉机、机床等承受载荷较大、受力复杂的重要结构零件的回火，如曲轴、连杆、半轴、齿轮、高强度螺栓、轴类及枪（炮）管等。

3）保温时间

钢在回火时的保温时间，一般根据工件材料、尺寸、装炉量和加热方式等因素确定，为 1~3 h。回火后的冷却方式一般为空冷。对某些具有高温回火脆性的合金钢（如含有 Cr、Mn、Ni 等合金元素的钢），在回火后必须快冷（水冷或油冷），以防止韧度下降。

5. 表面淬火

钢的表面淬火是指利用快速加热的方法，把工件表层迅速加热到淬火温度，不等热量传到心部，即进行淬火的工艺，称为表面淬火。表面淬火使工件表层获得细小的马氏体组织，工件具有比较高的硬度和耐磨性，而心部仍为预备热处理后的原始组织，具有足够的强度和韧度，可以满足机床齿轮类零件及轴类零件等对表面和心部的不同性能要求。常用的方法有感应加热表面淬火、火焰加热表面淬火等。

1）感应加热表面淬火

将工件置于用紫铜管（内部通水）绕成的感应线圈内，给感应线圈通入一定频率的交流电以产生交变磁场，于是在工件内部就会产生频率相同、方向相反的感应电流。感应电流在工件内自成回路，称为涡流。感应电流的集肤效应（电流集中分布在工件表层）和热效应使工件表层的温度迅速升高至淬火温度，此时如立即喷水冷却，即可达到表面淬火的目的。因涡流在工件截面上的分布是不均匀的，表面电流密度大，心部几乎为零，如图 3-1-7 所示。

通入线圈的电流的频率越高，涡流越集中于表面层，则淬火后硬层深度越小。生产上通过选用不同电流频率来达到不同要求的硬层深度。根据所用电流的频率不同，感应加热表面淬火可分为以下四类。

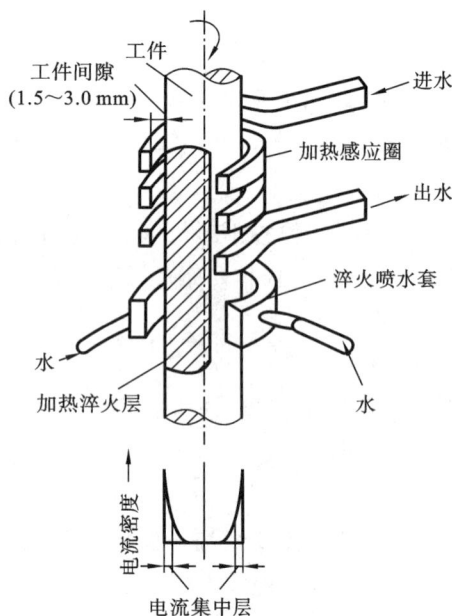

图 3-1-7　感应加热表面淬火示意图

（1）高频（200～300 kHz）感应加热表面淬火。

其淬硬层深度为 0.5～2 mm，主要适用于在摩擦条件下工作的小型零件，如中小模数齿轮、小型轴类件等的表面淬火。

（2）中频（2500～8000 Hz）感应加热表面淬火。

其淬硬层深度为 2～8 mm，主要适用于承受较大载荷和磨损的零件。例如 59 式坦克的传动装置中，10 对齿轮中就有 4 对采用整体调质及表面中频淬火，对于模数大于 5 mm 的齿轮、尺寸较大的曲轴和凸轮轴等零件，都可采用中频或高频表面淬火。

（3）超音频（20～40 kHz）感应加热表面淬火。

其主要用于模数为 3～6 mm 的齿轮及链轮、花键轴、凸轮等零件的表面淬火，能获得 2 mm 以上的淬硬层。

（4）工频（50 Hz）感应加热表面淬火。

不需要专门的变频设备，其淬硬深度可达 10～20 mm，主要用于承受扭曲、压力载荷的大型零件的表面淬火，如冷轧辊、火车车轮等的表面淬火。

感应加热表面淬火的主要优点：加热速度极快，操作迅速，生产效率高；淬火后马氏体晶粒细小，力学性能好；不易产生变形及氧化脱碳。

感应加热表面淬火一般用于中碳钢或中碳合金钢制造的齿轮和轴类零件，如 45 钢、40Cr 钢、40MnB 钢、40CrMnMo 钢等。有时也可用于高碳工具钢或铸铁等工件。对钢件在表面淬火前的预备热处理一般采用正火或调质处理。感应加热表面淬火后需要进行低温回火，以降低淬火内应力。在生产中有时也可采用"自回火"法，即将感应加热好的工件迅速冷却，但不冷透，利用心部余热对淬火表面"自行"加热，以达到低温回火的目的。

2）火焰加热表面淬火

火焰加热表面淬火是使用氧-乙炔（或其他可燃气体）燃烧产生的高温火焰，迅速将工件表面加热到淬火温度，随后进行淬火冷却的热处理工艺，如图 3-1-8 所示。

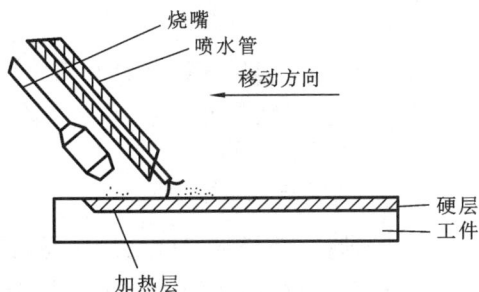

图 3-1-8　火焰加热表面淬火示意图

火焰加热表面淬火的淬硬层深度一般为 2～6 mm。它具有设备简单、工艺灵活、淬火成本较低的特点。但因加热温度和淬硬层深度不易控制，质量不稳定，其使用受到一定的限制。火焰加热表面淬火适用于中碳钢、中碳合金钢及铸铁制成的工件，在单件、小批量生产的情况下，对大型工件（如大模数齿轮、大型轴类、机床导轨、轧辊等）和只需要局部表面淬火的工件应用比较方便。

（1）火焰加热表面淬火的优点如下：

① 设备简单、使用方便、成本低；

② 不受工件体积大小的限制，可灵活移动使用；

③ 淬火后表面清洁，无氧化、脱碳现象，变形也小。

(2) 表面淬火的缺点如下:

① 表面容易过热;

② 较难得到小于 2 mm 的淬硬层深度,只适用于火焰喷射方便的表层上;

③ 所采用的混合气体有爆炸危险。

五、铸铁的分类、牌号、用途

铸铁是由生铁、废钢和铁合金按比例配合冶炼而成的产品,可铸造各种机械的零部件。

1. 分类

1) 按化学成分分类

这种分类主要依据其碳、硅含量以及合金元素的种类和含量。这种分类直接影响铸铁的石墨化程度、基体组织和最终性能,其包含普通铸铁和合金铸铁。

(1) 普通铸铁。

不含或仅含少量合金元素(一般总量<3%)的铸铁称为普通铸铁,主要依靠调整碳、硅含量来控制组织与性能。

① 亚共晶铸铁的成分特点:碳含量 2.0%~4.3%(低于共晶点 4.3%),硅含量 1.0%~3.0%。

② 共晶铸铁,成分特点:碳含量≈4.3%(共晶点),硅含量 1.8%~2.5%。

③ 过共晶铸铁,成分特点:碳含量>4.3%(可达 5.0%),硅含量<1.8%。

(2) 合金铸铁。

合金铸铁通过添加特定合金元素(总量≥3%)显著改善铸铁的耐磨性、耐热性、耐磨蚀性或强度。合金铸铁分为两类:低合金铸铁(合金元素总量 3%~10%)、高合金铸铁(合金元素总量>10%)。

2) 按断口色泽分类

这是一种传统而直观的方法,主要通过观察其断裂面的颜色和状态来判断内部组织与性能。这种分类与铸铁的石墨形态、基体组织及碳的存在形式直接相关,主要分为以下三类。

(1) 白口铸铁。

断口特征:呈银白色(如白瓷),表面光亮且均匀;断口粗糙,呈晶粒状或放射状。渗碳体为反光性强的硬质相,断裂沿晶界发生,形成亮白色的解理面。

(2) 灰口铸铁。

断口特征:呈暗灰色(如石墨色),表面无金属光泽;断口较平整,可见片状石墨痕迹(粗糙但无闪亮点)。片状石墨破坏金属连续性,断裂沿石墨片扩展。

(3) 麻口铸铁。

断口特征:灰白相间,呈斑驳状(俗称"麻点")。白色区域为碳化物,灰色区域为石墨聚集区。渗碳体区域因反光呈白色,石墨区域因吸光呈灰色,从而形成混杂斑驳外观。

3) 按组织性能(主要是石墨形态和基体组织)分类

铸铁可分为灰铸铁、球墨铸铁、蠕墨铸铁、可锻铸铁、白口铸铁。

4）按生产方法分类

不同的生产方法主要影响铸件的凝固速度、晶粒大小和致密度，可将铸造方法分为砂型铸造、金属型铸造、连续铸造、离心铸造。

2. 牌号

铸铁牌号的代号用名称中的特定汉字的首字母表示；牌号中的常规碳、锰、硫、磷等元素的代号及含量，只有在有特殊作用时才进行标注，其含量不小于 1％时用整数表示，其含量小于 1％时一般不标注；代号后面的两组数字，分别表示抗拉强度和伸长率（不用表示时省略），铸铁牌号表示方法如表 3-1-8 所示。

表 3-1-8　铸铁牌号表示方法（GB/T 5612—2008）

铸铁名称	代号	牌号表示方法实例
灰铸铁	HT	
奥氏体灰铸铁	HTA	HTA Ni20Cr2
冷硬灰铸铁	HTL	HTL Cr1Ni1Mo
耐磨灰铸铁	HTM	HTM Cu1CrMo
耐热灰铸铁	HTR	HTR Cr
耐蚀灰铸铁	HTS	HTS Ni2Cr
球墨铸铁	QT	
奥氏体球墨铸铁	QTA	QTA Ni30Cr3
冷硬球墨铸铁	QTL	QTL Cr Mo
抗磨球墨铸铁	QTM	QTM Mn8-30
耐热球墨铸铁	QTR	QTR Si5
耐蚀球墨铸铁	QTS	QTS Ni20Cr2
蠕墨铸铁	RuT	RuT420
可锻铸铁	KT	
白心可锻铸铁	KTB	KTB350-04
黑心可锻铸铁	KTH	KTH350-10
珠光体可锻铸铁	KTZ	KTZ650-02
白口铸铁	BT	
抗磨白口铸铁	BTM	BTM Cr15Mo
耐热白口铸铁	BTR	TRCr16
耐蚀白口铸铁	BTS	BTSCr28

3. 用途

（1）灰铸铁。

具有片状石墨的铸铁，碳含量较高（2.7％～4.0％），强度和塑性较低，具有良好的铸造性、减振性、耐磨性、切削加工性,以及低的缺口敏感性,其用途如表3-1-9所示。

表 3-1-9 灰铸铁的用途

牌号	应用
HT100	用于制造机件盖、外罩、手轮、手把、支架等负荷小的零件
HT150	用于制造泵体、轴承座、阀壳、一般机床底座、床身及其他中等载荷零件
HT200 HT250	用于制造气缸、活塞、齿轮、机体、中等压力油缸、液压泵和阀的壳体、联轴器、齿轮箱外壳、凸轮轴承座等较重载荷和较重要的零件
HT300 HT350	用于制造齿轮、凸轮,车床卡盘、高压油缸、液压泵和滑阀壳体、机床床身、压力机机身等重载荷零件

(2)球墨铸铁。

通过球化和孕育处理生成含有球状石墨组织的铸铁,兼有铸铁和钢的性能,具有较高的强度,良好的耐磨性、抗氧化性,其减振性高于钢,其用途如表3-1-10所示。

表 3-1-10 球墨铸铁的用途

牌号	应用举例
QT400-18 QT400-15 QT450-10	用于制造承受冲击、振动的零件,如汽车和拖拉机的轮毂、驱动桥壳、拨叉、电动机壳、齿轮;离合器及减速器的壳体;农机具的犁铧、犁柱;气压阀的阀体、阀盖、支架和气缸输气管、铁路垫板等
QT500-7	用于制造液压泵齿轮、阀体、轴瓦、机器底座、支架、传动轴、链轮、飞轮、电动机机架等
QT600-3 QT700-2 QT800-3	用于制造载荷大、受力复杂的零件,如汽车和拖拉机的连杆、曲轴、凸轮轴、气缸体、气门座,脱粒机齿条、轻载荷齿轮,部分机床的主轴,球机齿轮轴,矿车轮,小型水轮机主轴、缸套等
QT900-2	用于制造汽车螺旋锥齿轮、减速器齿轮、凸轮轴、传动轴、转向轴、犁铧、耙片等

(3)蠕墨铸铁。

蠕墨铸铁中加入了含有稀土元素的蠕化剂,力学性能介于灰铸铁和球墨铸铁之间,其铸造性能、减振性和导热性都优于球墨铸铁,与灰铸铁相近,在高温下,其具有较高的强度,氧化生长较小、组织致密、热导率高,断面敏感性小,其用途如表3-1-11所示。

表 3-1-11 蠕墨铸铁的用途

牌号	应用举例
RuT420 RuT380	用于制造活塞环、气缸套、制动鼓、钢球研磨盘、制动盘、玻璃模具、泵体等
RuT340	用于制造龙门铣横梁、飞轮、起重机卷筒、液压阀体等
RuT300	用于制造排气管、变速箱体、气缸盖、液压件、小型烧结机篦条、纺织机零件等
RuT260	用于制造增压器废气进气壳体,汽车、拖拉机的某些底盘零件等

（4）可锻铸铁。

具有较高的强度和冲击韧度，良好的塑性，可以部分代替碳钢，但其实并不可锻。因其化学成分和热处理工艺的不同，可锻铸铁可分为黑心可锻铸铁、珠光体可锻铸铁和白心可锻铸铁，其用途如表 3-1-12 所示。

表 3-1-12 可锻铸铁的用途

牌号	应用举例
KTH300-06	用于制造承受静载荷及低动载荷、要求气密性好的零件，如管道弯头、三通等配件，中、低压阀门及瓷瓶铁帽等
KTH330-08	用于制造承受静载荷和中等动载荷的工作零件，如犁刀、犁柱、车轮壳、机床用钩形扳手、铁道扣板及钢丝绳轧头等
KTH350-10 KTH370-12	用于制造在较高的冲击、振动及扭转载荷下工作的零件，如汽车、拖拉机上的轮毂、差速器壳、制动器等，农机型刀、犁柱及铁道零件等
KTZ450-06 KTZ700-02	代替低碳钢、中碳钢、低合金钢及非铁合金，用于制造承受较高载荷、耐磨损，并要求有一定韧度的重要工作零件，如曲轴、齿轮、万向节头、传动链条等
KTB350-04 KTB450-07	用于制造厚度在 15 mm 以下的薄壁铸件和焊接后不需热处理的铸件，在机械制造工业中很少应用

（5）耐热铸铁。

向铁水中加入 Si、Al、Cr 等合金元素，在砂型或导热性与砂型相仿的铸型中浇注而成。这些合金元素在高温下形成 Cr_2O_3、Al_3O_3、SiO_2 等稳定性高、致密而完整的氧化膜，以保护内部不被继续氧化和生长，工作温度在 1100 ℃ 以下。其用途见表 3-1-13。

表 3-1-13 耐热铸铁的用途

牌号	应用举例
HTRCr	用于制造急冷急热的薄壁、细长件，如炉条、高炉支梁式水箱、玻璃模具等
HTRCr2	用于制造急冷急热的薄壁、细长件，用于煤气炉内灰盆、矿山烧结车挡板等
HTRCr16	在室温及高温下作为抗磨件使用，用于制造退火罐、煤粉烧嘴、炉栅、水泥焙烧炉零件、化工机械零件等
HTRSi5	用于制造炉条、煤粉烧嘴、锅炉用梳形定位板、换热器针状管、二硫化碳反应瓶等
QTRSi4	用于制造玻璃窑烟道闸门、玻璃引上机墙板、加热炉两端管架等
QTRSi4Mo	用于制造内燃机排气歧管、罩式退火炉导向器、烧结机中后热筛板、加热炉吊梁等
QTRSi5	用于制造煤粉烧嘴、炉条、辐射管、烟道闸门、加热炉中间管架等
QTRAl4Si4	用于制造高温轻载荷下工作的耐热件，如烧结机箅条、炉用件等
QTRAl22	用于制造高温（1100 ℃）、载荷较小、温度变化较缓的工件，如锅炉用侧密封块、链式加热炉炉爪、黄铁矿焙炉零件等

（6）耐蚀铸铁。

在铁水中加入硅、铝、铬等元素，可使铸铁表面形成致密的氧化膜成为耐蚀铸铁。现在使用最多的是高硅耐蚀铸铁，其碳含量低于 1%，硅含量为 $14\%\sim18\%$，耐蚀性能很好。在硝酸和硫酸中耐蚀能力相当于 1Cr18Ni9 不锈钢。其用途见表 3-1-14。

表 3-1-14　常用高硅耐蚀铸铁的用途

牌号	应用举例
STSi11Cu2CrR	用于制造卧式离心泵、潜水泵、阀门、塔罐、弯头等化工设备和零部件
STSi15R STSi15Mo3R	用于制造各种离心泵、阀类、旋塞、管道配件、塔罐、低压容器及各种非标准零部件
STSi15Cr4R	在外加电流的阴极保护系统中，大量用于辅助阳极铸件

（7）奥氏体合金铸铁。

铁水成分以铁、碳、镍为主，添加硅、锰、铜和铬等元素，在砂型或导热性与砂型相当的铸型中铸造，室温组织以奥氏体为主并具有稳定性。其用途见表 3-1-15。

表 3-1-15　奥氏体合金铸铁的用途

牌号	应用举例
HTANi15Cu6Cr2	用于制造泵、阀、炉子构件、衬套、活塞环托架、无磁性铸件等
QTANi20Cr2 QTANi20Cr2Nb	用于制造泵、阀、压缩机、衬套、涡轮增压器外壳、排气歧管、无磁性铸件等
QTANi22	用于制造泵、阀、压缩机、涡轮增压器外壳、排气歧管、无磁性铸件等
QTANi23Mn4	用于制造能工作于 $-196\ ℃$ 的制冷工程用铸件等
QTANi35	用于制造要求尺寸稳定性好的机床零件、科研仪器、玻璃模具等
QTANi35Si5Cr2	用于制造燃气涡轮壳体、排气歧管、涡轮增压器外壳等
HTANi13Mn7 QTANi13Mn7	用于制造无磁性铸件，如涡轮发电机端盖、开关设备外壳、绝缘体法兰、终端设备、管道等
QTANi30Cr3	用于制造泵、锅炉、阀门、过滤器零件、排气歧管、涡轮增压器外壳等
QTANi30Si5Cr5	用于制造泵、排气歧管、涡轮增压器外壳、工业熔炉铸件等
QTANi35Cr3	用于制造燃气轮机外壳、玻璃模具等

（8）铬锰钨系抗磨铸铁。

含锰、钨和铬元素，主要用于替代高锰钢、低铬铸铁、镍硬铸铁、含钼及含镍的高铬铸铁。其用途见表 3-1-16。

表 3-1-16 铬锰钨系抗磨铸铁的用途

牌号	应用举例
BTMCr18Mn3W2 BTMCr18Mn3W BTMCr18Mn2W	用于制造球磨机的磨球,渣浆泵的叶轮、护套、护板,小型锤式破碎机锤头,矿山的渣浆泵过流件,钢厂的导向辊,水泥厂的锤头和衬板等
BTMCr12Mn3W2 BTMCr12Mn3W BTMCr12Mn2W	

六、铜及铜合金的分类、牌号、用途、性能

1. 铜及铜合金

铜及铜合金具有优良的导电、导热、耐腐蚀性能和良好的成形性能,在电气、化工、机械、动力、交通等工业部门得到广泛的应用。

按其化学成分和颜色的不同,铜及铜合金可分为工业纯铜(紫铜)和铜合金(黄铜、青铜和白铜);按其制造方法不同,铜及铜合金可分为变形铜及其合金、铸造铜及其合金。

2. 铜合金

由于纯铜的力学性能不高,故在机械、结构零件中都使用铜合金。铜合金是在纯铜基体中加入一种或几种其他元素所构成的合金,其导电、导热性好,对大气和水的抗蚀能力强;塑性好,容易成形;具有优良的减摩性和耐磨性(如青铜及部分黄铜),高的弹性极限和疲劳极限(如铍青铜等)。铜还是抗磁性物质。

1)分类

按合金系不同分类,可分为黄铜(加入 Zn)、青铜(加入 Sn、Al、Si 等)和白铜(加入 Ni)。

按功能不同分类,可分为导电导热用、结构用、耐蚀用、耐磨用、易切削和弹性等铜合金。

按材料形成方法不同分类,可分为铸造铜合金和变形铜合金(许多铜合金既可以用于铸造又可以用于变形加工)。

2)牌号及用途

以锌为主要合金元素的铜合金称为黄铜。铜锌二元合金称为普通黄铜或简单黄铜,若加入其他某些元素,则称为复杂黄铜或特殊黄铜。

普通黄铜的代号"H"是"黄"字汉语拼音首字母,后面数字表示铜的含量,如 H70 表示含70%Cu 和 30%Zn 的普通黄铜。

特殊黄铜的代号用"H"＋主加元素的化学符号＋含铜量＋主加元素含量表示,如HPb59-1 表示含 59%Cu、1%Pb,其余为锌的特殊黄铜。

黄铜与青铜的牌号及用途分别见表 3-1-17 和表 3-1-18。

表 3-1-17　黄铜的牌号及用途

类别	牌号	应用举例
普通黄铜	H95	用于制造导管、冷凝管、散热器管、散热片及导电零件等
	H90	用于制造供排水管、双金属片及工艺品等
	H85	用于制造冷凝和散热用管、虹吸管、蛇形管、冷却设备制件等
	H80	用于制造薄壁管、造纸网、皱纹管和房屋建筑装饰用品等
	H75	用于制造低载荷耐蚀弹簧
	H70 H68	用于制造复杂冷冲件和深冲件,如子弹壳、散热器外壳、波纹管、机械和电气零件等
	H65	用于制造小五金、日用品、小弹簧、螺钉、铆钉和机械零件
	H63	用于制造螺钉、酸洗用的圆辊等
	H62	用于制造各种深冲和弯折的受力零件,如铆钉、垫圈、螺钉、螺母、导管、气压表弹簧、筛网、散热器零件、小五金等
	H59	用于制造一般机器零件、焊接件、热冲及热轧零件
铅黄铜	HPb63-3	用于制造切削加工要求极高的钟表零件及汽车、拖拉机零件
	HPb61-1	用于制造自动切削的一般结构零件
	HPb59-1	用于制造热冲压及切削加工零件,如螺钉、螺母、销、垫圈、垫片、衬套、喷嘴等
锡黄铜	HSn90-1	用于制造汽车、拖拉机的弹性套管及其他耐蚀减摩零件
	HSn70-1	用于制造海轮上的耐蚀零件(如冷凝管),如与海水、蒸汽、油类接触的导管,热工设备零件
	HSn62-1	用于制造与海水或汽油接触的船舶铜套或其他零件
	HSn60-1	用于制造船舶焊接结构用的焊条
铝黄铜	HA167-2.5	用于制造船舶一般结构件
	HA160-1-1	用于制造齿轮、涡轮、衬套及耐蚀零件
	HA159-3-2	用于制造船舶、电动机及在常温下工作的高强度、耐蚀结构件
锰黄铜	HMn58-2	应用较广,如制造船舶零件、精密电器
	HMn57-3-1 HMn55-3-1	用于制造耐蚀结构件、弱电用的零件
铁黄铜	HFe59-1-1	用于制造受海水腐蚀的结构件,如垫圈、衬套等
	HFe58-1-1	用于制造热压和高速切削件
硅黄铜	HSi80-3	用于制造船舶零件、蒸汽管和水管配件等

表 3-1-18 青铜的牌号及用途

类别	牌号	应用
锡青铜	QSn4-3	用于制造弹簧及其他弹性元件,化工设备上的耐蚀零件以及耐磨零件(如衬套、圆盘轴承等)和抗磁零件,如造纸工业用的刮刀
	QSn6.5-0.1	用于制造弹簧、导电性好的弹簧接触片、精密仪器中的耐磨零件和抗磁零件,如齿轮电刷盒、振动片、接触器等
	QSn6.5-0.4	用于制造电线、电缆、导电螺钉、化工用蒸发器、垫圈、铆钉、管嘴、金属网、耐磨及弹性元件
	QSn7-0.2	用于制造耐磨零件,如轴承、电气零件等
铝青铜	QAl5 QAl7	用于制造弹簧和其他要求耐蚀的弹性元件,齿轮、摩擦轮、蜗轮蜗杆传动结构等,可作为 QSn6.5-0.4、QSn4-3 和 QSn4-4-4 的代用品
	QAl9-2	用于制造高强度、耐蚀零件,以及在 250 ℃以下蒸汽介质中工作的管配件和海轮上的零件
	QAl9-4	用于制造在高负荷下工作的耐磨、耐蚀零件,如轴承、轴套、齿轮、蜗轮、阀座等,也用于制造双金属耐磨零件
	QAl10-4-4	用于制造高强度的耐磨零件和高温下(400 ℃)工作的零件,如衬套、轴套、齿轮、球形座、螺母、法兰盘、滑座等,以及其他各种重要的耐蚀、耐磨零件
	QAl10-3-1.5	用于制造高温下工作的耐磨零件和各种标准件,如齿轮、轴承衬套、圆盘、导向摇臂飞轮、固定螺母等;可代替高锡青铜制作重要机械零件
	QAl11-6-6	用于制造高强度耐磨零件和 500 ℃以下工作的高温耐蚀、耐磨零件
硅青铜	QSi5-3	用于制造在 300 ℃以下、润滑不良、单位压力不大的工作条件下的摩擦零件,如发动机排气门和进气门的导向套,以及在腐蚀介质中工作的结构零件
	QSi3-1	用于制造在腐蚀介质中工作的各种零件,如弹簧以及蜗杆、蜗轮、齿轮、轴套、制动销和杆类耐磨零件;也可用于制造焊接结构中的零件,可代替重要的锡青铜,甚至铍青铜
	QSi3.5-3-1.5	用于制造高温下工作的轴套材料
锰青铜	QMn1.5 QMn5	用于制造蒸汽机零件和锅炉的各种管接头、蒸汽阀门等高温耐蚀零件

3) 性能

铜合金对大气和水的抗蚀能力很强;铜是抗磁性物质。铜合金具有良好的加工性能,塑性很好,塑性加工性能优良,容易冷、热成形;切削加工性能优良。铜合金还具有特殊力学性能,优良的减摩性和耐磨性(如青铜及部分黄铜),抗卡咬,高的弹性极限和疲劳极限(如铍青铜等),弹性稳定。例如,黄铜 H68 具有较高的强度,冷、热变形能力强,较好的耐蚀性;H62 具有较高的强度,可进行热变形加工。

常用黄铜的力学性能见表 3-1-19,常用青铜的力学性能见表 3-1-20。

表 3-1-19 常用黄铜的力学性能

牌号	力学性能		
	R_m/MPa	$A_{11.3} \times 100$	HBW
H96	240	50	—
	450	2	—
H80	320	52	53
	640	5	145
H70	320	53	150
	660	3	—
H68	320	55	150
	660	3	
H62	330	49	56
	600	3	164
H59	390	44	163
	500	10	

表 3-1-20 常用青铜的力学性能

牌号	力学性能	
	R_m/MPa	$A_{11.3} \times 100$
QSn4-3	350	40
QSn6.5-0.4	750	9
QSn4-4-2.5	650	3

3. 铸造铜

1) 分类

按铸造方法不同,可分为砂型铸造(S)、金属型铸造(J)、连续铸造(La)、离心铸造(Li)和熔模铸造(R)五种。

2) 牌号

铸造铜的牌号前先加"Z",再用主要元素含量标记。如 ZCuZn31Al2 表示含 31%Zn、2%Al 的铸造铝黄铜。合金化学元素含量小于 1%时,一般不标注。

3) 牌号及用途

表 3-1-21 所示为铸造铜的牌号及用途。

表 3-1-21　铸造铜的牌号及用途

类别	牌号	应用举例
铸造纯铜	ZCu99	在钢铁金属冶炼中用于制造高炉风口、渣口小套,冷却板、壁;在电炉炼钢中用于制造氧枪喷头、电极夹持器、熔沟;在非铁金属冶炼中用于制造闪速炉冷却件;在大型电动机中用于制造屏蔽罩、导电连接件等
铸造锡青铜	ZCuSn3Zn8Pb6Ni1	用于制造在各种液体燃料以及海水、淡水和蒸汽(≤225 ℃)中工作的零件,以及工作在压力≤2.5 MPa中的阀门和管配件
	ZCuSn3Zn11Pb4	用于制造在海水、淡水、蒸汽中工作,压力≤2.5 MPa的管配件
	ZCuSn5Pb5Zn5	用于制造在较高负荷、中等滑动速度下工作的耐磨、耐蚀零件,如轴瓦、衬套缸套、活塞离合器、泵件压盖以及蜗轮等
	ZCuSn10Pb1	用于制造在高负荷(≤20 MPa)和高滑动速度(8 m/s)下工作的耐磨零件,如连杆衬套、轴瓦、齿轮、蜗轮等
	ZCuSn10Pb5	用于结构材料,耐腐蚀、耐酸的配件以及破碎机衬套、轴瓦
	ZCuSn10Zn2	用于制造在中等及较高负荷和小滑动速度下工作的重要管配件,如阀、旋塞、泵体、齿轮、叶轮和涡轮等
铸造铅青铜	ZCuPb9Sn5	用于制造轴承和轴套,汽车用衬管轴承
	ZCuPb10Sn10	用于制造表面压力高、有侧压的滑动轴承,如轧辊、车辆用轴承、负荷峰值60 MPa的受冲击零件、最高峰值达100 MPa的内燃机双金属轴瓦、活塞销套、摩擦片等
	ZCuPb15Sn8	用于制造表面压力高、有侧压的轴承,可用来制造冷轧机的铜冷却管,承受冲击载荷达50 MPa的零件,内燃机的双金属轴瓦,最大负荷达70 MPa的活塞销套,耐酸配件
	ZCuPb17Sn4Zn4	用于制造一般耐磨件、高滑动速度的轴承等
	ZCuPb20Sn5	用于制造高滑动速度的轴承,如破碎机、水泵、冷轧机的轴承,以及负荷达40 MPa的零件,耐蚀零件,双金属轴承,负荷达70 MPa的活塞销套
	ZCuPb30	用于制造要求高滑动速度的双金属轴承、减摩零件等
铸造铝青铜	ZCuAl8Mn13Fe3	用于制造重型机械用轴套,以及要求强度高、耐磨、耐压的零件,如衬套法兰、阀体、泵体等
	ZCuAl8Mn13Fe3Ni2	用于制造要求强度高、耐腐蚀的重要铸件,如船舶螺旋桨、高压阀体、泵体,以及耐压、耐磨零件,如蜗轮、齿轮、法兰、衬套等
	ZCuAl8Mn14Fe3Ni2	用于制造要求强度高、耐蚀性好的重要铸件,是制造各类船舶螺旋桨的主要材料之一
	ZCuAl9Mn2	用于制造耐蚀、耐磨零件,形状简单的大型铸件,如衬套、齿轮、蜗轮;以及在250 ℃以下工作的管配件和要求气密性高的铸件,如增压器内气封

续表

类别	牌号	应用举例
铸造铝青铜	ZCuAl8Be1Co1	用于制造要求强度高、耐腐蚀、耐空蚀的重要铸件,主要用于制造小型快艇螺旋桨
	ZCuAl9Fe4Ni4Mn2	用于制造要求强度高、耐蚀性好的重要铸件,是制造船舶螺旋桨的主要材料之一;也可用于制造耐磨和在 400 ℃ 以下工作的零件,如轴承、齿轮、蜗轮、螺母、法兰、阀体、导向套筒等
	ZCuAl10Fe4Ni4	用于制造高温耐蚀零件,如齿轮、球形座、法兰、阀导管及航空发动机的阀座;耐蚀零件,如轴瓦、蜗杆、酸洗吊钩及酸洗筐、搅拌器等
	ZCuAl10Fe3	用于制造要求强度高、耐磨、耐蚀的重型铸件,如轴套、螺母、蜗轮以及在 250 ℃ 以下工作的管配件
	ZCuAl10Fe3Mn2	用于制造要求强度高、耐磨、耐蚀的零件,如齿轮、轴承、衬套、管嘴、耐热管配件等
铸造黄铜	ZCuZn38	用于制造一般结构件和耐蚀零件,如法兰、阀座、支架、手柄和螺母等
	ZCuZn21Al5Fe2Mn2	用于制造高强度、耐磨零件,如小型船舶螺旋桨
	ZCuZn25Al6Fe3Mn3	用于制造高强度、耐磨零件,如桥梁支承板、螺母、螺杆、耐磨板、滑块和蜗轮等
	ZCuZn26Al4Fe3Mn3	用于制造要求强度高、耐腐蚀的零件
	ZCuZn31Al2	用于制造压力铸造的如电动机、仪表等的压力铸件,以及造船和机械制造业的耐蚀零件
	ZCuZn35Al2Mn2Fe1	用于制造管配件和要求不高的耐磨件
	ZCuZn38Mn2Pb2	用于制造一般用途的结构件,船舶、仪表等使用的外形简单的铸件,如套筒、衬套、轴瓦、滑块等
	ZCuZn40Mn2	用于制造在空气、淡水、海水、蒸汽(<300 ℃)和各种液体燃料中工作的零件和阀体、阀杆、泵、管接头,以及需要浇注巴氏合金和镀锡的零件等
	ZCuZn40Mn3Fe1	用于制造耐海水腐蚀的零件、在 300 ℃ 以下工作的管配件,制造船舶螺旋桨等大型铸件
	ZCuZn33Pb2	用于制造煤气和给水设备的壳体、精密仪器和光学仪器的部分构件和配件等
	ZCuZn40Pb2	用于制造一般用途的耐磨、耐蚀零件,如轴套、齿轮等
	ZCuZn16Si4	用于制造在海水中工作的管配件,如水泵、叶轮、旋塞,以及在空气、淡水、油、燃料中和工作压力 1.5 MPa、工作温度 250 ℃ 以下蒸汽中工作的铸件
铸造白铜	ZCuNi10Fe1Mn1	用于制造耐海水腐蚀的结构件和压力设备,海水泵、阀和配件
	ZCuNi30Fe1Mn1	用于制造耐海水腐蚀的阀、泵体、凸轮和弯管等

4）性能

铸造铜具有一系列优良的性能，主要包括以下各方面。

（1）良好的导电性和导热性：铜是优良的导电和导热材料，这使得铸造铜在电气、电子和热交换领域有广泛应用。

（2）耐蚀性：在许多环境中，特别是在非氧化性酸、碱和盐溶液中，具有较好的耐蚀性能。

（3）力学性能：具有一定的强度和韧度，组织致密，可以通过合金化和热处理等方法进行调整和优化，以满足不同的使用要求。

（4）耐磨性：某些铜合金具有较好的耐磨性能，适用于制造需要承受摩擦和磨损的零部件。

（5）可铸性：具有良好的铸造性能，能够铸造成各种复杂形状的零件；铸造铜及铜合金焊接也方便易行。

（6）色泽美观：通常具有独特的色泽，如青灰色等，使其在装饰和艺术领域也有应用。

（7）无磁性：在一些对磁性敏感的应用中具有优势。

不同成分的铸造铜，其性能会有所差异，以适应不同的工作条件和使用要求。

七、铝及铝合金的分类、牌号、用途、性能

1）分类

铝合金是工业中应用最广泛的一类有色金属结构材料，在航空、航天、汽车、机械制造、船舶及化学工业中都得到大量应用。根据铝合金的成分及加工方法，可将铝合金分为变形铝合金（见图 3-1-9）和铸造铝合金（包括铝硅合金、铝铜合金、铝镁合金、铝锌合金和铝稀土合金）两大类。

图 3-1-9　变形铝合金型材举例

变形铝合金是铝与铜、锰、硅、镁、锌、铁、镍等合金元素组成的铝合金，具有较高的强度，能用于制作承受载荷的机械零件；铸造铝合金是用金属铸造（模铸、压铸）成形工艺直接获得零件的铝合金，一般用于制造形状较复杂的零件。

2）牌号

（1）变形铝及铝合金用四位数字表示（表 3-1-22）。

铝及铝合金的主要合金元素组别（1～9）	原始纯铝的改型情况 A-原始纯铝；B～Y(C、I、L、N、O、P、Q、Z 除外)-原始纯铝或原始合金的改型	两位数字表示铝最低百分含量。当铝最低百分含量精确到 0.01% 时，该两位数字就是铝最低百分含量中小数点后的两位

表 3-1-22 变形铝合金牌号的四位数字体系表示法

类别	型别	四位数字体系
变形铝合金	非热处理型	纯铝-1×××，如 1000 Al-Cu 系合金-2×××，如 2024 合金 Al-Mn 系合金-3×××，如 3004 合金 Al-Si 系合金-4×××，如 4043 合金 Al-Mg 系合金-5×××，如 5083 合金
	热处理型	Al-Mg-Si 系合金-6×××，如 6063 合金 Al-Zn-Mg-Cu 系合金-7×××，如 7075 合金
	热处理或非热处理型	Al-其他合金-8×××，如 8089 合金 备用合金组-9xxx

（2）铸造纯铝表示方法：铸造代号＋铝元素符号＋铝的名义含量，如 ZAl99.5。

（3）铸造铝合金表示方法如下。

ZL（铸造铝合金） —□（合金系列 1-铝硅系列；2-铝铜系列；3-铝镁系列；4-铝锌系列）—□□（合金顺序号）—(A)（优质）

（4）铸造铝合金锭：铸造铝合金锭的牌号系列如表 3-1-23 所示，牌号采用三位数字（或三位数字加一位字母）加小数点再加数字的形式表示。

□（合金组别）— □□（合金顺序号）— Z（类型标识代号）— .（小数点）— □（改型序号）

表 3-1-23 铸造铝合金锭的牌号系列

合金组别	主要合金元素	合金组别	主要合金元素
2××.×	铜	7××.×x	锌
3××.×	硅、铜/镁	8××.×	钛
4××.×	硅	9××.×	其他元素
5××.×	镁	6××.×	备用组

3）用途

（1）常用变形铝合金的类别和用途见表 3-1-24。

表 3-1-24 常用变形铝合金的类别和用途

类别	应用举例
防锈铝合金	用于制造： 在液体中工作的中等温度的焊接件、冷冲压件、容器、骨架零件等 中载零件、铆钉、焊接油箱、油管等 要求高可塑性和良好焊接性、在气体和液体介质中工作的低载荷零件 管道、容器、铆钉、轻载零件等
硬铝合金	用于制造： 1.中等强度、工作温度不超过 100 ℃的铆钉等 2.中等强度构件和零件，如骨架、螺旋桨叶片、铆钉等 3.高强度构件及 150 ℃以下工作的零件，如骨架、梁、铆钉等 4.作为铆钉材料
超硬铝合金	用于制造： 结构中主要受力构件及高载荷零件，如飞机大梁、桁架、加强框、起落架等
锻造铝合金	用于制造： 1.形状复杂和中等强度锻件及模锻件 2.高温下工作的复杂锻件和结构件、内燃机活塞等 3.承受高载荷、形状简单的锻件和模锻件

（2）常用铸造铝合金的类别、牌号和用途见表 3-1-25。

表 3-1-25 常用铸造铝合金的类别、牌号和用途

类别	牌号	应用举例
铝硅合金	ZL101	热处理后力学性能较好，可用于制造工作温度低于 150 ℃，承受动载和静载的气缸体、气缸盖、泵壳体、齿轮箱等
	ZL102	共晶成分，铸造性能最好，用于制造薄壁、形状复杂、强度要求不高的铸件和压铸件，如各种仪表的壳体、发动机活塞等
	ZL104	用于制造可承受较大载荷且形状复杂的大型铸件，如气缸体、气缸盖、曲轴箱、增压器壳体、航空发动机压缩机匣、承力框架等

续表

类别	牌号	应用举例
铝硅合金	ZL105	用于制造可在 225 ℃以下工作的发动机气缸盖、机匣和液压泵壳体
	ZL107	用于制造可承受中等载荷和工作温度低于 250 ℃的零件,如汽化器零件、电气设备外壳、砂箱模具等;铸态力学性能较好,适于作压铸合金
	ZL111	力学性能较好,铸造性能、切削性能和焊补性能良好,用于制造高压下工作的大型零件,如气缸体、压铸水泵叶轮、大型军工件壳体
铝铜合金	ZL201	力学性能很好,可制造承受大的动载荷和静载荷及在低于 300 ℃温度下工作的零件,用途很广
	ZL202	用于制造形状简单,对表面粗糙度要求较高的中等载荷零件
铝镁合金	ZL303	用于制造在大气和海水中承受大冲击载荷的零件,如雷达底座、发动机机闸、螺旋桨起落架、船用舷窗等
铝锌合金	ZL401	在铸铝中比例大。用于制造在低于 200 ℃的温度下工作的零件,如模具、型板和某些支架

4)性能

(1)变形铝合金具有一系列优良性能,主要包括以下方面。

① 良好的塑性和成形性:能够通过各种压力加工方法,如轧制、挤压、锻造等,制成各种形状和尺寸的产品。

② 较高的强度:经过适当的热处理和加工工艺,可以获得较高的强度,满足不同结构件的使用要求。

③ 良好的耐蚀性:在多数环境中能保持较好的抗腐蚀性能。

④ 良好的焊接性能:便于通过焊接方法连接构件。

⑤ 优异的导电性和导热性:在一些需要传热和导电的应用中具有优势。

⑥ 较好的抗疲劳性能:能够承受反复加载和卸载的作用,具有较长的使用寿命。

⑦ 尺寸精度高:通过精确的加工工艺,可以获得高精度的产品。

不同种类和牌号的变形铝合金,其性能可能会有所侧重和差异,以适应不同的应用场景和需求。

(2)铸造铝合金具有以下主要性能。

① 良好的铸造性能:包括流动性好,充型能力强,易于充满复杂形状的铸型,获得轮廓清晰、尺寸精确的铸件。

② 较低的收缩率:在凝固过程中产生的收缩相对较小,有助于减少铸造缺陷,如缩孔、缩松等。

③ 较高的比强度和比刚度:在保证强度和刚度的同时,质量相对较轻。

④ 较好的耐蚀性:能够在一定程度上抵御环境的腐蚀作用。

⑤ 可通过热处理强化:部分铸造铝合金经过适当的热处理,能显著提高力学性能。

⑥ 热稳定性较好：在一定温度范围内能保持较好的性能。

⑦ 成本相对较低：原材料来源广泛，加工工艺相对简单，制造成本较为经济。

然而，铸造铝合金的强度和韧度通常不如一些变形铝合金，且其抗疲劳性能也相对较弱。不同类型的铸造铝合金，其性能也会有所差异，以满足各种具体的应用需求。

第二节　机械制造基础

一、机械制造过程的概况和组成

由于各类机械零件的形状、结构、技术要求及生产数量不同，因此针对某个零件的整体加工过程，要制定正确、可行和先进的零件机械加工工艺规程。因此，机械制造过程由生产过程、工艺过程与机械加工工艺过程等基本环节组成。

1. 生产过程、工艺过程与机械加工工艺过程

1）生产过程

制造机械产品时，由原材料到成品之间各个相互关联的劳动过程的总和称为生产过程。成品可以是一台机器、一个部件，也可以是某种零件。对机械制造而言，生产过程一般包括产品开发和设计、原材料运输和保管、生产技术准备、毛坯的制造、零件的机械加工、零件的热处理及其他表面处理、零件装配成机器、机器的质量检测及运行试验、机器的涂漆包装等。

生产过程往往由许多工厂或工厂的许多车间、部门联合完成，这有利于专业化生产，有利于提高生产率、保证产品质量、降低生产成本。

2）工艺过程

在生产过程中，凡是直接改变生产对象的形状、尺寸、相对位置和物理力学性能等，使其成为半成品或成品的过程均称为工艺过程，它是生产过程中的主要部分。工艺过程又可分为毛坯制造、机械加工、机械装配三个工艺过程。

（1）毛坯制造工艺过程。

它是把原材料经过铸造或锻造（冲压、焊接等）制成铸件或锻件毛坯的过程，主要是改变材料的形状。

（2）机械加工工艺过程。

它是利用机械加工方法（主要是金属切削加工方法），直接改变毛坯的形状、尺寸、表面粗糙度及物理力学性能等，使之成为合格零件的过程。从狭义上来说，机械加工工艺过程主要包括车削、铣削、刨削、磨削、镗削、钻削等金属加工过程；从广义上来说，电加工、超声波加工、离子束加工等特种加工也是机械加工工艺过程的一部分。机械加工工艺过程直接决定了零件和产品的质量，对产品的成本和生产周期都有较大的影响，它是整个工艺过程的重要组成部分。

（3）机械装配工艺过程。

它是将加工好的零件，按一定的装配技术要求装配成部件或机器的过程，主要是改变零、部件间的相对位置。

2. 机械加工工艺过程的组成

零件的机械加工工艺过程由一个或若干个按一定顺序排列的工序组成。毛坯通过这些工序逐渐变成所需要的零件。每个工序又可分为一个或若干个安装、工步、走刀和工位。

1）工序

工序是指由一个或一组工人在同一台机床或同一个工作地，对一个或同时对几个工件所连续完成的那一部分机械加工工艺过程。它是组成机械加工工艺过程的基本单元，也是制订生产计划、进行成本核算的基本单元。

工作地、工人、工件和连续作业是构成工序的四个要素，只要其中任一要素发生变化，即构成新的工序。一般划分工序主要是看工作地是否变动和工作是否连续，如果工作地有变动或加工不是连续完成，则应划分为另一道工序。这里的"工作地"是指一台机床、一个钳工台或一个装配地点，"连续"是指对一个具体工件的加工是连续进行的，中间没有插入另一个工件的加工。例如，在车床上加工一个轴类零件，尽管加工过程中可能多次调整装夹工件及变换刀具，但只要没有变换机床，也没有在加工过程中插入另一个工件的加工，则在此车床上对该轴类零件的所有加工内容都属于同一工序。再如，假设一根轴在粗车后卸下来，接着粗车其他轴，然后再在这台车床上精车原先那根轴，这时对每根轴来说，粗车和精车不连续，虽然在同一台车床上加工也是两道工序。

一个机械加工工艺过程需要包括哪些工序，是由被加工零件的结构复杂程度、加工精度要求及生产类型所决定的。随着生产规模的不同，工序的划分及每一个工序所包含的内容是不同的。

2）安装

工序在加工之前，使其在机床或夹具上占据一个正确的位置（定位），然后加以夹紧的过程称为安装。在一个工序中，工件可能安装一次，也可能安装几次。工件加工时应尽可能减少安装次数，因为多一次安装就多一次安装误差，同时也会增加装卸所需的辅助时间。

3）工步

工步是在加工表面、切削刀具和切削用量（仅指切削速度和进给量，不包括背吃刀量）都不变的情况下所连续完成的那一部分工序内容，若其中有任何一个要素发生变化就是另一个工步。在一个工序中可以只有一个工步也可以有多个工步。

为了简化工艺文件，常将一次安装中连续进行的若干相同的工步看作一个工步，可称为合并工步。采用复合刀具或多把刀具同时加工几个表面，可视为一个工步，又称复合工步。在机械工艺文件上，复合工步也被视为一个工步。

4）走刀

在一个工步中，若要切掉的金属层很厚，无法一次全部切除掉，则可分为几次切削，每切削一次就称为一次走刀。一个工步可以包括一次或几次走刀。

5）工位

工位是指为了完成一定的工序内容,工件一次装夹后,与夹具或设备的可动部分一起,相对于刀具或设备的固定部分所占据的每一个位置称为工位。生产中为减少装夹次数,常采用回转工作台、回转夹具或移动夹具等多工位夹具,使工件在一次安装中,先后经过若干个不同位置顺次进行加工。采用多工位加工,可减少安装次数,提高生产率,保证被加工表面的相互位置精度。

二、金属切削加工方法及应用范围

金属切削加工是利用刀具从工件上切除多余材料,以获得所需形状、尺寸和表面质量及不同精度的机械零件的加工方法。以下是常见的金属切削加工方法及其应用。

1. 车削

方法:主要用于加工回转体表面,工件旋转,刀具沿轴向或径向进给。

应用:用于加工轴类、盘类零件的外圆、内圆、端面、螺纹、套类等回转体零件,如轴、齿轮坯、法兰等。车削能够获得较高的尺寸精度和较低的表面粗糙度。

2. 铣削

方法:刀具旋转,工件固定或移动,刀具沿不同方向进给。

应用:适用于加工平面、台阶面、沟槽、成形表面、齿轮、复杂曲面等,如模具、壳体、连杆等。可以加工各种形状复杂的零件,并且加工效率较高。

3. 钻削

方法:钻头旋转并轴向进给,在工件上钻孔。

应用:用于加工通孔、盲孔、螺纹孔等,可加工直径较小的孔,如机械零件、建筑结构件等,其精度和表面质量取决于钻头的精度和加工条件。

4. 磨削

方法:砂轮高速旋转,工件相对移动,可进行精密加工。

应用:用于获得高精度、高表面质量和低表面粗糙度的零件表面,如轴承、刀具、模具等,有外圆磨削、内圆磨削、平面磨削等。

5. 刨削

方法:刀具往复直线运动,工件间歇进给。

应用:用于加工平面、槽等,如机床导轨、平板等。

6. 拉削

方法:拉刀沿工件表面直线运动,一次完成复杂形状加工。

应用:用于加工内孔、键槽、花键等,如发动机缸体、齿轮等。

7. 镗削

方法:镗刀旋转并进给,加工已有孔并提高孔的精度和表面质量。

应用:主要用于已有孔的进一步扩大和高精度加工,能保证较高的孔的位置精度和尺寸精度,如箱体、缸体等。

8. 锯削

方法:锯条或锯片往复或旋转运动,切割材料。

应用:主要用于切割棒料、管材等(如钢材、铝材等)。

9. 齿轮加工

方法:通过滚齿、插齿、剃齿等方法加工齿轮。

应用:主要用于制造各种齿轮,如汽车变速箱、机床传动系统等。

10. 电火花加工

方法:利用电火花腐蚀材料,适用于高硬度材料。

应用:主要用于加工复杂模具、微小孔等,如航空航天零件、模具等。

11. 激光切割

方法:利用高能激光束切割材料。

应用:主要用于高精度切割薄板材料,如不锈钢、铝合金等。

12. 水射流切割

方法:利用高压水射流切割材料。

应用:主要用于切割各种材料,如金属、石材、复合材料等。

这些金属切削加工方法在机械制造、航空航天、汽车工业等众多领域都有广泛的应用,不同切削方法适用于不同材料和加工需求,选择合适的加工方式能提高效率和质量。

三、金属切削运动和切削要素

1. 金属切削运动

切削加工时,刀具与工件之间的相对运动称为切削运动,如图 3-2-1 所示。切削运动分为主运动和进给运动。

1)主运动

主运动是指由机床或人力提供的主要运动,它促使刀具和工件之间产生相对运动,使刀具(前刀面)接近工件。通常,主运动的速度最高,消耗机床的动力也最多。例如,图 3-2-1(a)所示的车削加工时工件的回转运动、图 3-2-1(b)所示的钻削加工时钻头的回转运动、图 3-2-1(c)所示的刨削加工时刨刀的直线往复运动、图 3-2-1(d)所示的铣削加工时铣刀的回转运动、图 3-2-1(e)所示的磨削加工时砂轮的回转运动,都属于机床主运动。各种机床只有一个主运动。

2)进给运动

进给运动是指由机床或人力提供的运动,它使刀具与工件之间产生附加的相对运动。进给运动与主运动配合,即可不断地或连续地切除工件上多余的金属,并得到具有所需几何特性的已加工表面。通常,进给运动的速度较快,消耗机床的动力较少。例如,图 3-2-1(a)所

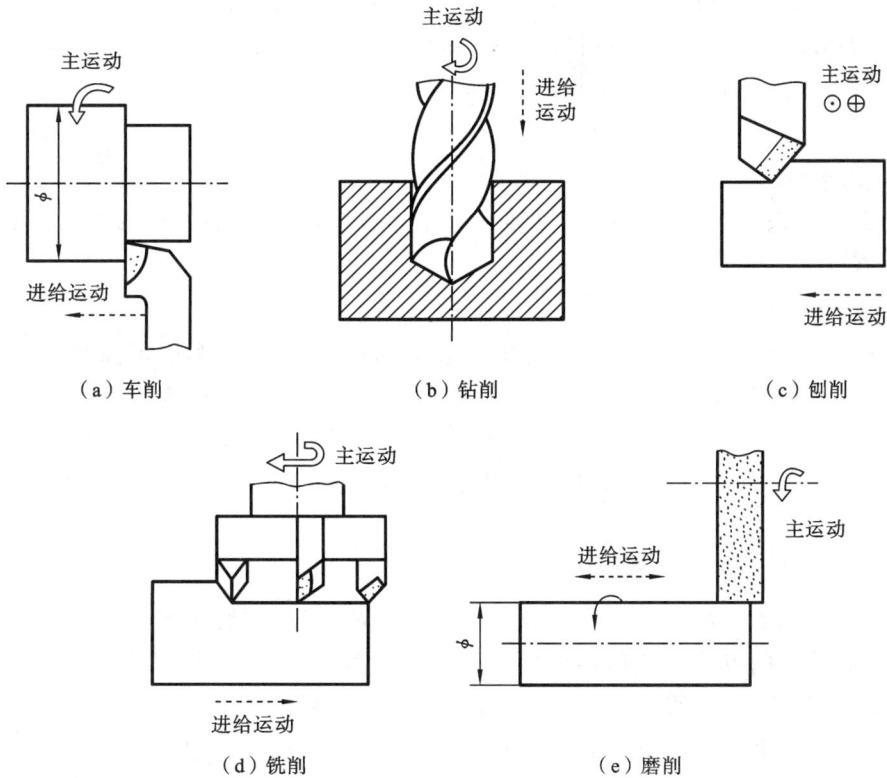

（a）车削　　　　　　　　（b）钻削　　　　　　　　（c）刨削

（d）铣削　　　　　　　　（e）磨削

图 3-2-1　切削运动

示的车削加工时车刀的直线移动、图 3-2-1(b)所示的钻削加工时钻头的轴向移动、图 3-2-1
(c)所示的刨削加工时工件的间歇直线移动、图 3-2-1(d)所示的铣削加工时工件的直线移动、
图 3-2-1(e)所示的磨削加工时工件的直线往复移动及其回转,都属于进给运动。各种机床可
以有一个或几个进给运动。

各种切削加工方法都是为加工某种表面而产
生的。分析切削运动的特点,可以区分各种不同
的切削加工方法。

2. 金属切削要素

要深入了解切削过程,必须分析金属切削用
量要素和金属切削层尺寸平面要素。下面以车削
加工为例介绍这些要素。

1）金属切削用量要素

图 3-2-2 所示的车削加工过程形成三种表面:
已加工表面是工件上经刀具切削后产生的表面;
待加工表面是工件上待切除的表面;过渡表面是
工件上由切削刃形成的那部分表面,也就是已加

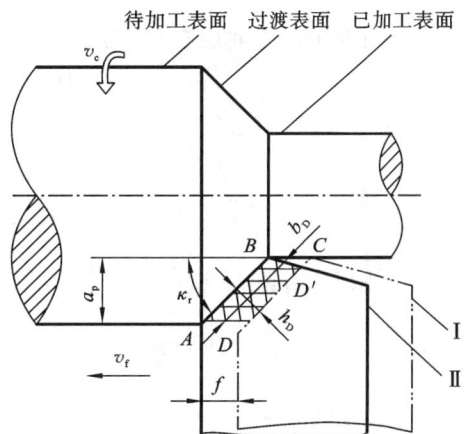

图 3-2-2　车削加工切削要素

工表面与待加工表面之间的表面,在下一转中将被切除。过渡表面与切削刃之间的相对运动速度(切削速度)、待加工表面转化为已加工表面的速度和已加工表面与待加工表面之间的距离(背吃刀量),是调整切削过程的三个基本参数。这三个参数实际上就是金属切削用量三要素。

(1)切削速度。

切削加工时,刀具切削刃选定点相对于工件主运动的瞬时速度,称为切削速度,用符号 v_c 表示,单位为 m/s。

(2)进给量。

刀具在进给运动方向上相对于工件的位移量,称为进给量。车削加工时刀具的进给量常用工件每转一转刀具的位移量来表述和度量,用符号 f 表示,单位为 mm/r。

(3)背吃刀量。

对于车削加工,背吃刀量表现为已加工表面与待加工表面之间的距离,用符号 a_p 表示,单位为 mm。

2)金属切削层尺寸平面要素

图 3-2-2 所示的车外圆加工,当工件回转一周时,车刀由位置 I 移动到位置 II。车刀处在两个位置时的切削刃 DC 与 AB 之间的一层金属,称为金属切削层。通过切削刃基点(通常是指主切削刃工作长度的中点)并垂直于该点主运动方向的平面,称为切削层尺寸平面。在切削层尺寸平面内测定的切削层尺寸几何参数,称为切削层尺寸平面要素。

(1)切削层公称厚度。

在切削层尺寸平面内,垂直于切削刃方向所测得的切削层尺寸,称为切削层公称厚度,用符号 h_D 表示,单位为 mm。切削层公称厚度代表了切削刃的工作负荷。

(2)切削层公称宽度。

在切削层尺寸平面内,沿切削刃方向所测得的切削层尺寸,称为切削层公称宽度,用符号 b_D 表示,单位为 mm。切削层公称宽度通常等于切削刃的工作长度。

(3)切削层公称横截面积。

在给定瞬间,切削层在切削层尺寸平面内的实际截面积,称为切削层公称横截面积,用符号 A_D 表示,单位为 mm²。它等于切削层公称厚度与切削层公称宽度的乘积,也等于背吃刀量与进给量的乘积,即

$$A_D = h_D b_D = a_p f$$

当切削速度一定时,切削层公称横截面积代表了生产率。

四、常用金属材料的切削加工性与切削用量选用的基本知识

1. 常用金属材料的切削加工性

1)碳素钢

(1)低碳钢(<0.25%)。

碳素钢偏软但韧性较好,粗加工时因不易断屑而影响操作过程,精加工时因切屑脱离母

体时使已加工表面发生严重撕扯而产生大量细裂纹（鳞刺），又因易形成积屑瘤而严重影响精加工质量，故切削加工性较差。可通过正火处理使钢材的晶粒细化、硬度增加、韧度下降，使之便于切削加工。

（2）中碳钢（0.3%～0.6%）。

有较好的综合性能，其切削加工性较好。

（3）高碳钢（0.6%～0.8%）。

切削加工性次于中碳钢。

（4）铸铁（>2.11%）。

硬度高且脆性大，切削时刀具易磨损，故其切削加工性不好。可通过球化退火来改善其切削加工性。

2）合金结构钢

合金结构钢的切削加工性一般低于含碳量相近的碳素结构钢。

3）普通铸铁

与具有相同基体组织的碳素钢相比，普通铸铁的切削加工性好，其金相组织是金属基体加游离态石墨。

石墨降低了铸铁的塑性，切屑易断，有润滑作用，使切削力小，刀具磨损小。但石墨易脱落，使已加工表面粗糙。切削铸铁时易形成崩碎切屑，造成切屑与前刀面的接触长度非常短，使切削力、切削热集中在刃区，最高温度在靠近切削刃的后刀面上。

4）铝、镁等非铁合金

硬度较低且导热性好，故具有良好的切削加工性。加工铝合金时，不宜采用陶瓷刀具。一般不使用切削液。

（1）铝合金。

使用乳化液和煤油作为切削液。

（2）镁合金。

严禁使用水剂和油剂，宜于自然空冷和采用压缩空气冷却。

影响材料切削加工性的主要因素有材料的物理力学性能、化学成分和金相组织等。

2. 切削用量选用的基本知识

选择切削用量的目的是充分发挥机床和刀具的效能，提高劳动生产率。

切削用量三要素对刀具寿命的影响，按从小到大的顺序排列为 v_c、f、a_p。

在实际应用中，一般首先选择尽可能大的背吃刀量，其次选择尽可能大的进给量，最后选择尽可能大的切削速度。

（1）背吃刀量的选择：第一次走刀的背吃刀量，应在机床工艺系统的承受能力范围内尽可能选择较大数值，其后的背吃刀量相对地选择较小数值。

（2）进给量的选择：粗加工时，尽可能选择较大数值；精加工时，宜选择较小数值。

（3）切削速度的选择：在选定了背吃刀量及进给量后，可根据合理的刀具耐用度，用计算法或查表法选择切削速度。

五、机床传动的基本知识

1. 机床的运动

在机床上,为了获得所需的工件表面形状,必须使刀具完成一定的运动,这种运动称为表面成形运动,简称成形运动。按其组成情况不同,成形运动可分为简单成形运动和复合成形运动两种。

1) 简单成形运动

简单成形运动是独立的成形运动,由最基本的成形运动组成,如车外圆时,由工件的回转运动和刀具的直线运动两个独立的运动形成圆柱面。

2) 复合成形运动

复合成形运动是由两个或两个以上简单运动按照一定的运动关系合成的成形运动。用展成法加工齿轮时,刀具的旋转和被加工齿轮的旋转必须保持严格的相对运动关系,以形成所需的渐开线齿面,因而刀具的成形运动是一个复合成形运动。同理,车螺纹时,工件的回转运动和刀架直线运动之间必须保持确定的相对运动关系,这样才能得到螺纹表面的导线(螺旋线),此时刀具的成形运动也是复合成形运动。

机床在加工过程中除了完成成形运动外,还需要完成其他一系列的辅助运动。机床上的运动可按功用或组成分类,如图 3-2-3 所示。

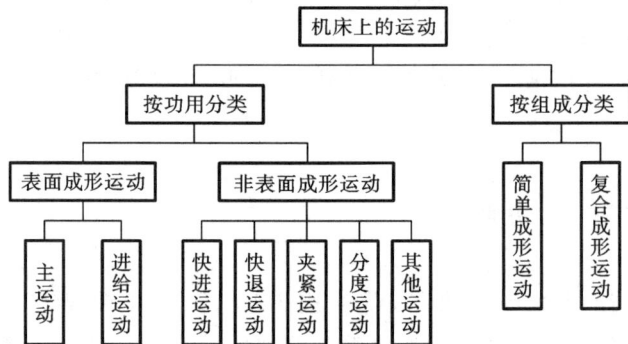

图 3-2-3 机床上的运动分类

2. 机床的传动联系

机床的运动需要由执行件、动力源和传动装置来实现。

1) 执行件

执行件是执行机床运动的部件,如主轴、刀架、工作台等。其任务是安装刀具或工件,带动其完成一定形式的运动并保持准确的运动轨迹。

2) 动力源

动力源是向执行件提供动力和运动的装置。普通机床常用三相交流异步电动机作为动力源,数控机床常用直流或交流调速电动机及伺服电动机作为动力源。

3）传动装置

传动装置是传递运动和动力的装置,通过它把动力源的运动和动力传递给执行件,或把一个执行件的运动传递给另一个执行件。在大多数情况下,传动装置还需完成变速、换向、改变运动形式等任务,使执行件获得所需的运动形式、速度和方向。

机床的传动形式可分为机械传动、液压传动、电气传动和气压传动等。根据机床的不同工作特点,往往采用以上几种传动形式的组合。

3. 机床的传动链

1）传动链

把执行件和动力源,或者把执行件和执行件连接起来的一系列传动件的组合称为传动链。机床上有一个运动,就有一条实现这一运动的传动链。每一条传动链都有两个端件,首端件为主动件,是运动的输入件;末端件为被动件,是运动的输出件。首端件可以是动力源,也可以是执行件,末端件是执行件。

传动链的多少决定了机床构造的复杂程度。传动链越少,机床传动越简单,结构就越简单;反之,机床结构就越复杂。

2）传动链的分类

根据传动联系的性质,传动链可以分为两类,外联系传动链和内联系传动链。

（1）外联系传动链。

若传动链两端件之间不要求有严格的传动比,则称其为外联系传动链。外联系传动链联系动力源和机床执行件,使执行件获得一定的速度和方向。例如,车外圆时,主轴的转动和刀架的移动是两个独立的成形运动,有两条外联系传动链。由于主轴的转速和刀架的移动速度只影响生产率和表面粗糙度,并不影响圆柱面的性质,因此外联系传动链的传动比不要求准确,工件的转动和刀架的移动之间也没有严格的相对速度要求。

（2）内联系传动链。

内联系传动链是指传动链两端件之间的传动比有严格要求的传动链。它联系复合运动的各个运动分量,需要保证严格的传动比关系,否则会影响加工表面的形状精度,甚至无法形成所需的表面形状。例如,如果传动比不准确,车螺纹时就不能得到所要求的导程,加工齿轮时就不能形成正确的渐开线齿形。为了保证准确的传动比,内联系传动链中不能有传动比不确定或瞬时传动比变化的传动机构,如带传动、链传动和摩擦传动机构等。

根据执行件运动性质和用途的不同,传动链还可分为主运动传动链、进给传动链、快速空行程传动链、分度传动链等。

4. 机床的传动系统

1）传动原理图

在研究表面成形运动及其运动联系时,为便于分析、讨论问题,常采用传动原理图。传动原理图是用一些简单的示意符号表示传动链两端件间运动关系的简图。它可以简明地表示机床加工时形成某一表面所需的成形运动、分度运动等与表面成形有直接关系的运动及其联系。用传动原理图来研究、分析机床的运动联系简单明了、重点突出,尤其适用于分析

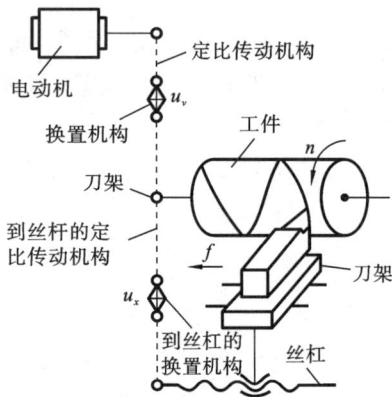

图 3-2-4 卧式车床上车螺纹时
的传动原理图

运动和运动联系比较复杂的机床。

通常传动机构可分为两大类:一类是传动比固定的传动机构,简称定比机构,如定比齿轮副、丝杠螺母副以及蜗杆副等;另一类是传动比和传动方向可以变换的传动机构,或者说是变换执行件的运动速度和方向的传动机构,简称换置机构,如各种变速机构、变向机构。

图 3-2-4 所示为卧式车床上用螺纹车刀车螺纹时的传动原理图。其中电动机、工件、刀架以较为直观的图形表示,虚线表示定比传动机构,菱形符号表示换置机构(用于调整主轴转速)。在卧式车床上车螺纹时有两条传动链。

(1)主运动传动链。

由"电动机-定比传动机构-换置机构(u_v)-到丝杠的定比传动机构-工件"表示,这是外联系传动链,用来给执行件(工件)提供动力和运动。外联系传动链可由动力源联系复合运动中的任意环节。

(2)车螺纹传动链 。

由"工件-到丝杠的定比传动机构(u_x)-到丝杠的换置机构-丝杠-刀架"表示,这是联系复合运动两端件的内联系传动链。加工不同螺距的螺纹时,调整 u_x 值可以满足加工要求。

2)传动原理图的分析方法

(1)确定传动系统的传动链。

在阅读传动原理图时,首先要了解该机床所具有的执行件及其运动方式,以及执行件之间是否保持传动联系,然后逐一分析各条传动链的传动顺序、传动结构及传动关系。

(2)传动链分析。

分析传动链的方法通常为"抓两端,定关系,连中间,算结果"。首先,寻找某一个传动链之前,找出该传动链的两端件;然后,明确两端件之间的相对运动关系。将两端件之间的传动件连接起来,这样就可以了解这条传动链的传动路线,并由此列出两端件之间的运动平衡式;最后,根据运动平衡式得出传动链换置机构的计算公式。

六、车削加工、铣削加工、钻削加工的设备特点、工艺特点和工艺范围

1. 车削加工的设备特点、工艺特点、工艺范围

1)车削加工的设备特点

车床主要用于加工各种回转表面,如内外圆柱表面、内外圆锥表面、成形回转面和回转体端面等,有些车床还能加工螺纹面。由于大多数机器零件都具有回转表面,车床的通用性又较广,因此,车床的应用极为广泛,在金属切削机床中所占的比例最大,占机床总数的 20%～35%。

车削加工的尺寸精度范围较宽,一般可达 IT12～IT7,精车时可达 IT6～IT5。表面粗糙

度 R_a 数值 IT 的范围一般为 0.8～12.5 μm。

车削是工件旋转做主运动、车刀移动做进给运动的切削加工方法。

2）车削加工的工艺特点

刀具沿着所要形成的工件表面，以一定的背吃刀量和进给量，对回转的工件进行切削。

（1）易于保证工件各加工面的位置精度。

（2）切削过程较平稳。避免了惯性力与冲击力，允许采用较大的切削用量，高速切削利于提高生产率。

（3）适用于有色金属零件的精加工。有色金属零件表面粗糙度 R_a 值要求较小时，不宜采用磨削加工，需要用车削或铣削等。用金刚石车刀进行精细车时，可达较高质量。

（4）刀具简单。在车床上使用的刀具，主要是各种车刀，有些车床还可以使用各种孔加工刀具（如钻头、扩孔钻、铰刀等）和螺纹刀具。车刀制造、刃磨和安装均较方便。

3）车削加工的工艺范围

车削可以进行车外圆、车孔或镗孔、切槽、车螺纹、车成形面等加工（见图 3-2-5），还可以完成钻孔、铰孔、滚花等工作。

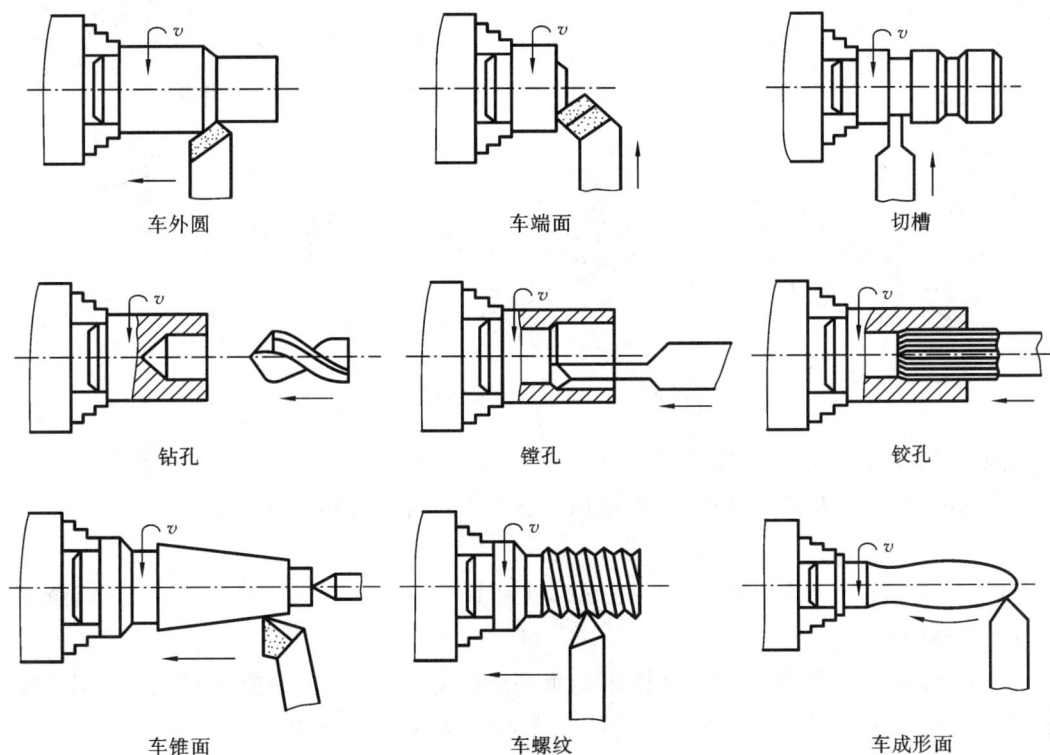

车外圆	车端面	切槽
钻孔	镗孔	铰孔
车锥面	车螺纹	车成形面

图 3-2-5　车削加工工艺范围

按用途和结构不同，车床可分为卧式车床、落地车床、立式车床、转塔车床、多车刀半自动车床、仿形车床及仿形半自动车床、单轴自动车床、多轴自动车床及多轴半自动车床等。其中卧式车床应用最广泛，适合单件、小批量生产加工各种轴类零件和直径不太大的盘类零件。

车螺纹是螺纹加工的基本方法,其主要特点是使用通用设备,刀具简单,可加工各种形状、尺寸及精度的内、外螺纹,特别适于加工尺寸较大的螺纹,适应性广。但是,车螺纹的生产率低,螺纹的加工质量取决于机床、刀具的精度及工人的技术水平,故适于单件小批生产。

当生产批量较大时,常采用螺纹梳刀进行车削螺纹,梳刀实质上是一种多齿的螺纹车刀,只需一次走刀就能车出全部螺纹,故生产率高。

2. 铣削加工的设备特点、工艺特点和工艺范围

1)铣削加工的设备特点

(1)铣床的设备特点。

铣床是用铣刀进行切削加工的机床,它的用途极为广泛。在铣床上常用不同类型的铣刀,配备万能分度头、回转工作台等附件,可以完成如图 3-2-6 所示的各种典型表面加工。

图 3-2-6　铣削的典型加工方法

铣床的类型很多,主要有卧式升降台铣床、立式升降台铣床、工作台不升降铣床、龙门铣床、工具铣床;此外还有仿形铣床、仪表铣床和各种专门化铣床等。

(2)铣床的附件。

① 回转工作台。回转工作台安装在铣床工作台上,用来装夹工件,以铣削工件上的圆弧表面或沿圆周分度。

② 万能分度头。万能分度头是铣床的重要附件,其最基本的功能是使装夹在分度头主轴顶尖与尾座顶尖之间或夹持在卡盘上的工件,依次转过所需的角度,以达到规定的分度要求。它可以完成以下工作。

a. 使工件绕本身轴线进行分度(等分或不等分),如六方、齿轮、花键等等分的零件。

b. 在铣削螺旋槽或凸轮时,能配合工作台的移动使工件连续旋转。

c. 使工件的轴线相对铣床工作台台面扳成所需要的角度(水平、垂直或倾斜),因此可以加工不同角度的斜面。

（3）铣刀的类型及应用。

① 圆柱铣刀。直线或螺旋线切削刃分布在圆周表面上，没有副切削刃，主要用于卧式铣床铣削宽度小于长度的狭长平面。一般都是用高速钢整体制造。

② 面铣刀。主切削刃分布在圆柱或圆锥面上，端面切削刃为副切削刃。按刀齿材料分为高速钢和硬质合金两大类。高速钢面铣刀一般用于加工中等宽度的平面。硬质合金面铣刀的切削效率及加工质量均比高速钢铣刀高，故目前广泛使用硬质合金面铣刀加工平面。

③ 立铣刀。立铣刀主要用于铣削凹槽、台阶面和小平面。

④ 三面刃铣刀。三面刃铣刀主要用在卧式铣床上铣削台阶面和凹槽。

⑤ 锯片铣刀。锯片铣刀用于铣削窄槽和板料、棒料、型材的切断。

⑥ 键槽铣刀。键槽铣刀用于加工圆头封闭键槽。

（4）铣削方式。

铣削方式有周铣和端铣两种，周铣是用圆柱铣刀的圆周刀齿加工平面，周铣有顺铣和逆铣两种，如图 3-2-7 所示。

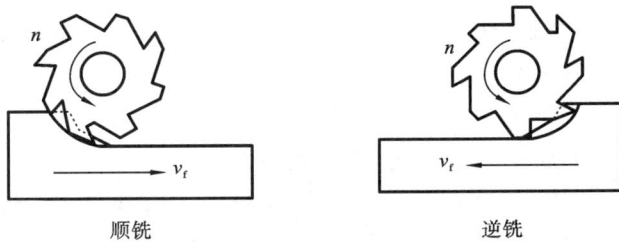

顺铣　　　　　　　　　　　逆铣

图 3-2-7　周铣

端铣是用端铣刀的端面刀齿加工平面，有对称铣、不对称逆铣、不对称顺铣三种。

2）铣削加工的工艺特点

铣削是利用多刃回旋体刀具在铣床上对工件进行加工的一种切削加工方法。它可以加工水平面、垂直面、斜面、沟槽、成形表面、螺纹和齿形等，也可以用来切断材料，是平面加工的主要方法之一。

与其他平面加工方法相比较，铣削的工艺特点如下：

（1）铣削的适应性比刨削更广；

（2）生产率高；

（3）铣削加工范围广；

（4）铣削力变化较大，易产生振动，切削不平稳；

（5）铣刀与铣床结构比刨刀与刨床复杂，且铣刀的制造和刃磨也比刨刀复杂，故铣削成本比刨削高；

（6）加工质量一般，与刨削相近。

铣螺纹的生产率比车螺纹高，在成批和大量生产中应用很广。铣螺纹一般是在专门的螺纹铣床上进行的，根据所用铣刀的结构不同，铣螺纹可分为以下两种方法。

（1）盘形螺纹铣刀铣螺纹。如图 3-2-8 所示，这种加工方法的加工精度较低，一般只适于粗加工尺寸较大的传动螺纹,而精加工需采用车削或磨削。

(2) 梳形螺纹铣刀铣螺纹。

如图 3-2-9 所示,加工时,工件只需转一圈多一些即可切出全部螺纹,故生产率较高,但加工精度较低,一般用于加工螺纹长度小且螺距不大的三角形内、外螺纹。

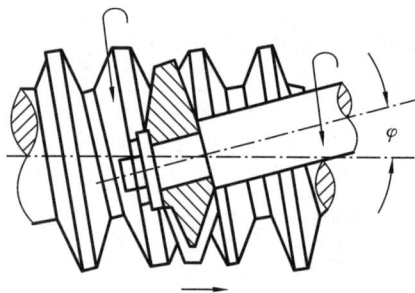

图 3-2-8 盘形螺纹铣刀铣螺纹

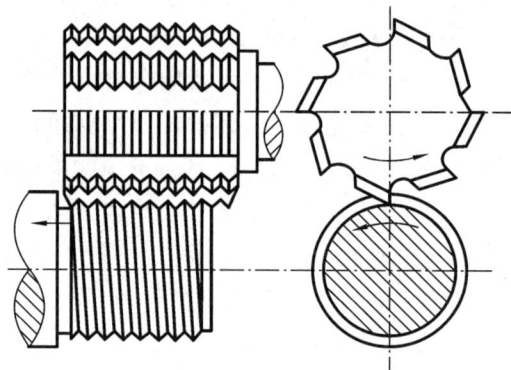

图 3-2-9 梳形螺纹铣刀铣螺纹

3) 铣削加工的工艺范围

铣削加工是金属切削加工中最常用、工艺范围最广泛的方法之一。它利用旋转的多刃刀具(铣刀)对工件进行切削,去除材料以获得所需的形状、尺寸和表面质量。

铣削加工的工艺范围极其广泛,主要体现在以下几个方面。

(1) 加工对象(材料)。

几乎可以加工所有常用的金属材料:黑色金属(钢、铸铁等)、有色金属(铝、铜、黄铜、镁合金等)、高温合金、钛合金等。

也能加工许多非金属材料:工程塑料、复合材料(如碳纤维增强塑料)、木材、石墨、陶瓷(需专用刀具)等。

(2) 加工类型(几何特征)。

① 平面加工:这是铣削最擅长的领域。可以高效地加工水平面、垂直面、台阶面、各种角度的斜面,具体如下。

a. 面铣:大平面加工。

b. 端铣:小平面、台阶、轮廓边缘。

② 沟槽加工:可以加工各种形状的沟槽,如直槽、T 形槽、燕尾槽、键槽、V 形槽、圆弧槽等。

③ 轮廓加工:加工工件的外轮廓(凸台)或内轮廓(型腔)。

④ 曲面加工:通过三轴、四轴或五轴联动铣削,可以加工复杂的二维和三维曲面,如模具型腔、叶轮叶片、雕塑表面等。

⑤ 孔加工:虽然钻削更常用,但铣削也能进行钻孔、扩孔、锪孔(沉头孔、端面凸台),特别是在需要精确定位或加工非圆孔、异形孔时,铣削还能加工大直径孔。

⑥ 齿轮加工:使用专用铣刀(如盘形铣刀、指状铣刀)或通过数控铣削(如展成法或直接成形)加工直齿圆柱齿轮、斜齿轮、链轮、花键等。

⑦ 螺纹加工:使用螺纹铣刀加工内螺纹和外螺纹,尤其在大直径螺纹、难加工材料螺纹或非标螺纹加工中具有优势。

⑧ 切断与剖切:使用锯片铣刀进行切断或开槽。

⑨ 刻字与雕刻:在工件表面加工文字、符号或图案。

⑩ 倒角与去毛刺:加工边缘的倒角或去除锐边毛刺。

(3)加工尺寸范围。

从非常微小的零件(如钟表零件、电子元件,使用小型铣床或加工中心)到大型结构件(如机床床身、船舶部件、风电零件,使用龙门铣床)都可以加工。

(4)加工精度与表面质量范围。

精度:铣削加工可以达到的精度范围很宽。

普通铣削:IT11~IT8 级。

精密铣削(精铣):IT8~IT7 级(甚至更高,取决于机床、刀具和工艺)。

高速铣削/超精铣:可达到更高的精度(IT6 级甚至更高)和更好的表面质量。

表面粗糙度:铣削加工可以达到的表面粗糙度范围也很广。

粗铣:$R_a = 12.5 \sim 25 \ \mu m$。

半精铣:$R_a = 3.2 \sim 6.3 \ \mu m$。

精铣:$R_a = 0.8 \sim 1.6 \ \mu m$。

高速铣削/超精铣:$R_a = 0.1 \sim 0.4 \ \mu m$ 或更低(镜面效果)

3. 钻削加工的设备特点、工艺特点和工艺范围

钻孔是用钻头在零件的实体部分加工出孔的唯一方法,也是最基本的孔加工方法。钻孔的精度较低,表面粗糙度值较大,一般为 IT10 级以下,所以只能用于粗加工。

1)钻孔

钻孔最常用的刀具是麻花钻,用麻花钻钻孔属于粗加工,主要用于对质量要求不高的孔进行终加工。

(1)麻花钻的结构如图 3-2-10 所示。

① 柄部:钻头的夹持部分,用于传递扭矩和轴向力。

② 颈部:是柄部和工作部分的连接部分,是磨削柄部时砂轮的退刀槽,也是打印商标和钻头规格的地方。直柄钻头一般不制有颈部。

③ 钻头的工作部分如图 3-2-11 所示,包括切削部分和导向部分。

a. 切削部分担负主要切削工作;

b. 在切削部分切入工件后,导向部分起导向作用,是切削的后备部分。

(2)麻花钻的切削角度如图 3-2-12 所示。

① 顶角 2φ:两主刀刃之间的夹角。加工不同的材料,其顶角应取不同的数值。常用加工一般使用钢和铸铁的钻头,通常取 $2\varphi = 118°$。

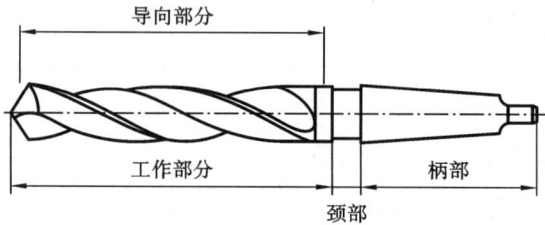

图 3-2-10 麻花钻的结构

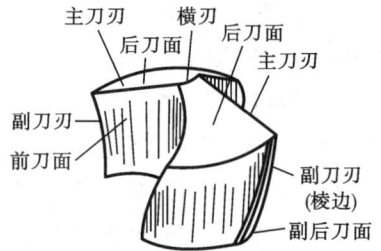

图 3-2-11 钻头的工作部分

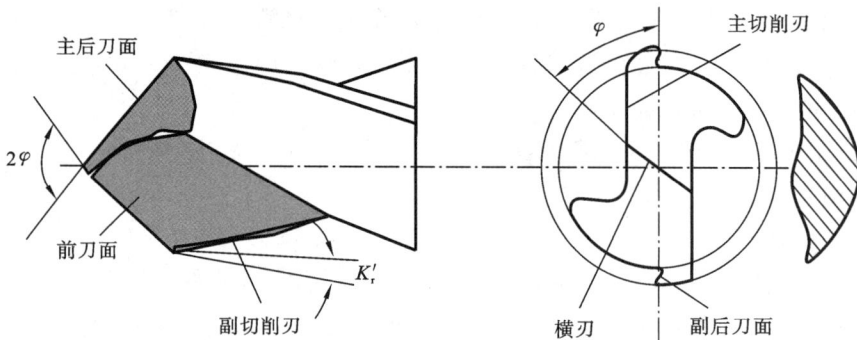

图 3-2-12 麻花钻的切削角度

② 前角 γ_0:在垂直于主刀刃的平面内测量,是前刀面的切线与垂直切削平面的垂线所夹的角度。主刀刃上各点前角不一样,通常取$-30°\sim30°$。

③ 后角 α_0:在平行于钻头轴线的平面内测量,是后刀面切线与切削平面所夹的角度。

④ 横刃斜角 ϕ:是横刃和主刀刃在垂直于钻头轴线的平面内所夹的角度,其值为 $50°\sim55°$。

⑤ 螺旋角:是刃带的切线与钻头中心线的夹角。

(3)麻花钻的缺陷。

麻花钻虽然是孔加工的主要刀具,长期以来一直被广泛使用,但是由于麻花钻在结构上存在着比较严重的缺陷,致使钻孔的质量和生产率受到很大影响,这主要表现在以下几个方面。

① 麻花钻主切削刃上各点处的前角变化很大。外缘处的切削速度最大,而该处的前角最大,刀刃强度最小,因此钻头在外缘处的磨损特别严重。

② 钻头横刃过长,横刃的前角为$-60°\sim-55°$,从而产生很大的轴向力。

③ 钻削加工过程是全封闭加工。与其他类型的切削刀具相比,标准麻花钻的主切削刃很长,不利于分屑与断屑。

2)钻深孔

对于孔的深度与直径之比 $l/d=5\sim10$ 的普通深孔,可用加长麻花钻加工;对于孔的深度与直径之比 $l/d>10$ 的深孔,必须采用特殊结构的深孔钻才能加工。

3)铰孔

铰孔是用铰刀从工件孔壁上切削下微量金属的加工方法。铰孔的精度可达 IT8~IT6,表面粗糙度值为 $0.4\sim1.6\ \mu m$。

（1）铰孔的工作特点。

① 铰孔只能保证孔本身的精度，而纠正位置误差和原孔轴线歪斜的能力很差；

② 铰刀是定径刀具，较易保证铰孔的加工质量；

③ 铰孔的适应性差，一把铰刀只能加工一种尺寸与公差的孔；

④ 铰削可加工一般的金属工件，如普通钢、铸铁和有色金属，但不适宜加工淬火钢等硬度过高的材料。

（2）铰刀的分类。

铰刀分为手用铰刀和机用铰刀两种。

① 手用铰刀：直柄，工作部分较长，导向性好，可防止铰孔时铰刀歪斜。

② 机用铰刀：适用于在车床、钻床、数控机床等机床上使用。

4）钻床

钻床是钻孔设备，主要用钻头钻削直径不大、精度要求较低的孔，此外还可以进行扩孔、铰孔、攻螺纹等加工，其主要加工方法如图 3-2-13 所示。钻床包括台式钻床、立式钻床、摇臂钻床三种。

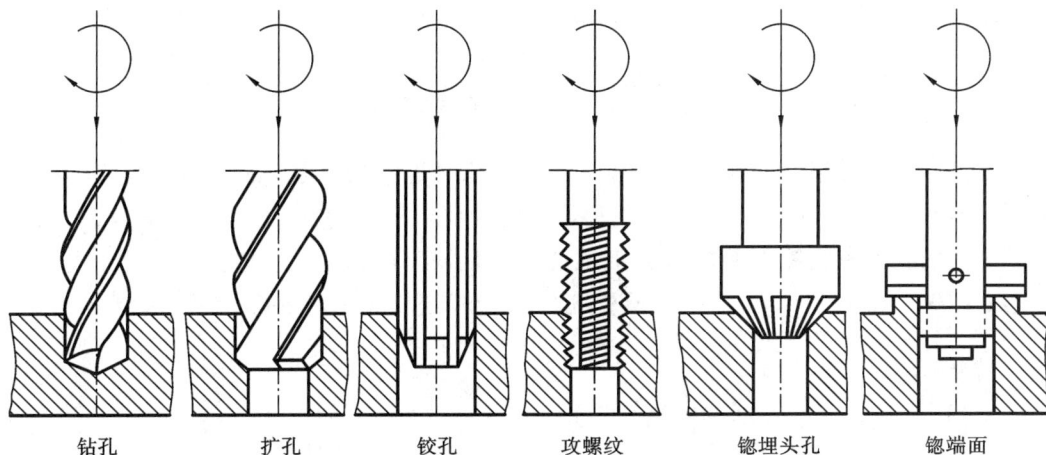

钻孔　　扩孔　　铰孔　　攻螺纹　　锪埋头孔　　锪端面

图 3-2-13　钻床的加工方法

① 台式钻床。在单件、小批生产中，小型工件上钻小孔（$d < 13$ mm）常采用台式钻床加工。

② 立式钻床。在中、小型工件中，钻较大的孔（$d < 50$ mm）常用立式钻床加工。

③ 摇臂钻床。在大型工件中，钻孔常采用摇臂钻床加工。

七、镗削加工、磨削加工、刨削加工的设备特点、工艺特点和工艺范围

1. 镗削加工的设备特点、工艺特点和工艺范围

镗削是用镗刀对已有的孔进行再加工。一般镗削加工的精度为 IT8～IT7，表面粗糙度值 $R_a = 0.8 \sim 1.6$ μm。精细镗削加工的精度为 IT7～IT6，表面粗糙度值 $R_a = 0.2 \sim 0.8$ μm。

回转体零件上的孔在车床上加工；箱体类零件上的孔或孔系在镗床上加工。在镗床上

除可加工孔或孔系外,还可加工平面、沟槽、钻孔、扩孔、铰孔等,如图 3-2-14 所示。

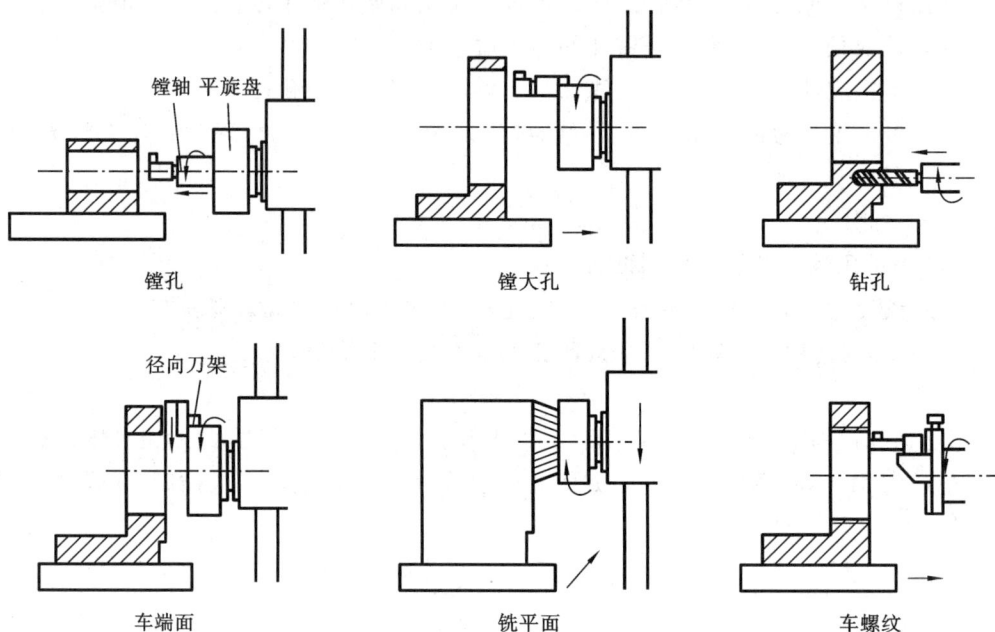

镗孔 镗轴 平旋盘

镗孔

镗大孔

钻孔

径向刀架

车端面

铣平面

车螺纹

图 3-2-14 卧式镗床的主要工作

镗床是一种主要用镗刀在工件上加工孔的机床。通常用于加工尺寸较大、精度要求较高的孔,特别是分布在不同表面上、孔距和位置精度要求较高的孔,如各种箱体、汽车发动机缸体等零件的孔。一般镗刀的旋转为主运动,镗刀或工件的移动为进给运动。卧式铣镗床的外形如图 3-2-15 所示。在镗床上,除镗孔外,还可以进行铣削、钻孔、扩孔、铰孔等工作,因

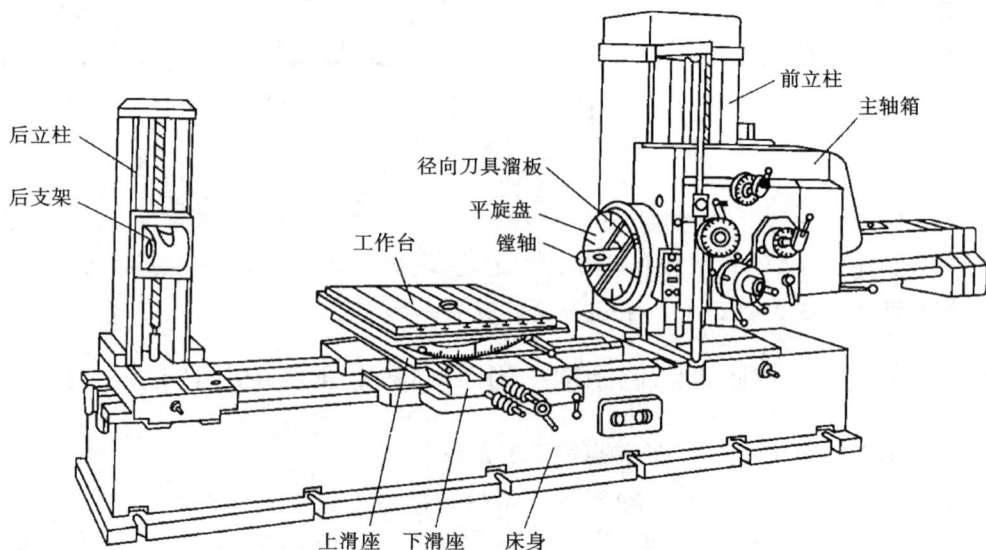

前立柱

主轴箱

径向刀具溜板

平旋盘

镗轴

后立柱

后支架

工作台

上滑座 下滑座 床身

图 3-2-15 卧式铣镗床的外形

此镗床的工作范围较广。镗床的类型有卧式镗床、坐标镗床、金刚镗床、落地镗铣床等。

2. 磨削加工的设备特点、工艺特点和工艺范围

磨孔是孔精加工的方法之一（见图 3-2-16），精度可达 IT7，表面粗糙度值 R_a＝0.4～1.6 μm。磨孔方式与外圆磨削类似，可以采用纵磨法和横磨法；由于砂轮轴刚性较差，一般采用纵磨法。

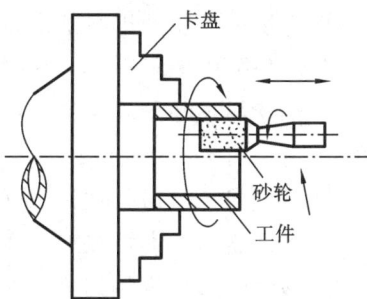

图 3-2-16 内圆磨削

（1）与铰孔、拉孔相比，磨孔可以加工淬硬工件，也可以保证孔的位置精度；磨孔的加工适应性好，但生产效率低。

（2）与磨外圆相比，磨内圆的表面粗糙度较差，且生产效率较低。磨孔一般用于淬硬工件的精加工，在单件小批生产中应用较多。

内圆表面的磨削可以在内圆磨床上进行，也可以在万能外圆磨床上进行。

1）内圆磨削

（1）内圆磨削方法：可以用普通内圆磨床、无心内圆磨床、行星内圆磨床进行磨削。

（2）内圆磨削的工艺特点及应用范围如下：

① 砂轮直径受到被加工孔的限制，直径较小；

② 砂轮直径小，磨削速度低，比外圆磨削效率低；

③ 砂轮轴的直径尺寸小，刚性差，影响加工精度和表面粗糙度；

④ 切削液不易进入磨削区，磨屑排除较外圆磨削困难。

2）外圆磨削

磨削加工是外圆精加工的主要方法，既能加工淬火的钢铁金属零件，也能加工不淬火的钢铁金属零件和有色金属零件。磨削加工的刃具是砂轮。

（1）砂轮是用结合剂把磨粒黏结起来，经压坯、干燥、焙烧及车整而成的多孔疏松物体。砂轮的特性主要由磨料、粒度、结合剂、硬度、组织及形状尺寸等因素决定。

① 磨料。磨料应具有高硬度、高耐热性和一定的韧度，在磨削过程中受力破碎后还要能形成锋利的几何形状。常用的磨料有氧化物系（刚玉类）、碳化物系和超硬磨料等。

② 粒度。粒度是指磨料颗粒的大小，通常分为磨粒（颗粒尺寸＞40 μm）和微粉（颗粒尺寸≤40 μm）两类。磨粒用筛选法确定粒度号。微粉按其颗粒的实际尺寸分组。

粒度对加工表面粗糙度和磨削生产率影响较大。一般来说，粗磨用粗粒度磨料，精磨用细粒度磨料。当工件材料硬度低、塑性大和磨削面积较大时，为了避免砂轮堵塞，也可采用粗粒度的砂轮。

③ 硬度。砂轮的硬度是指砂轮工作表面的磨粒在磨削力的作用下脱落的难易程度。它反映磨粒与结合剂的黏固强度。磨粒不易脱落，称砂轮硬度高；反之，称砂轮硬度低。

工件材料较硬时应选用较软的砂轮。对于精磨或成形磨削，为了保持砂轮的廓形精度，应选用较硬的砂轮；粗磨时应选用较软的砂轮，以提高磨削效率。

④ 结合剂。结合剂是将磨料黏结在一起，使砂轮具有必要的形状和强度的材料。

⑤ 组织。砂轮的组织是指砂轮中磨料、结合剂和气孔三者间的体积比例关系。按磨料在砂轮中所占体积的不同,砂轮的组织分为紧密、中等和疏松三大类。

⑥ 形状与尺寸。砂轮的形状与尺寸是根据磨床类型、加工方法及工件的加工要求来确定的。

(2) 磨屑形成过程如图 3-2-17 所示,包括弹性变形、塑性变形、切削三个阶段。

① 弹性变形。磨粒在工件表面滑擦而过,不能切入工件。

② 塑性变形。磨粒切入工件,材料向两边隆起,工件表面出现刻痕(犁沟),但无磨屑产生。

③ 切削。磨削深度、磨削点温度和应力达到一定数值,形成磨屑,沿磨粒前刀面流出。

具体到每个磨粒,不一定三个阶段均有。

3) 磨削加工的工艺特点

精度高、表面粗糙度低;多刃,刃口圆弧半径 r 小;切削层很薄,切削厚度小到微米级;磨床精度高,刚性好,微量进给。

砂轮有自锐作用,生产率高,磨削的径向磨削力 F_y 大,磨削温度高,切削速度高,且多为负前角切削,挤压和摩擦大,加上砂轮导热性很差,在磨削区产生很高的瞬时高温,因此磨削时应采用大量切削液以降低温度。

外圆表面磨削一般在外圆磨床或无心磨床上进行,也可采用砂带磨床磨削。在外圆磨床上常用的磨削方法有以下几种。

(1) 中心磨削法。

在外圆磨床上以工件的两顶尖孔定位进行外圆磨削。中心磨削法包括纵向进给磨削法(见图 3-2-18)、横向进给磨削法(见图 3-2-19)和综合磨法三种。综合磨法是先用横向进给

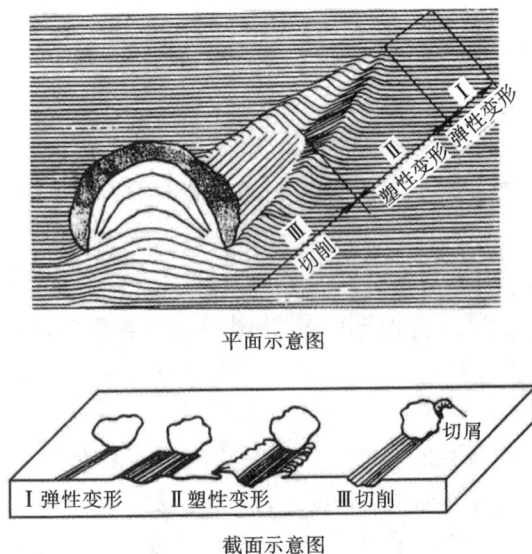

平面示意图

截面示意图

Ⅰ弹性变形　Ⅱ塑性变形　Ⅲ切削

图 3-2-17　磨屑形成过程

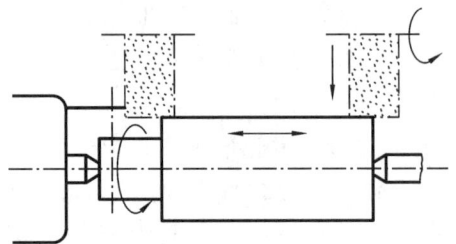

图 3-2-18　纵向进给磨削法

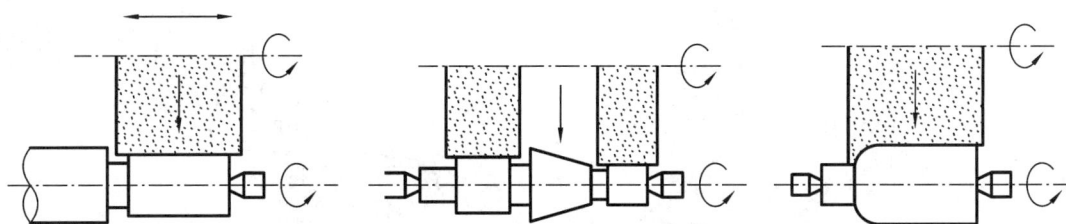

图 3-2-19　横向进给磨削法

磨削法将工件进行粗磨,相邻之间有 5～15 mm 的搭接,每段上留有 0.01～0.03 mm 的精磨余量,精磨时采用纵向进给磨削法。

(2) 无心外圆磨床的磨削方法。

无心外圆磨床的磨削方法如图 3-2-20 所示,有如下两种磨削方式。

① 贯穿磨削法(纵向进给磨削法)。这种方法不适用于带台阶的圆柱形工件。

② 切入磨削法(横向进给磨削法)。这种方法适用于有阶梯或成形回转表面的工件,但切削表面长度不能大于磨削砂轮宽度。

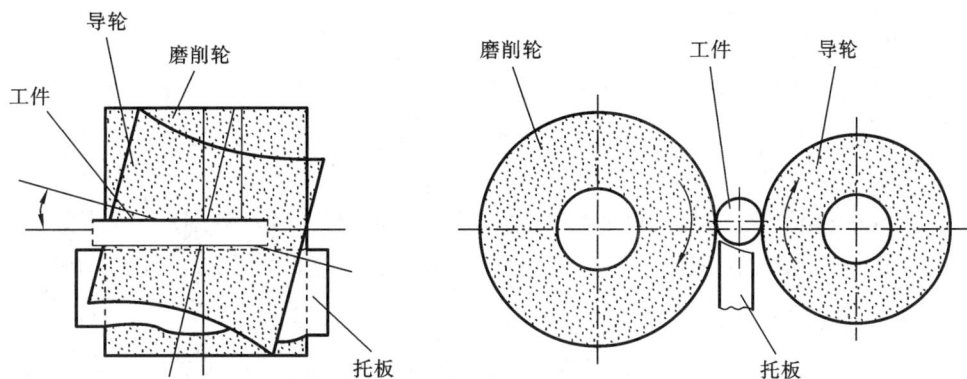

图 3-2-20　无心外圆磨削

4) 平面磨削加工

对于精度要求高的平面以及淬火零件的平面加工,需要采用平面磨削方法,平面磨削主要在平面磨床上进行。平面磨削的方式有如下两种。

(1) 周磨:多用于加工质量要求较高的工件,如图 3-2-21(a)、图 3-2-21(b)所示。

(2) 端磨:多用于加工质量要求不高的工件,或代替铣削作为精磨前的预加工,如图 3-2-21(c)、图 3-2-21(d)所示。

5) 磨螺纹

(1) 螺纹磨削的特点。

一般在螺纹磨床上进行,常用于淬硬螺纹的精加工,以便修正热处理引起的变形,进而提高加工精度,如丝锥、螺纹量规、滚丝轮及精密传动螺杆上的螺纹等。螺纹在磨削前,一般应采用车、铣等方法进行粗加工;对小尺寸的螺纹,也可不经粗加工而直接磨出。

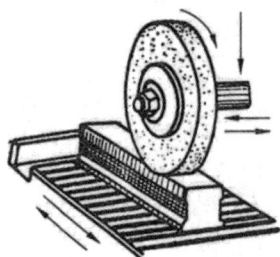

（a）卧轴矩台平面磨床磨削　　　　　　（b）卧轴圆台平面磨床磨削

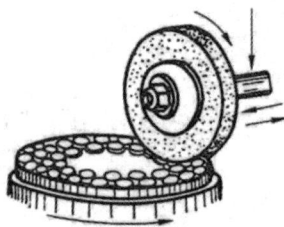

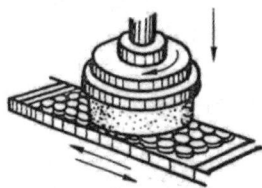

（c）立轴矩台平面磨床磨削　　　　　　（d）立轴圆台平面磨床磨削

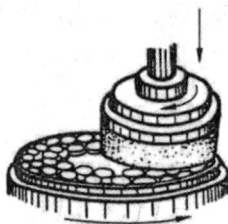

图 3-2-21　平面每齿加工示意图

（2）螺纹的加工方法。

磨外螺纹时，根据所用的砂轮形状不同，可分为单线砂轮磨削和梳形砂轮磨削。

① 单线砂轮磨削。当对单线砂轮磨螺纹进行加工时，砂轮修整较方便，加工精度较高，并且可加工较长和螺距较大的螺纹。

② 梳形砂轮磨削。当对梳形砂轮磨螺纹进行加工时，修整砂轮较困难，加工精度低于前者，只适用于磨削升角较小、长度较短的螺纹。但用梳形砂轮磨削时，工件转 1.3～1.5 转就可完成加工，生产效率比单线砂轮高。

6）磨削设备

（1）普通内圆磨床。

如图 3-2-22 所示，普通内圆磨床主要由床身、工作台、头架、砂轮架和滑鞍等组成。

（2）平面磨床的类型及特点。

根据平面磨床工作台的形状和砂轮工作面的不同，普通平面磨床可分为四种类型：卧轴矩台平面磨床（见图 3-2-21（a）），卧轴圆台平面磨床（见图 3-2-21（b））、立轴矩台平面磨床（见图 3-2-21（c））、立轴圆台平面磨床（见图 3-2-21（d））。

上述四种平面磨床中，端磨与周磨相比：端磨的砂轮直径往往比较大，能同时磨削出工件的较大的宽度和较大的面积，同时砂轮悬伸长度短，刚性好，可采用较大的磨削用量，生产率较高。但砂轮散热、冷却、排屑条件差，所以加工精度差，表面质量不高，一般用于粗磨。周磨的加工质量好，但生产率低，适用于精磨。圆台磨与矩台磨相比：圆台磨生产率高，适用于磨削小零件和大直径的环形零件端面，不能磨削长零件。矩台磨可方便磨削各种常用零件，包括直径小于工作台面宽度的环形零件。生产中常用的是卧轴矩台平面磨床和立轴圆台平面磨床。

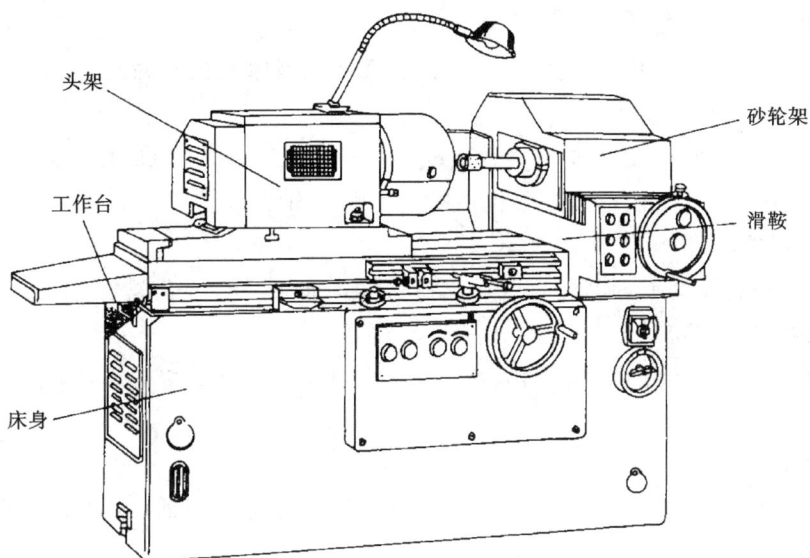

图 3-2-22　普通内圆磨床

（3）M1432A 型万能外圆磨床。

M1432A 型万能外圆磨床主要用于磨削内外圆柱面、内外圆锥面、阶梯轴轴肩以及端面和简单的成形回转表面等。它属于普通精度级机床，磨削精度可达 IT7～IT6 级，表面粗糙度 $R_a=0.08～1.25~\mu m$。这种机床万能性强，但自动化程度较低，磨削效率不高，适用于工具车间、维修车间和单件小批生产类型。

其主参数最大磨削直径为 320 mm。

3. 刨削加工的设备特点、工艺特点和工艺范围

1）刨削加工的设备特点

（1）刨削加工。

刨削是在刨床上使用刨刀对工件进行切削加工的方法，是平面加工的主要方法之一，广泛用于加工各种沟槽、成形面等。刨削加工常见的机床主要有牛头刨床和龙门刨床。牛头刨床适用于加工中、小型零件，龙门刨床适用于加工大型零件。

（2）刨刀。

刨刀的结构、几何形状与车刀相似，但是由于刨削过程有冲击力，刀具容易损坏，所以刨刀刀柄截面一般为车刀刀柄截面的 1.25～1.5 倍。刨刀的前角 γ_0 比车刀的稍小（一般为 5°～10°）；刃倾角 λ_s 取较大的值，以增加刀具的强度；主偏角 K_r 一般为 30°～70°。当采用较大的进给量时，应该取较小的切削量。

切削用量大的刨刀常做成弯头刨刀。弯头刨刀在受到切削变形时，刀尖不会像直头刨刀那样，因绕中心点转动而产生向下的位移而扎刀。

2）刨削加工的工艺特点

（1）刨床结构简单，调整、操作方便，刨刀制造、刃磨、安装容易，加工费用较少。

（2）刨削加工切削速度低，生产率一般较低，但在加工窄长面和进行多件或多刀加工时，刨削的生产率并不比铣削低。

（3）刨削特别适宜加工尺寸较大的 T 形槽、燕尾槽及窄长的平面。

3）刨削的工艺范围

刨削是一种利用刨刀在工件表面做直线往复运动的金属切削加工方法，主要用于加工平面和直线型沟槽。其工艺范围主要包括以下几个方面。

（1）加工对象。

材料范围：适用于铸铁、碳钢、合金钢、有色金属（如铝、铜）等金属材料，也可加工部分非金属材料（如木材、塑料）。

零件类型：常用于加工床身、导轨、箱体、平板、滑块、键槽等结构简单、平面特征显著的工件。

（2）加工特征。

平面加工：水平面（如机床工作台）、垂直面（如箱体侧面）、斜面（通过调整工件或刀具角度实现）。

沟槽与型面：直槽（如 T 形槽、V 形槽）、台阶面、简单曲面（需特殊夹具或仿形装置）。

切断与分割：可用于切断工件或分割材料。

（3）典型设备。

典型设备的加工特点及最大加工尺寸如表 3-2-1 所示。

表 3-2-1　典型设备的加工特点及最大加工尺寸

设备类型	加工特点	最大加工尺寸示例
牛头刨床	工件固定，刨刀往复运动，适合中小件	行程≤1 m，工件质量<500 kg
龙门刨床	刀具固定，工件往复运动，适合大型重载件	行程可达 20 m，承载的物体质量上限为 100 吨
插床（立式刨床）	垂直方向加工内孔键槽、方孔等	行程≤1 m

（4）工艺局限性。

不适用场景：复杂曲面或三维轮廓（铣削更高效）、高精度/较低的粗糙度要求（磨削更优）大批量生产（铣削、拉削效率更高）。

效率瓶颈：空程损失大（约 1/3 时间无效），切削速度较低（通常≤60 m/min）。

刨削的核心价值在于大平面加工的经济性和大型工件的可行性，尤其适合对效率要求不高但需控制成本的场景。随着数控技术发展，其角色逐渐转向特定领域的补充工艺，但在重型制造中仍不可替代。

八、精密与特种加工的设备特点、工艺特点和工艺范围

1. 电火花加工

1）电火花加工原理及必备条件

（1）电火花的加工原理。

电火花加工的原理如图 3-2-23 所示。工件与工具电极分别与脉冲电源的两个不同极性

输出端相连接,自动进给调节装置使工件与工具电极间保持相当的放电间隙。两电极间加上脉冲电压后,在间隙最小处或绝缘强度最低处将工作液介质击穿,形成放电火花。放电通道中等离子瞬时高温使工件和电极表面都被蚀除掉一小部分材料,使各自形成一个微小的放电坑。脉冲放电结束后,经过一段时间间隔,使工作液恢复绝缘,下一个脉冲电压又加在两极上,同样进行另一个循环,形成另一个小凹坑。当这种过程以相当高的频率重复进行时,工具电极不断地调整与工件的相对位置,加工出所需要的零件。所以,从微观上看,加工表面是由很多个脉冲放电小坑组成的。

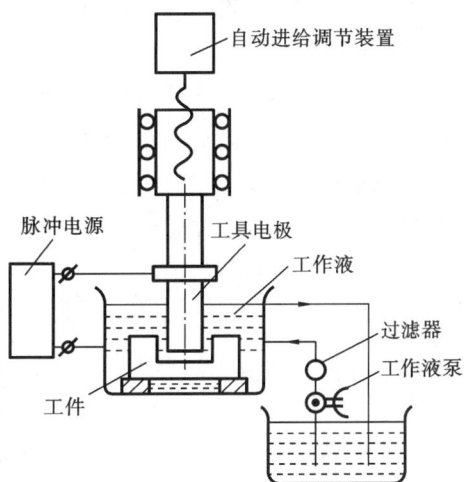

图 3-2-23　电火花加工原理图

（2）电火花加工的必备条件。

基于上述原理,电火花加工应具备下列条件。

① 在脉冲放电点必须有足够大的能量密度,能使金属局部熔化和气化,并在放电爆炸力的作用下,把熔化的金属抛出来。为了使能量集中,放电过程通常在液体介质中进行。

② 工具电极和工件被加工表面之间要经常保持一定的放电间隙。这一间隙随加工条件而定,通常为几微米至几百微米。如果间隙过大,极间电压不能击穿极间介质。因此,在电火花加工过程中必须具有工具电极的自动进给和调节装置。

③ 放电形式应该是脉冲的,放电时间要很短,一般为 $10^{-7} \sim 10^{-3}$ s。这样才能使放电所产生的热量来不及传导扩散到其余部分,将每次放电点分布在很小的范围内,否则会像持续电弧放电,将产生大量热量却只是使金属表面熔化、烧伤,只能用于焊接或切割。

④ 必须把加工过程中所产生的电蚀产物(包括加工焦油、气体之类的介质分解产物)和余热及时地从加工间隙中排除出去,以保证加工能正常地持续进行。

⑤ 在相邻两次脉冲放电的间隔时间内,电极间的介质必须能及时消除电离,避免在同一点上持续放电而形成集中的稳定电弧。

⑥ 电火花加工必须在具有一定绝缘性能的液体介质(如煤油、皂化液或去离子水等液体介质,又称为工作液,必须具有较高的绝缘强度($10^{-3} \sim 10^{-7}$ Ω·cm))中进行,以利于产生脉冲性的放电火花。同时,工作液应能及时清除电火花加工过程中产生的金属小屑、炭黑等电蚀产物,并且对工具电极和工件表面有较好的冷却作用。

2）电火花的加工特点、优势和应用范围

（1）电火花加工的特点:电火花加工不用机械能量,不靠切削力去除金属,而是直接利用电能和热能来去除金属,已成为常规切削、磨削加工的重要补充,相对于机械切削加工而言,电火花加工具有以下一些特点。

① 适合于用传统机械加工方法难以加工的材料加工。因为材料的去除是依靠放电热蚀作用实现的,材料的加工性主要取决于材料的热学性质,如熔点、比热容、导热系数(热导率)

等,几乎与其硬度、韧性等力学性能无关。工具电极材料硬度不必比工件硬度大,所以电极制造相对比较容易。

② 可加工特殊及复杂形状的零件。由于工具电极和工件之间没有相对切削运动,不存在机械加工时的切削力,因此适用于低刚度工件和细微加工。由于脉冲放电时间短,材料加工表面受热影响范围比较小,所以适用于热敏性材料的加工。此外,由于可以简单地将工具电极的形状复制到工件上,因此特别适用于薄壁、刚性差、弹性、微细及复杂形状表面的加工,如复杂的型腔模具的加工。

③ 可实现加工过程自动化。加工过程中的电参数较机械量易于实现数字控制、自适应控制、智能化控制,能方便地进行粗、半精、精加工各工序,简化工艺过程。在设置好加工参数后,加工过程中无须进行人工干涉。

④ 可以改进结构设计,改善结构的工艺性。采用电火花加工后可以将拼镶、焊接结构改为整体结构,既大大提高工件的可靠性,又大大减少工件的体积和质量,还可以缩短模具加工周期。

⑤ 可以改变零件的工艺路线。由于电火花加工不受材料硬度影响,所以可以在淬火后进行加工,这样可以避免淬火过程中产生的热处理变形。如在压铸模或者锻压模制造中,可以将模具淬火到大于 56 HRC 的硬度。

(2)电火花加工有其独特的优势,但同时电火花加工也有一定的局限性,具体表现在以下几个方面。

① 主要用于金属材料的加工。电火花加工不能加工塑料、陶瓷等绝缘的非导电材料。但近年来研究表明,在一定条件下也可加工半导体和聚晶金刚石等非导体超硬材料。

② 加工效率比较低。一般情况下,单位加工电流的加工速度不超过 20 mm^3/min。相比于机加工来说,电火花加工的材料去除率是比较低的。因此通常采用机加工切削去除大部分余量,然后再进行电火花加工。此外,加工速度和表面质量存在着突出的矛盾,即精加工时加工速度很低,粗加工时常受到表面质量的限制。

③ 加工精度受限制。电火花加工中存在电极损耗,由于电火花加工靠电、热来蚀除金属,工具电极也会遭受损耗,而且电极损耗多集中在尖角或底面,影响成形精度。虽然最新的机床产品在粗加工时已能将工具电极的相对损耗比降至 1% 以下,精加工时能将其降至 0.1% 甚至更小,但精加工时的工具电极低损耗问题仍需深入研究。

④ 加工表面有变质层甚至微裂纹。由于电火花加工时在加工零件表面产生瞬时的高热量,这会导致热应力变形,从而造成加工零件表面产生变质层。

⑤ 最小角部半径的限制。通常情况下,电火花加工功能得到的最小角部半径略大于加工放电间隙,一般为 0.02~0.03 mm,若电极有损耗或采用平动头加工,角部半径还要增大,而不可能做到真正的完全直角。

⑥ 外部加工条件的限制。电火花加工时放电部位必须在工作液中,否则将引起异常放电,这给观察加工状态带来麻烦,加工件的大小也受到影响。

⑦ 加工表面的"光泽"问题。一般电火花精加工后的表面,仍无机械加工后的那种"光

泽",需经抛光后才能发"光"。

(3)电火花加工的应用范围:由于电火花加工有其独特的优越性,再加上数控水平和工艺技术的不断提高,其应用领域日益扩大,已经覆盖到机械、航天航空、电子、核能、仪器、轻工等领域,用以解决各种难加工材料、复杂形状零件和有特殊要求的零件的制造,成为常规切削、磨削加工的重要补充和发展。模具制造是电火花成形加工应用最多的领域,而且非常典型。电火花加工在模具制造中的主要应用:高硬度零件加工;型腔尖角部位加工、模具上的筋加工、深腔部位的加工、小孔加工、表面处理。

2. 电解加工

1)电解加工的基本原理

电解加工(又称为电化学加工)是继电火花加工之后发展较快、应用较广的一种特种加工工艺,在国内外已应用于枪、炮、航空航天、火箭等领域,在模具制造中也得到了应用,已成为不可缺少的一种新的工艺方法。电解加工的基本原理是利用金属在电解液中受到电化学腐蚀,更确切地说是电化学阳极溶解。

(1)电化学反应过程。

将两铜片插入 $CuCl_2$ 溶液中,如图 3-2-24 所示,溶液中含有 OH^- 和 CL^-(负离子)及 H^+ 和 Cu^{2+}(正离子),当两铜片分别连接直流电源的正、负极时,即形成导电通路。在外电场的作用下,金属导体及溶液中的自由电子定向运动,铜片电极和溶液的界面上将发生得失电子的电化学反应。溶液中的 Cu^{2+}(正离子)向阴极移动,在阴极表面得到电子而发生还原反应,沉积出铜。阳极表面 Cu 原子失去电子发生氧化反应成为 Cu^{2+} 正离子进入溶液。

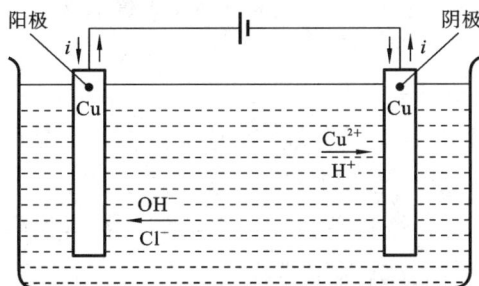

图 3-2-24 电化学反应过程

在阴、阳极表面发生得失电子的化学反应即称为电化学反应,利用这种电化学反应作用加工金属的方法就是电化学加工。其中,阳极上为电化学溶解,阴极上为电化学沉积。

电解加工是一种利用金属在电解液中的阳极溶解的电化学原理对工件进行成形加工的方法。电解加工是特种加工技术中应用最广泛的技术之一,尤其适合于难加工材料的形状复杂或薄壁零件的加工。

电解加工基本原理:金属在电解液中的"电化学阳极溶解"。

在工件(阳极)与工具电极(阴极)之间接上直流电源(见图 3-2-25),使工具电极(阴极)与工件(阳极)之间保持较小的加工间隙(0.1～0.8 mm),间隙中通过高速流动的电解液,这时工件(阳极)开始溶解。开始时,两极之间的间隙大小不等,间隙小的电流密度大,阳极金属去除速度快;而间隙大的电流密度小,阳极金属去除速度慢。随着工件表面金属材料的不断溶解,工具电极(阴极)不断地向工件进给,溶解的电解产物不断地被电解液冲走,工件表面也就逐渐被加工成接近于工具电极的形状,如此下去直至将工具电极的形状复制到工件上。

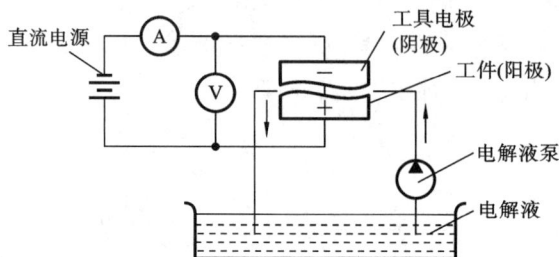

图 3-2-25　电化学阳极溶解原理

（2）电解加工的特点。

① 加工范围广(不受金属材料硬度和强度限制)。

② 生产率高,为电火花的 5～10 倍,有时比切削还高。

③ 加工质量好,无切削力和切削热,表面无残余应力。

④ 可用于加工薄壁和易变形零件。

⑤ 工具电极(阴极)无损耗。

当前电解加工中存在的主要问题是加工精度难以严格控制,尺寸精度一般只能达到 0.15～0.30 mm;附属设备多,造价贵,占地面积大;电解液腐蚀机床,电解液的处理也较困难,会污染环境。

（3）电解加工的加工工艺。

标准电极电位的高低决定了在一定条件下对应金属离子参与电极反应的顺序。电解加工的加工工艺需考虑生产率、加工精度和表面质量三个方面。

① 生产率:电解加工的生产率以单位时间去除的金属体积或质量衡量。金属阳极溶解时,其溶解量与通过的电量符合法拉第定律。

$$V = nwIt$$

式中:V 为金属体积;

$\quad\quad$ n 为电流效率;

$\quad\quad$ w 为电化学当量;

$\quad\quad$ I 为电流;

$\quad\quad$ t 为电解时间。

② 加工精度:脉冲电流电解加工可明显提高加工精度;混气电解加工可提高加工精度,简化工具电极(阴极)的设计与制造;采用小间隙加工,对提高加工精度和生产率都有利。间隙过小会引起火花放电;采用低浓度电解液,表面质量和加工精度都能提高,但效率低;采用复合电解液,既可保持高效率,又可提高加工精度。

③ 表面质量：如果工具电极（阴极）粗糙，其表面条纹和刻痕等都会"复印"在工件表面。如果电流密度低，则阳极溶解均匀。如果电解液流速过低，电解产物排除不及时会造成表面缺陷。如果电解液流速过高，电流场可能不均匀，形成局部真空会影响表面质量。如果电解液温度过低，阳极会溶解不均匀或形成黑膜；如果电解液温度过高，则阳极表面会发生局部剥落。工件材料合金成分多，也会引起溶解速度不均匀，影响表面粗糙度。

2）电解加工的应用

（1）型腔加工。

模具消耗较大、精度要求不太高的矿山机械、农机等所需的锻模，已逐渐采用电解加工。

（2）型面加工。

涡轮发动机、增压器、汽轮机等的叶片，叶身型面形状比较复杂、精度要求高、加工批量大，采用机械加工难度大、生产率低、加工周期长，而采用电解加工则不受叶片材料硬度和韧度的限制，在一次行程中就可加工出复杂的叶身型面，生产率高、表面粗糙度值小，电解加工整体叶轮在我国已得到普遍应用。

（3）电解倒棱去毛刺。

机械加工中去毛刺的工作量很大，尤其是去除硬而韧的金属毛刺，需要很多的人力，电解倒棱去毛刺可以大大提高工效。

（4）深孔扩孔加工。

深径比大于 5 的深孔扩孔，如果用传统切削加工方法加工，刀具磨损严重、表面质量差、加工效率低。目前采用电解加工方法加工 $\phi 4 \times 2000$ mm、$\phi 100 \times 8000$ mm 的深孔，加工精度高、表面粗糙度值小、生产率高。按工具电极（阴极）的运动方式，电解加工深孔可分为固定式和移动式两种。

（5）深小孔加工。

加工深小孔有两种方法，即普通电解加工和电液束加工。

（6）型孔加工。

对一些形状复杂、尺寸较小的四方、六方、椭圆、半圆等形状的通孔和不通孔的加工，机械加工很困难，也可采用电解加工，如图 3-2-26 所示。

（7）套料加工。

用套料加工方法可以加工等截面的大面积异形孔，或用于加工等截面薄型零件的下孔，如图 3-2-27 所示。

3. 复合电解磨削加工

复合电解磨削加工是利用电解作用与机械磨削作用相结合而进行加工的复合加工。

图 3-2-26　异形材料

1）复合电解磨削加工的基本原理

复合电解磨削加工所用的工具电极（阴极）是含有磨粒的导电砂轮。电解磨削过程中，金属主要是靠电化学作用腐蚀下来，导电砂轮起磨去电解产物阳极钝化膜和整平工件表面

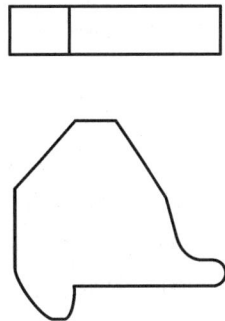

的作用,如图 3-2-28 所示。

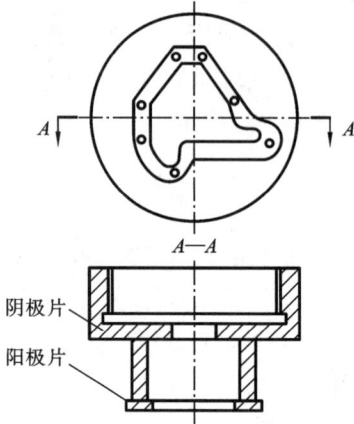

图 3-2-27　套料阴极工具

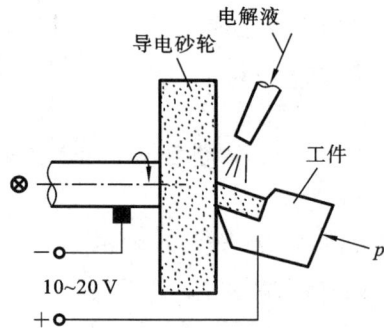

图 3-2-28　复合电解磨削加工

导电砂轮与直流电源的阴极相连,被加工工件(硬质合金车刀)接阳极,它在一定的压力下与导电砂轮相接触,在加工区域送入电解液,在电解和机械磨削的双重作用下,车刀的后刀面很快被磨光。电流从工件通过电解液而流向导电砂轮,形成通路,于是工件(阳极)表面的金属在电流和电解液的作用下发生电解作用(电化学腐蚀),被氧化成为一层极薄的氧化物或氢氧化物薄膜(阳极薄膜)。但阳极薄膜迅速被导电砂轮磨粒刮除,在阳极工件上又露出新的金属表面并被继续电解。这样电解作用和刮除薄膜的磨削作用交替运行,工件被连续加工,直至达到一定的尺寸精度和表面粗糙度。

2)复合电解磨削加工的特点

(1)加工范围广、加工效率高。

由于电解作用和工程材料的机械性能关系不大,因此,只要选择合适的电解液就可以用来加工任何高硬度、高韧度的金属材料。加工硬质合金时,与普通的金刚石砂轮磨削相比,复合电解磨削的加工效率要高 3~5 倍。

(2)工件的加工精度和表面质量高。

由于砂轮只起刮除阳极薄膜的作用,磨削力和磨削热都很小,不会产生磨削裂纹和烧伤现象,因而复合电解磨削加工能提高加工表面质量和加工精度,一般表面粗糙度值 $R_a < 0.16\ \mu m$。

(3)砂轮的磨损量小。

普通刃磨时,碳化硅砂轮磨削硬质合金材料,其磨损量为硬质合金质量的 4~6 倍,复合电解磨削时仅为硬质合金切除量的 $50\% \sim 100\%$;与普通金刚石砂轮磨削相比,复合电解磨削砂轮的损耗速度仅为它们的 1/10~1/5,可显著降低成本。采用复合电解磨削加工不仅比单纯用金刚石砂轮磨削时效率提高 2~3 倍,而且能够大大节省金刚石砂轮的消耗。经此方法,一个金刚石导电砂轮可使用长达 5~6 年。

(4)对机床、工具腐蚀相对较小。

由于复合电解磨削是靠砂轮磨粒来刮除具有一定硬度和黏度的阳极钝化膜,由此电解液中不能含有活化能力很强的活性离子(如 Cl^- 离子),一般使用以腐蚀能力较弱的 $NaNO_3$、$NaNO_2$ 等为主的电解液,以提高电解成形精度和有利于机床、工具的防锈、防蚀。

(5)复合电解磨削加工的应用。

复合电解磨削加工适合磨削各种高强度、高硬度、高热敏性、高脆性等难以磨削的金属材料,如硬质合金、高速钢钛合金、不锈钢、镍基合金和磁钢等。复合电解磨削可磨削各种硬质合金刀具、塞规、轧辊、耐磨衬套、模具平面和不锈钢注射针头等。复合电解磨削的效率一般高于机械磨削,磨轮损耗较低,加工表面不产生磨削烧伤、裂纹、残余应力、加工变质层和毛刺等,表面粗糙度值 R_a 一般为 $0.16\sim0.63\ \mu m$,最小可达 $0.04\ \mu m$。

4. 激光加工

1)激光加工技术的原理及其特点

(1)激光加工的原理。

激光加工是以激光为热源对工件进行的热加工。

从激光器输出的高强度激光经过透镜聚焦到工件上,其焦点处的功率密度高达 $107\sim1012\ W/cm^2$,温度达 $10000\ ℃$ 以上,任何材料都会瞬时熔化、气化。激光加工就是利用这种光能的热效应对材料进行焊接、打孔和切割等加工的。

通常用于加工的激光器主要是固体激光器(见图 3-2-29)和气体激光器(见图 3-2-30)。使用二氧化碳气体激光器切割时,一般在光束出口处装有喷嘴,用于喷吹氧气、氮气等辅助气体,以提高切割速度和切口质量。

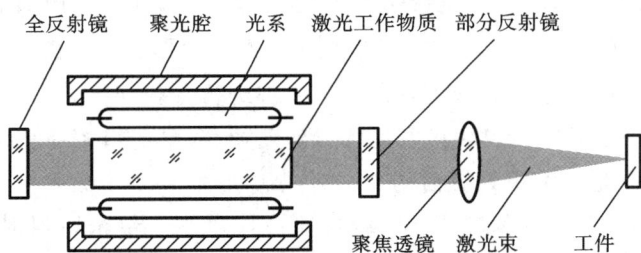

图 3-2-29 固体激光器加工原理

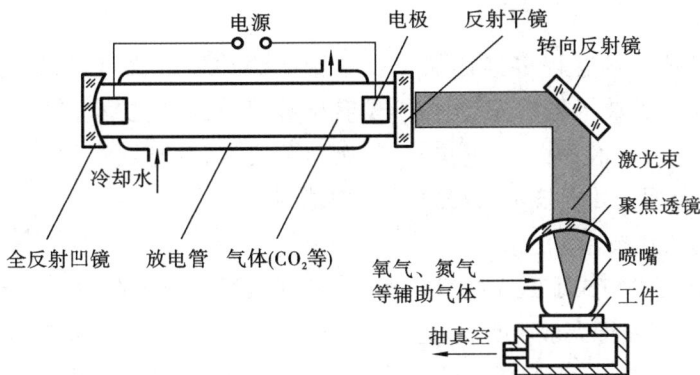

图 3-2-30 气体激光器加工原理

由于激光加工是无接触式加工,工具不会与工件的表面直接摩擦产生阻力。所以激光加工的速度极快、加工对象受热影响的范围较小而且不会产生噪声。由于激光束的能量和光束的移动速度均可调节,因此激光加工可应用到不同层面。加工过程大体上可分为如下几个阶段:

① 激光束照射工件材料(光的辐射能部分被反射,部分被吸收并对材料加热,部分因热传导而损失);

② 工件材料吸收光能;

③ 光能转变成热能使工件材料无损加热(激光进入工件材料的深度极浅,所以在焦点中央,表面温度迅速升高);

④ 工件材料被熔化、蒸发、气化,并溅出去除或破坏;

⑤ 作用结束与加工区冷凝。

(2)激光加工的优势。

激光的特点决定了激光在加工领域存在的优势如下。

① 由于激光加工是无接触加工,并且高能量激光束的能量及其移动速度均可调,因此可以实现多种加工目的。

② 激光可以对多种金属、非金属进行加工,特别是可以加工高硬度、高脆性及高熔点的材料。

③ 在激光加工过程中,无"刀具"磨损,无"切削力"作用于工件上。

④ 在激光加工过程中,激光束能量密度高,加工速度快,并且是局部加工,对非激光照射部位没有影响或影响极小。因此,其热影响区小,工件热变形小,后续加工量小。

⑤ 激光可以通过透明介质对密闭容器内的工件进行各种加工。

⑥ 由于激光束易于导向、聚集,可实现各方向变换,极易与数控系统配合、对复杂工件进行加工,因此激光加工是一种极为灵活的加工方法。

⑦ 使用激光加工,生产效率高,质量可靠,经济效益好。激光切割钢件工效可提高 8~20 倍,材料可节省 15%~30%,大幅度降低了生产成本,并且加工精度高,产品质量稳定可靠。

2)激光加工技术的应用

由于激光加工技术具有许多其他加工技术所无法比拟的优点,所以该技术应用较广。目前已成熟的激光加工技术包括:激光快速成形技术、激光焊接技术、激光打标技术、激光打孔技术、激光去重平衡技术、激光蚀刻技术、激光微调技术、激光划线技术、激光切割技术、激光热处理技术、激光强化处理技术、激光微细加工技术等。

(1)激光快速成形技术。

激光快速成形技术集成了激光技术、CAD/CAM 技术和材料技术的最新成果,根据零件的 CAD 模型,用激光束将光敏聚合材料逐层固化,精确堆积成样件,不需要模具和刀具即可快速精确地制造形状复杂的零件,该技术已在航空航天、电子、汽车等工业领域得到广泛应用。

（2）激光焊接技术。

激光焊接的强度高、热变形小、密封性好，可以焊接尺寸和性质悬殊以及熔点很高（如陶瓷）和易氧化的材料。采用激光焊接技术焊接的心脏起搏器，其密封性好、寿命长，而且体积小。

（3）激光打标技术。

激光打标技术是激光加工技术最大的应用领域之一。激光打标技术是利用高能量密度的激光对工件进行局部照射，使表层材料气化或发生颜色变化的化学反应，从而留下永久性标记的一种打标方法。激光打标可以打出各种文字、符号和图案等，字符大小可以从毫米级到微米级，这对产品的防伪有特殊的意义。准分子激光打标技术是近年来发展起来的一项新技术，特别适用于金属打标，可实现亚微米级打标，已广泛用于微电子工业和生物工程工业。

（4）激光打孔技术。

采用脉冲激光器可进行打孔，脉冲宽度为 0.1～1 ms，特别适用于打微孔和异形孔，孔径为 0.005～1 mm。激光打孔已广泛用于钟表和仪表的宝石轴承、金刚石拉丝模、化纤喷丝头等工件的加工。

（5）激光去重平衡技术。

激光去重平衡技术是用激光去掉高速旋转部件上不平衡的过重部分，使惯性轴与旋转轴重合，以达到动平衡的过程。激光去重平衡技术具有测量和去重两大功能，可同时进行不平衡的测量和校正，效率得到很大提高，在陀螺制造领域有广阔的应用前景。对于高精度转子，激光去重平衡技术可成倍提高平衡精度，其质量偏心值的平衡精度可达 1‰或千分之几微米。

（6）激光蚀刻技术。

激光蚀刻技术比传统的化学蚀刻技术工艺简单、可大幅度降低生产成本，可加工 0.125～1 μm 宽的线，非常适用于超大规模集成电路的制造。采用激光对流水线上的工件刻字或打标记，并不影响流水线的速度，刻画出的字符可永久保持。

（7）激光微调技术。

激光微调技术可对指定电阻进行自动精密微调，精度可达 0.002％～0.01％，比传统加工方法的精度和效率高、成本低。激光微调包括薄膜电阻（厚度为 0.01～0.6 μm）与厚膜电阻（厚度为 20～50 μm）的微调、电容的微调和混合集成电路的微调。

（8）激光划线技术。

激光划线技术是生产集成电路的关键技术，其划线细、精度高（线宽为 15～25 μm，槽深为 5～200 μm），加工速度快（可达 200 mm/s），成品率可达 99.5％以上。

（9）激光切割技术。

在船舶、汽车制造等工业中，常使用百瓦至万瓦级的连续 CO_2 激光器对大工件进行切割，既能保证精确的空间曲线形状，又有较高的加工效率。对小工件的切割，常用中、小功率固体激光器或 CO_2 激光器。在微电子学中，常用激光切划硅片或切窄缝，加工速度快、热影响区小。

（10）激光热处理技术（激光相变硬化、激光淬火）。

激光热处理是利用高功率密度的激光束对金属进行表面处理的方法，它可以对金属实现相变硬化(也称为表面淬火、表面非晶化、表面重熔淬火)、表面合金化等表面改性处理,产生用其他大表面淬火达不到的表面成分、组织、性能的改变。经激光热处理后,铸铁表面硬度可以超过 60 HRC;中碳及高碳的碳钢,表面硬度可超过 70 HRC,从而提高耐磨、抗疲劳、耐腐蚀、抗氧化等性能,延长其使用寿命。

与其他热处理如高频淬火、渗碳、渗氮等传统工艺相比,激光热处理技术具有以下特点。

① 无须使用外加材料,仅改变被处理材料表面的组织结构,处理后的改性层具有足够的厚度,可根据需要调整深浅,一般为 0.1～0.8 mm。

② 处理层和基体结合强度高。激光表面处理的改性层和基体材料之间是致密的冶金结合,而且处理层表面是致密的冶金组织,具有较高的硬度和耐磨性。

③ 被处理件变形极小,由于激光功率密度高,与零件的作用时间很短(10^{-2}～10 s),零件的热变形区和整体变化都很小,故适合于高精度零件处理,作为材料和零件的最后处理工序。

④ 加工柔性好,适用面广。利用灵活的导光系统可随意将激光导向处理部分,从而方便地处理深孔、内孔、盲孔和凹槽等,可进行选择性的局部处理。

(11) 激光强化处理技术。

激光强化处理技术基于激光束的高能量密度加热和工件快速自冷却两个过程,在金属材料激光表面强化中,当激光束能量密度处于低端时,可用于金属材料的表面相变强化;当激光束能量密度处于高端时,工件表面光斑处相当于一个移动的坩埚,可完成一系列的冶金过程,包括表面重熔、表层增碳、表层合金化和表层熔覆。这些功能在实际应用中引发的材料替代技术,将给制造业带来巨大的经济效益。

(12) 激光微细加工技术。

激光微细加工选择适当波长的激光,通过各种优化工艺和逼近衍射极限的聚焦系统,输出高质量光束,具有高稳定性、焦斑尺寸微小尺寸的特点。利用其锋芒尖利的"光刀"特性,进行高密微痕的刻制、高密信息的书写;也可利用其光阱的"力"效应,进行微小透明球状物的夹持操作。

激光加工虽属于较为前沿的技术,但经过几十年的发展,目前已广泛应用于很多领域。由于激光加工基本可实现零误差,在精密加工上有着无可替代的地位。

5. 超声波加工

1) 超声波加工的原理

超声波加工是利用工具端面做超声频振动,通过磨料悬浮液加工硬脆材料的一种加工方法。超声波加工是磨料在超声波振动作用下的机械撞击和抛磨作用与超声波空化作用的综合结果,其中磨料的连续冲击是主要的,如图 3-2-31 所示。

加工时在工具头与工件之间加入液体与磨料混合的悬浮液,并在工具头振动方向加上一个不大的压力,超声波发生器产生的超声频电振荡通过换能器转变为超声频的机械振动,变幅杆将振幅放大到 0.01～0.15 mm,再传给工具,并驱动工具端面作超声振动,迫使悬浮液中的悬浮磨料在工具头的超声振动下以很大速度不断撞击抛磨被加工表面,把加工区域的材料粉碎成很细的微粒,从材料上被打击下来。虽然每次打击下来的材料不多,但由于每

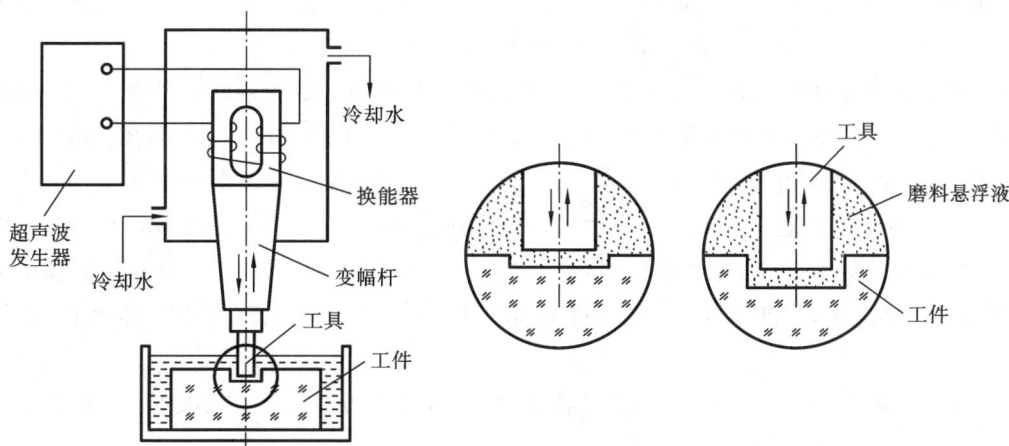

图 3-2-31　超声波加工的原理

秒打击 16000 次以上，所以仍存在一定的加工速度。与此同时，悬浮液受工具端面的超声振动作用而产生的液压冲击和空化现象促使液体钻入被加工材料的隙裂处，加速了破坏作用，而液压冲击也使悬浮工作液在加工间隙中强迫循环，使变钝的磨料及时得到更新。

超声波加工的特点如下。

（1）加工范围广：可加工淬硬钢、不锈钢、钛及其合金等传统切削难加工的金属、非金属材料；特别是一些不导电的非金属材料，如玻璃、陶瓷、石英、硅、玛瑙、宝石、金刚石及各种半导体等，对导电的硬质金属材料如淬火钢、硬质合金也能加工，但生产率低。

（2）适合深小孔、薄壁件、细长杆、低刚度和形状复杂、要求较高零件的加工。

（3）适合精度高、表面粗糙度值小等精密零件的精密加工。

可获得较高的加工精度（尺寸精度可达 $0.005\sim0.02$ mm）和较小的表面粗糙度值（R_a 为 $0.05\sim0.2$ μm），被加工表面无残余应力、烧伤等现象，也适合加工薄壁、窄缝和低刚度零件。

（4）加工的切削力小、切削功率消耗低。

由于超声波加工主要靠瞬时的局部冲击作用，故工件表面的宏观切削力很小，切削应力更小。

（5）易于加工各种复杂形状的型孔、型腔和成形表面等。

（6）工具可用较软的材料做成较复杂的形状。

（7）超声波加工设备结构一般比较简单，操作维修方便。

2）超声波加工的工艺规律

（1）加工速度及其影响因素。

加工速度是指单位时间内去除材料的多少，以 mm³/min 或 g/min 为单位来表示。影响加工速度的因素主要有工具的振幅和频率、进给压力、磨料的种类和粒度、被加工材料、磨料悬浮液的浓度。

① 工具振幅和频率的影响。过大的振幅和过高的频率会使工具和变幅杆承受很大的内

应力,振幅一般为 0.01~0.1 mm,频率为 16000~25000 Hz。在实际加工中,需要根据不同工具调至共振频率,以获得最大振幅,从而达到较高的加工速度。

② 进给压力的影响。加工时工具对工件应有一个适当的进给压力。当压力过小时,工具端面与工件加工表面间的间隙增大,从而减少了磨料对工件的锤击力;当压力增大时,间隙减少到一定程度则会降低磨料与工作液的循环更新速度,从而降低生产率。

③ 磨料种类和粒度的影响。加工时针对不同强度的工件材料可选择不同的磨料。磨料强度越高加工速度越快,但要考虑价格成本。加工宝石、金刚石等超硬材料,必须选用金刚石磨料;加工淬火钢、硬质合金,应选用碳化硼磨料;加工玻璃、硅、锗等半导体材料,选用氧化铝磨料。

④ 被加工材料的影响。被加工材料越硬越脆,承受冲击载荷的能力越低,越易被去除加工;反之,韧性越好,越不易加工。

⑤ 磨料悬浮液浓度的影响。磨料悬浮液浓度低,加工间隙内的磨粒少,特别是在加工面积大、深度较大的工件时可能造成加工区局部没有磨料,使加工速度大大降低。磨料悬浮液浓度的增加,加工速度也会增加;但浓度太高,磨粒在加工区域内的循环运动和对工件的撞击运动受到影响,则会导致加工速度降低。

(2) 加工精度及其影响因素。

超声波的加工精度,除了机床、夹具精度影响外,主要与磨料粒度、工具精度及其磨损情况、工具横向振动、加工深度、被加工材料性质有关。

(3) 表面质量的影响。

超声波加工具有良好的表面质量,不会产生表面变质层和烧伤,其表面粗糙度主要与磨粒尺寸、超声波振幅和工件材料硬度有关。磨粒尺寸越小,超声振幅越小,工件材料越硬,生产率越低,表面粗糙度越会得到明显改善,因为表面粗糙度主要取决于每颗磨粒每次锤打工件材料所留下的凹痕的大小和深浅。

超声波加工的生产率虽然比电火花加工和电解加工低,但其加工精度和表面质量都优于它们。更重要的是可以加工它们难以加工的半导体和非金属的硬脆材料,而且对于电火花加工后的一些淬火钢、硬质合金冲模、拉丝模、塑料模等,最后还经常用超声波做抛磨、光整加工,使表面粗糙度进一步降低。

3) 超声波加工的应用

(1) 型孔和型腔的加工。

超声波目前主要应用于脆硬材料的圆孔、型孔、型腔、套料、微细孔等的加工。

(2) 切割加工。

对于难以用普通加工方法切割的脆硬材料,用超声波加工具有切片薄、切口窄、精度高、生产率高、经济性好等优点。

(3) 超声波清洗。

其原理主要是:基于清洗液在超声波作用下产生空化效应的结果。空化效应产生的强烈冲击液直接作用到被清洗的部位,使污物遭到破坏,并从被清洗表面脱落下来。

此方法主要用于几何形状复杂、清洗质量要求高而用其他方法清洗效果差的中小精密零件,特别是对工件上的深小孔、微孔、弯孔、盲孔、沟槽、窄缝等部位的精清洗,超声波清洗的生产率和净化率都很高。目前,在半导体和集成电路元件、仪器仪表零件、电真空器件、光学零件、医疗器械等的清洗中得到广泛应用。

（4）超声波焊接。

超声波焊接就是利用超声振动作用去除工件表面的氧化膜,使工件露出本体表面,使两个被焊工件表面在高速振动撞击下摩擦发热并亲和且粘在一起。它可以焊接尼龙、塑料及表面易生成氧化膜的铝制品,还可以在陶瓷等非金属表面挂锡、挂银,从而改善这些材料的焊接性。

（5）复合加工。

在超声波加工硬质合金、耐热合金等硬质金属材料时,加工速度低、工具损耗大,为了提高加工速度和降低工具损耗,采用超声波、电解加工或电火花加工相结合的方法来加工喷油嘴、喷丝板上的孔或窄缝,这样可大大提高生产率和质量。在切削加工中引入超声波振动,即超声振动切削（例如对耐热钢、不锈钢等硬韧材料进行车削、钻孔、攻螺纹时）,作为一种精密加工和难切削材料加工中的新技术,可以降低切削力、降低表面粗糙度、延长刀具使用寿命及提高生产率等。目前,在国内应用较多的主要有:超声振动车削、超声振动磨削,超声振动加工深孔、小孔和攻螺纹、铰孔等。

九、刀具的种类和用途,金属切削刀具的材料和几何形状

1. 刀具的种类和用途

刀具的种类很多,根据用途和加工方法不同,通常把刀具分为以下几种类型。

（1）切刀包括:各种车刀、刨刀、插刀、镗刀、成形车刀等。

（2）孔加工刀具包括各种钻头、扩孔钻、铰刀、复合孔加工刀具（如钻-铰复合刀具）等。

（3）拉刀包括:圆拉刀、平面拉刀、成形拉刀（如花键拉刀）等。

（4）铣刀包括:加工平面的圆柱铣刀、端铣刀等;加工沟槽的立铣刀、键槽铣刀、三面刃铣刀、锯片铣刀等;加工特殊形面的模数铣刀、凸（凹）圆弧铣刀、成形铣刀等。

（5）螺纹刀具包括:螺纹车刀、丝锥、板牙、螺纹切刀、搓丝板等。

（6）齿轮刀具包括:齿轮滚刀、蜗轮滚刀、插齿刀、剃齿刀、花键滚刀等。

（7）磨具包括:砂轮、砂带、油石和抛光轮等。

（8）其他刀具包括:数控机床专用刀具、自动线专用刀具等。

按材料不同,刀具可分为碳素钢刀具、高速钢刀具、硬质合金刀具、陶瓷刀具等。按结构不同,刀具可分为整体式、镶片式、复合式刀具等。

2. 金属切削刀具的材料

刀具材料主要是指刀具切削部分的材料。在切削过程中,刀具的切削能力直接影响生产率、加工质量和加工成本。刀具的切削性能主要取决于刀具材料,其次是刀具几何参数和刀具结构的选择与设计是否合理。

1) 刀具材料的基本要求

(1) 高硬度和耐磨性好:刀具材料的硬度必须高于工件材料的硬度,要比工件材料的硬度高 1.3～1.5 倍,一般其常温硬度要求在 60 HRC 以上。耐磨性是材料抵抗切削过程中的剧烈磨损的能力,一般情况下,刀具材料的硬度越高,耐磨性越好。

(2) 足够的强度和韧性:刀具要承受很大的切削力、冲击与振动,必须具备足够的抗弯强度和冲击韧度,才能避免产生崩刃和折断。

(3) 良好的耐热性和导热性:刀具材料应在高温下仍能保持较高硬度,又称为红硬性(加热 4 h 仍能保持 58 HRC 的硬度)或热硬性。耐热性是衡量刀具材料性能的主要指标,它基本上决定了刀具允许的切削速度。

(4) 良好的工艺性:良好的工艺性便于刀具制造,具体包括锻造、轧制、焊接、切削加工、磨削加工和热处理性能等。

2) 刀具材料的种类

刀具材料有碳素工具钢、合金工具钢、高速钢、硬质合金、金刚石、立方氮化硼(CBN)、陶瓷等。

(1) 高速钢。

高速钢是加入了钨(W)、钼(Mo)、铬(Cr)、钒(V)等合金元素的高合金工具钢。它具有较高的硬度(62～67 HRC)和耐热性(550～6000 ℃),较高的强度和韧度,抗冲击、振动的能力较强。适用于制造各种形状复杂的刀具,如钻头、丝锥、成形刀具、拉刀、齿轮刀具等。常用的通用型高速钢牌号为 W6Mo5Cr4V2 和 W18Cr4V。

(2) 硬质合金。

硬质合金可分为 K、P、M 三个主要类别,是目前主要的刀具材料之一,大多数车刀、端铣刀和部分立铣刀等均已采用硬质合金制造。

(3) 涂层刀具材料。

涂层刀具材料是在硬质合金或高速钢基体上,涂敷一层几微米厚、具有高硬度、高耐磨性的金属化合物(如碳化钛、氮化钛、氧化铝等)而制成的。

(4) 金刚石。

金刚石是目前已知的最硬材料,硬度接近于 10000 HV(硬质合金的硬度为 1300～1800 HV),能对陶瓷、硬质合金等高硬度、耐磨性材料进行切削加工,使用寿命极高。但金刚石的热稳定性较差,因此不宜用于加工钢铁材料。

(5) 立方氮化硼。

立方氮化硼的硬度为 8000～9000 HV,仅次于金刚石;热稳定性和化学惰性比金刚石的好,可耐 1300～1500 ℃的高温;能切削淬硬钢、冷硬铸铁和高温合金等。立方氮化硼刀片可用机械夹固或焊接的方法固定在刀杆上,也可以将立方氮化硼与硬质合金压制在一起,制成复合刀片。

(6) 陶瓷。

陶瓷刀具材料包括纯氧化铝 Al_2O_3 陶瓷、Al_2O_3- TiC 复合陶瓷、Si_3N_4-TiC-Co 复合陶

瓷,可用于加工钢、铸铁;对于冷硬铸铁、淬硬钢的车削和铣削特别有效,其使用寿命、加工效率和已加工表面质量常高于硬质合金刀具。其主要缺点是:抗弯强度低、冲击韧度低、导热能力低和线膨胀系数大;对冲击十分敏感,容易破裂。因此,应用受到限制。

3. 金属切削刀具的几何形状

1) 刀具结构

刀具通常由工作部分和夹持部分组成。刀具切削部分总是近似地以外圆车刀的切削部分为基本形态,其他各类刀具可看成是它的演变和组合。以普通车刀为例,刀具切削部分的结构要素如图3-2-32所示。

外圆车刀由三个刀面、两条切削刃和一个刀尖组成。

① 前刀面:刀具上切屑流过的表面(A_y)。

② 后刀面:刀具上与工件过渡表面相对的是主后刀面(A_a),与工件已加工表面相对的是副后刀面(A'_a)。

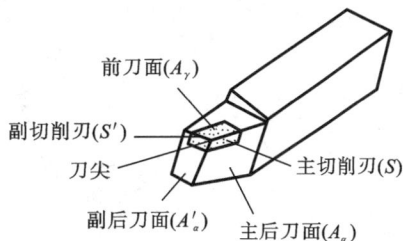

图 3-2-32 车刀切削部分的结构要素

③ 切削刃:前刀面与主后刀面相交形成的交线称为主切削刃(S),它完成主要的切削工作。前刀面与副后刀面相交形成的是副切削刃(S'),它完成部分切削工作,并最终形成已加工表面。

④ 刀尖:主、副切削刃的连接部位。

2) 刀具的主要角度

刀具几何角度可分为静态角度(标注角度)和工作角度,分别对应静止参考系和工作参考系。如图3-2-33所示为静止参考系的各组成平面。

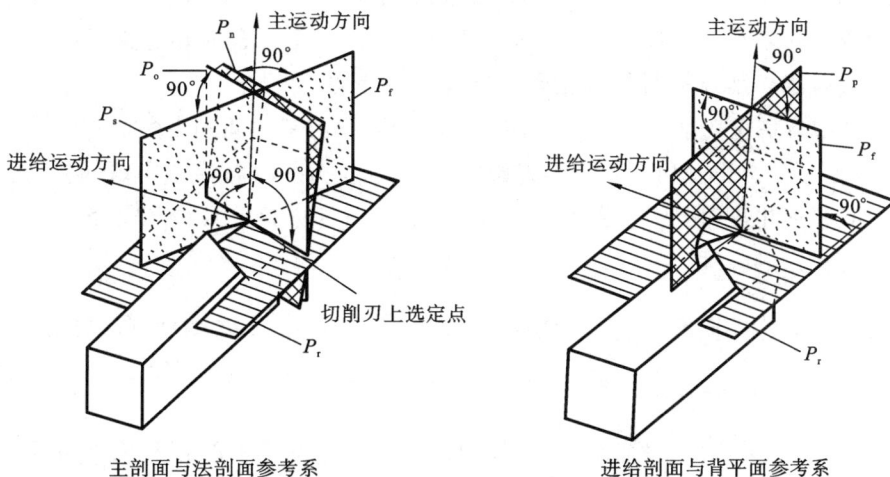

主剖面与法剖面参考系   进给剖面与背平面参考系

图 3-2-33 刀具静止参考系

(1) 刀具静止参考系。

选定适当组合的基准坐标平面作为参考系。用于定义刀具设计、制造、刃磨和测量时几

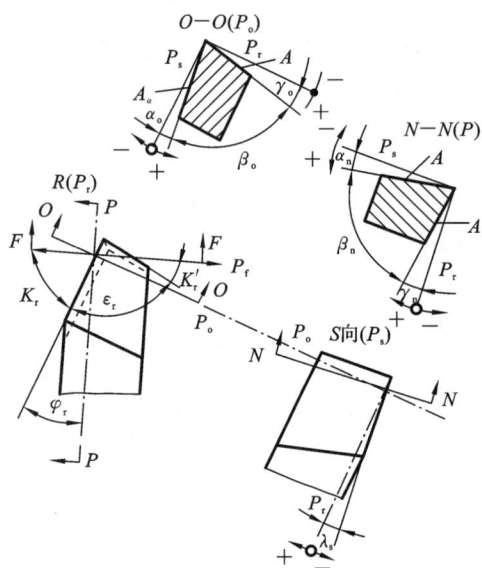

图 3-2-34　车刀标注角度

何参数的参考系,称为刀具静止参考系。

① 基面:过切削刃选定点,垂直于该点假定主运动方向的平面(P_r)。

② 切削平面:过切削刃选定点,与切削刃相切,并垂直于基面的平面,主切削平面(P_s),副切削平面(P_f)。

③ 正交平面:过切削刃选定点,并同时垂直于基面和切削平面的平面(P_o)。

④ 假定工作平面:过切削刃选定点,垂直于基面并平行于假定进给运动方向的平面(P_p)。

(2) 车刀的主要标注角度及选择要点。

在车刀设计、制造、刃磨和测量时,必须确定的角度如图 3-2-34 所示。

① 前角 γ_o:前刀面与基面之间的夹角。增大前角,使主切削刃锋利,可减小切削力和切削热。但前角过大,刀刃很脆弱,易产生崩刃。前角有正与负的区分。

② 后角 α_o:主后刀面与切削平面之间的夹角。后角的主要作用是减少刀具后刀面与工件表面间的摩擦和后刀面的磨损,并配合前角影响切削刃的锋利和强度。

③ 主偏角 K_r:主切削刃和假定进给方向在基面(P_r)上投影的夹角。主偏角的大小影响切屑断面形状和切削分力的大小。有时主偏角也根据工件加工形状来确定。

④ 副偏角 K'_r:副切削刃和假定进给的相反方向在基面(P_r)上投影的夹角。副偏角的主要作用是减少副切削刃与工件已加工表面的摩擦,应减少刀具磨损和防止切削时产生振动。减小副偏角可减小切削残留面积,减小已加工表面的粗糙度值。

⑤ 刃倾角 λ_s:在主切削平面(P_s)中测量的主切削刃与基面间的夹角。它与前角类似,也有正、负和零值之分。刃倾角主要影响刀头的强度、切削分力和排屑方向。

选择刀具几何角度时,应遵循"锐字当先,锐中求固"原则,刀具锋利是第一位的,同时也要保证刀具有一定的强度。

十、工件的定位基准、定位方法、定位元件及工件在夹具中的夹紧

1. 工件在夹具中的定位

在机械加工中,必须使工件、夹具、刀具和机床之间保持正确的相互位置,这样才能加工出符合要求的零件。工件在夹具中的定位就是确定一批工件在夹具中一致的正确位置。

1) 工件的定位原理

(1) 自由度的概念。

任何一个工件在夹具中未定位前,都可以将其看成空间直角坐标系中的自由刚体,其空

间位置是不确定的,即有六个自由度:沿三个坐标轴(x、y、z轴)的移动自由度,分别用$\vec{x}$、$\vec{y}$、$\vec{z}$表示;绕三个坐标轴(x、y、z轴)的转动,分别用$\widehat{x}$、$\widehat{y}$、$\widehat{z}$表示,如图 3-2-35 所示。由此可见,要使一批工件在夹具中占有一致的正确位置,就必须对工件的六个自由度加以必要的限制,一个尚未定位的工件,其位置是不确定的。

(2) 六点定位原理。

要使一个自由刚体在空间有一个确定的位置,就必须设置相应的六个约束,分别限制自由刚体的六个自由度。对工件的六个自由度都加以限制了,工件在空间的位置也就完全被确定下来了,因此,工件定位的实质就是用定位元件来阻止工件的移动或转动,从而限制工件的自由度。

在分析工件定位时,通常用一个支承点来限制工件的一个自由度,用合理分布的六个支承点,限制工件的六个自由度,使工件在夹具中的位置完全被确定,这就是六点定位原理。

图 3-2-36 所示为长方体工件在空间坐标系中的情形:在 x-y 面上,设置了呈-三角形布置的三个定位支承点,当工件底面与这三个定位支承点接触时,就限制了工件 $\vec{z}$、$\widehat{x}$、$\widehat{y}$ 三个自由度;三个定位支承点构成的三角形面积越大,定位越稳定;在 y-z 面上,设置了两个定位支承点,这两个定位支承点的连线平行于 x-y 平面,当工件侧面与这两个定位支承点接触时,就限制了工件 $\vec{x}$、$\widehat{z}$ 两个自由度(注意:两定位支承点的连线不能与底面垂直,否则,工件绕 z 轴的转动自由度便不能被限制了);在 y-z 平面上,设置了一个定位支承点,工件靠向该点,便限制了工件一个自由度。

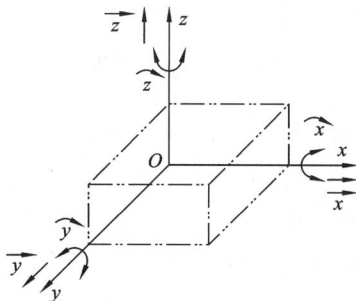

图 3-2-35　工件的六个自由度

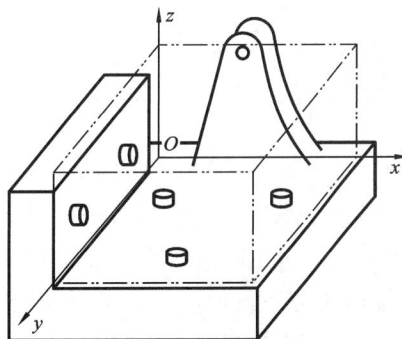

图 3-2-36　长方体工件的六点定位原理

由此可见,装夹工件时只要紧靠夹具上位置合理分布的这六个定位支承点,工件的六个自由度便可被限制了,工件在空间的位置就完全被确定了。要注意的是,由于定位是通过定位支承点与工件的定位基面相接触来实现的,两者一旦脱离,定位作用就自然消失了。

必须强调的是:定位以后,防止工件相对于定位元件做反方向移动或转动属于夹紧所要解决的问题,定位与工件动不动是两个概念,不能混为一谈。对于其他各种形状的工件也可做类似的分析。图 3-2-37 所示为圆柱形工件定位分析,可在其外圆表面上设置四个定位支承点 1、3、4、5 限制 $\vec{x}$、$\vec{z}$、$\widehat{x}$、$\widehat{z}$ 四个自由度;在其槽侧设置一个定位支承点 2,限制了一个自由度。此时,工件已实现完全定位。

通过上述分析,说明了六点定位原则存在的几个主要问题。

① 在机床夹具的实际结构中,理论上的定位支承点总是通过具体的定位元件来实现的。

② 定位支承点与工件定位基准面始终保持接触,才能起到限制自由度的作用。

③ 分析定位支承点的定位作用时,不考虑力的影响。工件的某一自由度被限制,是指工件在某个坐标方向有了确定的位置,并不是指工件在受到使其脱离定位支承点的外力时不能运动。使工件在外力作用下不能运动,要靠夹紧装置来完成。

(3) 工件定位中的几种情况。

① 完全定位。完全定位是指不重复地限制了工件六个自由度的定位。当工件在 x、y、z 三个坐标方向均有尺寸要求或位置精度要求时,一般采用这种定位方式,如图 3-2-38 所示。

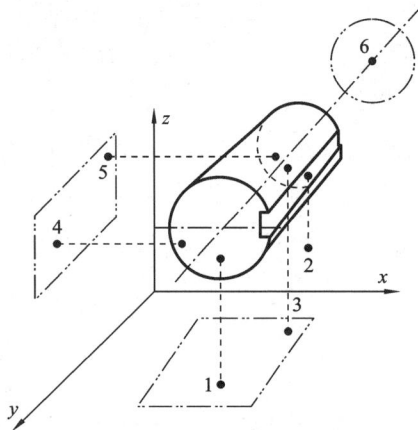

图 3-2-37　圆柱形工件定位分析　　　　　　图 3-2-38　完全定位

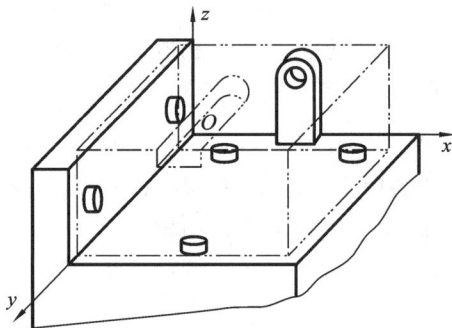

② 不完全定位。根据工件的加工要求,有时并不需要限制工件的全部自由度,这样的定位方式称为不完全定位。例如,在车床上车一个工件,要求保证其直径的尺寸精度,在工件装夹过程中,三爪自定心夹盘限制了工件四个自由度,而工件沿主轴中心线的移动和绕主轴中心线的转动这两个自由度没有被限制,也没有必要限制,就可保证其直径的尺寸精度。由此可知,工件在定位时应该限制的自由度数目应由工序的加工要求而定,不影响加工精度的自由度可以不加限制。不完全定位可简化定位装置,因此,其在实际生产中也得到了广泛的应用。

③ 欠定位。根据工件的加工要求,应该限制的自由度没有完全被限制的定位称为欠定位。欠定位无法保证加工要求,因此,在确定工件在机床夹具中的定位方案时,不允许有欠定位的现象发生。如图 3-2-38 所示,若不设 x-z 平面上的端面定位支承点,则工件上半封闭槽的长度就无法保证;若缺少 y-z 侧面两个定位支承点,则工件上槽宽尺寸和槽与工件侧面的平行度均无法得到保证。

④ 过定位。机床夹具上的两个或两个以上的定位元件重复限制同一个自由度的现象称为过定位。过定位是否允许,应根据具体情况进行具体分析。一般情况下,如果工件的定位

面为没有经过机械加工的毛坯面或虽经过机械加工,但仍然很粗糙的表面,这时过定位是不允许的。如果工件的定位面经过机械加工,并且其定位面和定位元件的尺寸、形状和位置都比较准确,表面较光滑,则过定位不但对工件加工表面的位置尺寸影响不大,反而可以增加加工时的刚度,这时过定位是允许的。

若将工件放置在四个支承钉或两条支承板上,则为过定位,如图 3-2-39 所示。此时,如果工件的底面为形状精度很低的粗基准或四个支承钉不在同一平面上,则工件放置在支承钉上时,实际上只有三点接触,这将造成一个工件在接触夹具中定位时的位置不定,或一批工件在机床夹具中位置的不一致性。如果工件的底面是加工过的精基准或形状精度较高的粗基准,只要四个支承钉或两块支承板处于同一平面上,这个工件在机床夹具中的位置就基本上是确定的,一批工件在机床夹具中位置也是基本一致的,则过定位可使工件在机床夹具中定位稳定,反而对保证工件加工精度有好处。

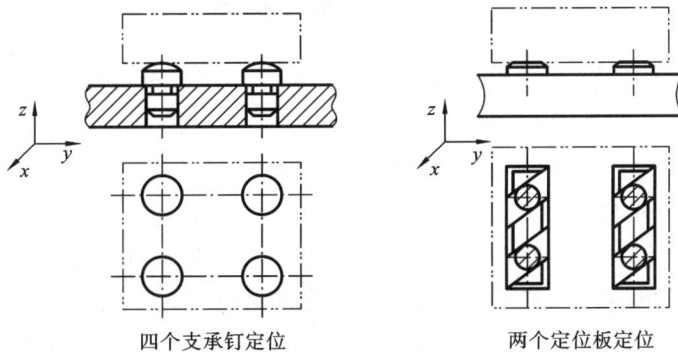

图 3-2-39　过定位

在某些零件如箱体或发动机连杆中,经常采用零件上一主要平面以及该平面上的两个孔组合定位,称为一面两孔定位,如图 3-2-40 所示。工件的定位基准是底面 A 和两孔中心线,采用一面两销方式定位。如果两个定位销均为短圆柱销,如图 3-2-40(a)所示,则当工件两孔的中心距与机床夹具上两个短圆柱销的中心距相差较大时,孔 1 与短圆柱销 1 相配后,孔 2 有可能套不进短圆柱销 2,原因是沿两孔中心线方向的自由度被短圆柱销重复限制了。改进方法是:将短圆桂销 2 改为菱形销,并使削边定位销的长轴方向与两销连心线垂直,如图 3-2-40(b)所示,这样就不会产生过定位。若只采用增大销孔配合间隙来消除干涉的方法,则会增大定位误差。

2) 工件的定位方法及其定位元件

工件的定位表面有各种形式,如平面、外圆、内孔等,对于这些定位表面,总是采用一定结构的定位元件,以保证定位元件的定位表面和工件的定位基准面相接触或配合,从而实现工件的定位。

(1) 定位元件的设计要求。

① 定位元件要有与工件相适应的结构精度。

② 定位元件要有足够的刚度,不允许受力后发生变形。

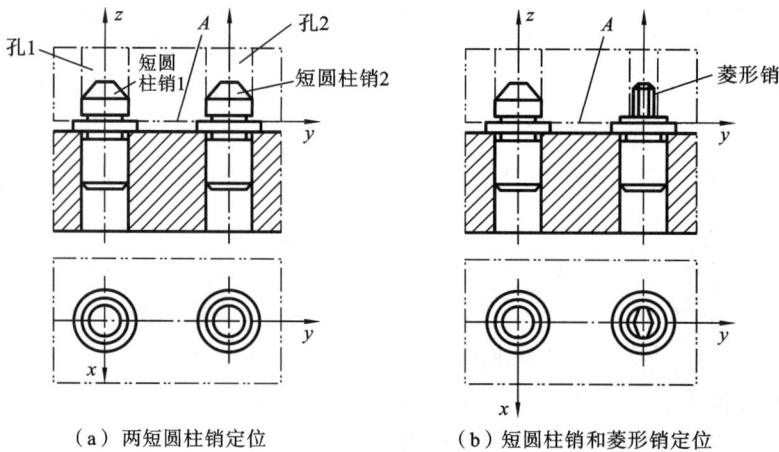

（a）两短圆柱销定位　　　　　　　（b）短圆柱销和菱形销定位

图 3-2-40　一面两孔定位

③ 定位元件要有耐磨性，以便在使用中保持定位精度。一般定位元件多采用低碳钢渗碳淬火或中碳钢淬火，硬度为 58～62 HRC。

下面分析各种典型的定位方法和相应的定位元件。

（2）工件以平面定位。

在机械加工中，利用工件上的一个或几个平面作为定位基准面来定位工件的方法，称为平面定位。例如，箱体、机座、支架、板盘类零件等，多以平面为定位基准面。平面定位所用的定位元件称为基本支承，包括固定支承、可调支承、自位支承和辅助支承。

① 固定支承。固定支承是指高度尺寸固定、不能调整的支承，包括固定支承钉和固定支承板两类。固定支承钉用于较小平面的支承，而固定支承板用于较大平面的支承。

图 3-2-41 所示为用于平面定位的几种常用固定支承钉，它们利用顶面对工件进行定位。其中，图 3-2-41(a)所示的平头固定支承钉常用于精基准面的定位；图 3-2-41(b)所示的球头固定支承钉常用于粗基准面的定位，以保证良好的接触；图 3-2-41(c)所示的网纹头固定支承钉常用于要求较大摩擦力的定位；图 3-2-41(d)所示的带衬套固定支承钉便于拆卸和更换，一般用于批量大、磨损快且需要经常修理的场合。固定支承钉限制一个自由度。

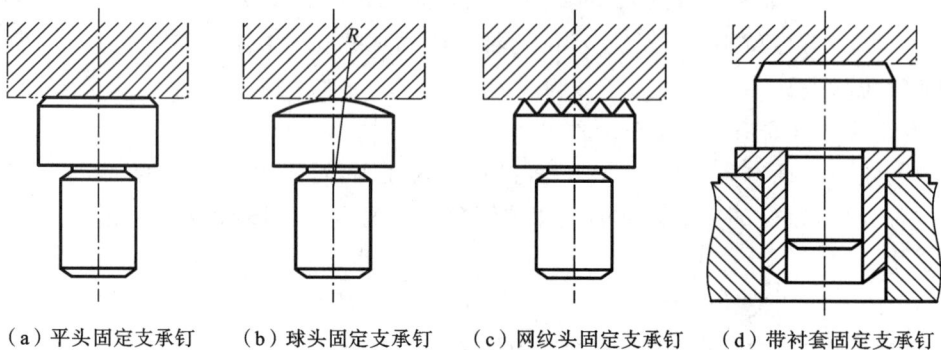

（a）平头固定支承钉　　（b）球头固定支承钉　　（c）网纹头固定支承钉　　（d）带衬套固定支承钉

图 3-2-41　用于平面定位的几种常用固定支承钉

固定支承板有较大的接触面积,可使工件定位稳固。一般较大的精基准平面定位多用固定支承板作为定位元件。如图 3-2-42 所示为两种常用的固定支承板。图 3-2-42(a)所示为平板式固定支承板,结构简单、紧凑,但不易清除落入沉头螺孔中的切屑,一般用于侧面定位。图 3-2-42(b)所示为斜槽式固定支承板,其在结构上做了改进,即在固定支承板上开两个斜槽以安装固定螺钉,并可使清屑容易;这种支承板适用于底面定位。短支承板限制一个自由度,长支承板限制两个自由度。

（a）平板式固定支承板　　　（b）斜槽式固定支承板

图 3-2-42　两种常用的固定支承板

② 可调支承。可调支承的顶端位置可以在一定的范围内进行调整。它用于未加工表面的定位,以调节补偿各批毛坯尺寸误差,一般不是对每个加工工件进行调整,而是对一批工件毛坯进行调整。如图 3-2-43 所示为几种常用的可调支承。图中按要求高度调整好可调支承钉后,然后用螺母锁紧。

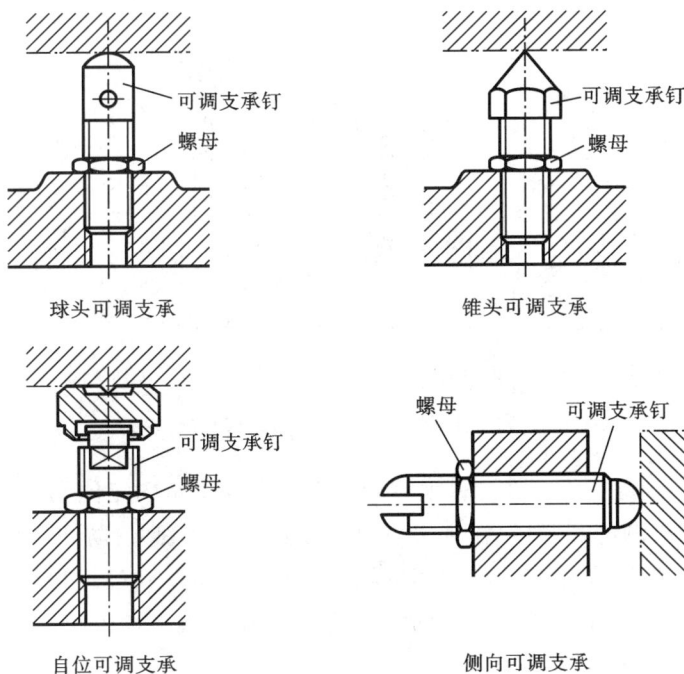

球头可调支承　　　　　　　锥头可调支承

自位可调支承　　　　　　　侧向可调支承

图 3-2-43　几种常用的可调支承

图 3-2-44 所示为可调支承的应用示例。图 3-2-44(a)中工件先以箱体的 A 面为粗基准定位,随后铣削底面 B,再以 B 面定位镗双孔。因 A 面误差太大,这样定位铣 B 面后会使 H_1、H_2 尺寸变化较大,而使镗孔余量不均匀,甚至不够。为此,定位时应按划线找正的位置,

通过调节使 H_1、H_2 尺寸变化尽量小,同一批次的毛坯镗孔尽可能有足够而均匀的余量。图 3-2-44(b)所示为在同一夹具上加工相似工件。在轴上钻径向孔时,工件侧面定位用可调支承,以适应不同的轴向定位要求。对一批工件来说,可调支承就相当于固定支承。

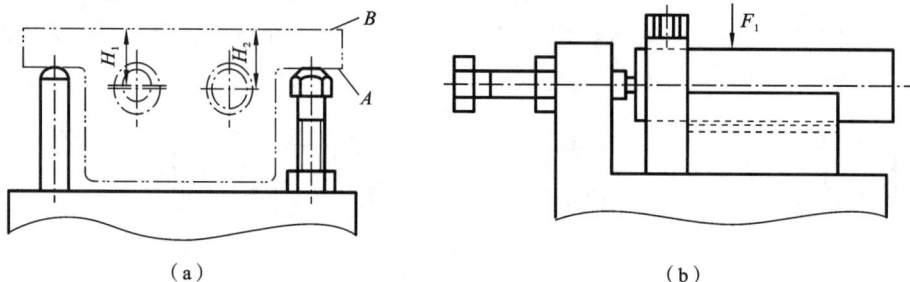

图 3-2-44 可调支承的应用

③ 自位支承。自位支承又称为浮动支承,在定位过程中,自位支承本身所处的位置随工件定位基准面的变化而自动调整。图 3-2-45 所示为几种常见的自位支承。尽管每一个自位支承与工件间可能是以两个或三个定位支承点接触,但实质上仍然只有一个定位支承点起作用,只限制工件的一个自由度。自位支承常用于断续表面、阶梯表面和毛坯表面的定位。

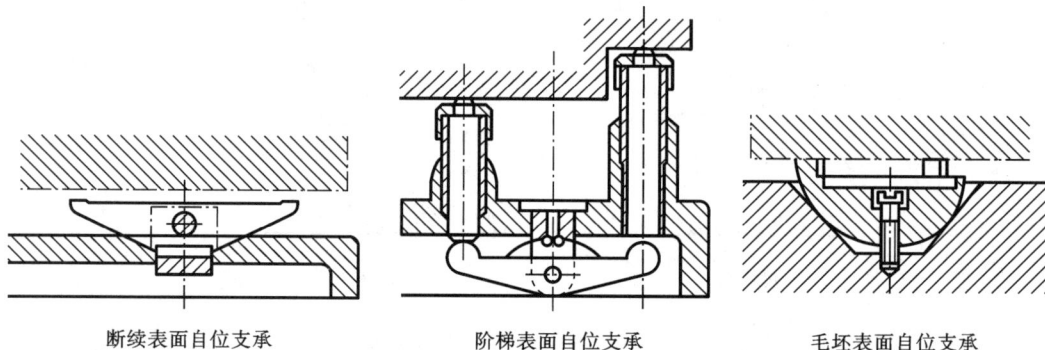

断续表面自位支承　　　　　　阶梯表面自位支承　　　　　　毛坯表面自位支承

图 3-2-45 几种常见的自位支承

④ 辅助支承。辅助支承是在工件实现定位后才参与支承的定位元件,不起定位作用,仅用来提高工件的装夹刚度和稳定性,承受重力、切削力和夹紧力,防止工件因受力而产生振动或变形。如图 3-2-46 所示为几种常用的辅助支承。图 3-2-46(a)和图 3-2-46(b)所示的辅助支承用于小批量生产,图 3-2-46(c)所示的辅助支承用于大批量生产。

(3) 工件以外圆表面定位。

工件以外圆表面作为定位基准时,根据外圆柱面的长短、大小、完整程度和加工要求等,可以对应采用 V 形块、定位套、半圆套等定位元件。其中最常用的是在 V 形块上定位。

① V 形块。V 形块是用得最广泛的外圆表面定位元件,有固定式 V 形块和活动式 V 形块之分。如图 3-2-47 所示为常用固定式 V 形块。图 3-2-47(a)中的 V 形块可用于较短工件的精基准定位;图 3-2-47(b)中的 V 形块可用于较长的粗基准(或阶梯轴)定位;图 3-2-47(c)

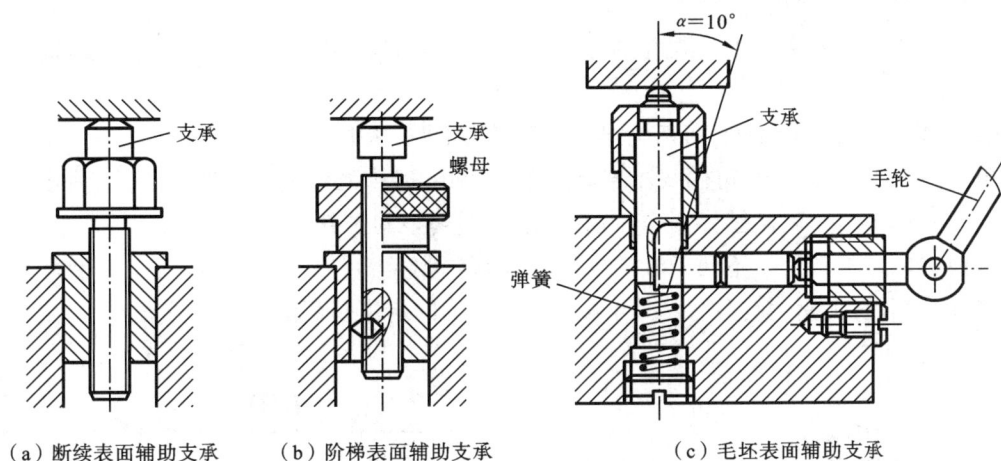

（a）断续表面辅助支承　　（b）阶梯表面辅助支承　　（c）毛坯表面辅助支承

图 3-2-46　几种常见的辅助支承

中的 V 形块可用于两精基准面相距较远的定位；图 3-2-47(d)中的 V 形块是在铸铁底座上镶淬火钢垫制成的，可用于基准直径与长度较大的定位。根据工件与 V 形块的接触母线长度，固定式 V 形块可以分为短 V 形块和长 V 形块，前者限制工件两个自由度，后者限制工件四个自由度。

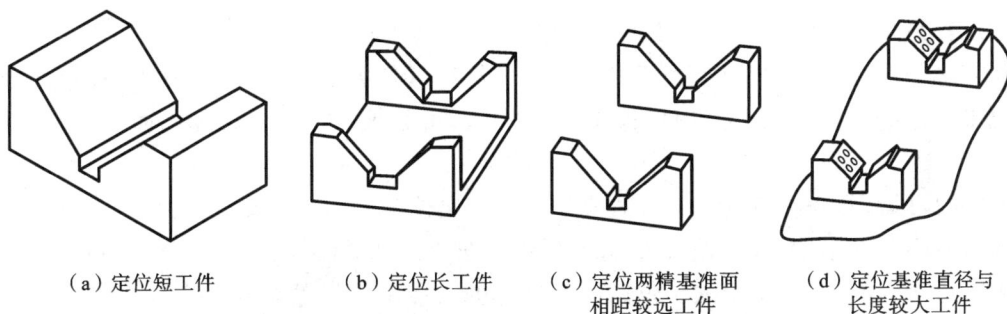

（a）定位短工件　　　（b）定位长工件　　　（c）定位两精基准面　　　（d）定位基准直径与
　　　　　　　　　　　　　　　　　　　　　　　相距较远工件　　　　　长度较大工件

图 3-2-47　常用固定式 V 形块

V 形块定位的优点如下。

a．对中性好，能使工件的定位基准轴线落在 V 形块两斜面的对称平面上，在左右方向上不会发生偏移，且安装方便。

b．应用范围较广，不论定位基准是否经过加工，也不论工件表面是完整圆柱面还是局部圆弧面，都可采用 V 形块定位。

V 形块上两斜面间的夹角一般选用 $60°$、$90°$、$120°$，其中以 $90°$夹角应用最多。典型 V 形块结构和尺寸均已标准化，设计时可查国家标准手册。V 形块的材料一般用 20 钢，渗碳深度为 $0.8\sim1.2$ mm，淬火硬度为 $60\sim64$ HRC。

② 定位套。工件以外圆柱面作定位基准面在定位套中定位的方法一般适用于静基准定位。如图3-2-48(a)所示为以套筒定位，限制工件四个自由度；图 3-2-48(b)所示为以锥套定

位,限制工件的五个自由度。

应用定位套时要考虑工件与套的配合间隙等的影响,必要时应采取工艺措施,避免重复定位。

③ 半圆套。如图 3-2-49 所示为半圆套结构简图。其中下半圆起定位作用,上半圆起夹紧作用。图 3-2-49(a)中的可卸式半圆套与图 3-2-49(b)中的铰链式半圆套相比,后者装卸工件更方便。短半圆套限制工件两个自由度,长半圆套限制工件四个自由度。

这种定位方式常用于不便于轴向安装的大型轴套类零件的精基准定位。半圆套与定位基面接触面积大,夹紧力均匀,尤其可减少薄套类工件定位基面的接触变形。

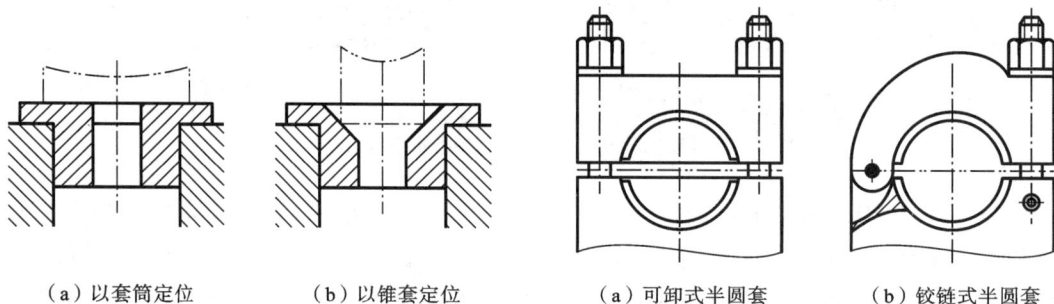

（a）以套筒定位　　（b）以锥套定位

图 3-2-48　工件在定位套内定位

（a）可卸式半圆套　　（b）铰链式半圆套

图 3-2-49　半圆套结构简图

（4）工件以圆孔定位。

有些工件,如套筒、法兰盘、拨叉及齿轮零件等以孔作为定位基准,此时采用的定位元件有定位销、菱形销、圆柱销、定位心轴(圆柱心轴和圆锥心轴)等,以保证加工面如外圆锥面或齿轮分度圆对内孔的同轴度。

① 定位销。图 3-2-50 所示为几种常用的圆柱定位销。其工作部分直径 d 通常根据加工要求和考虑便于装夹的原则并按 g5、g 6、f6、f7 进行设计和制造。图 3-2-50(a)、图 3-2-50(b)、图 3-2-50(c)所示的固定式定位销与夹具体的连接采用过盈配合。图 3-2-50(d)所示为带衬套的可换式圆柱定位销,这种定位销与衬套的配合采用间隙配合,故其位置精度较固定

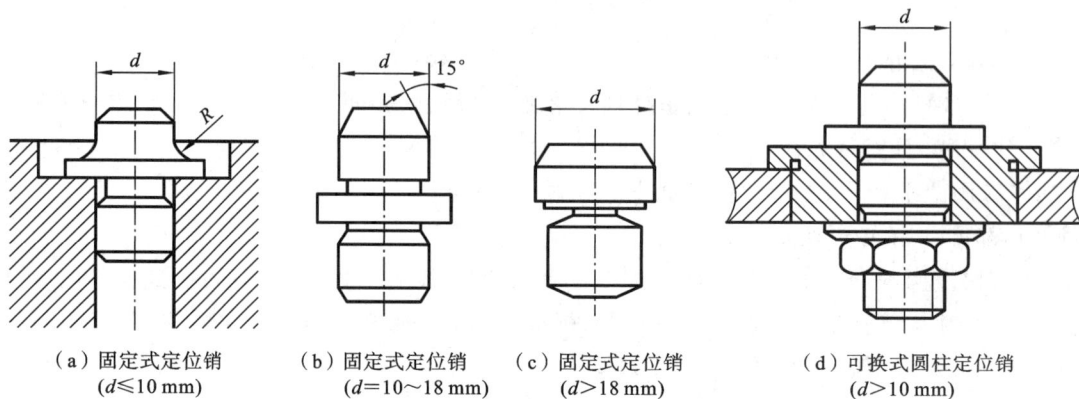

（a）固定式定位销　　（b）固定式定位销　　（c）固定式定位销　　（d）可换式圆柱定位销
（$d \leqslant 10$ mm）　　（$d=10\sim18$ mm）　　（$d>18$ mm）　　（$d>10$ mm）

图 3-2-50　几种常用的圆柱定位销

式定位销的低,一般用于大批量生产中。为便于工件顺利装入,定位销的头部应有 15°倒角。短圆柱销限制工件两个自由度,长圆柱销限制工件四个自由度。

② 菱形销和圆锥销。在加工套筒、空心轴类工件时,也经常用到菱形销和圆锥销,如图 3-2-51 所示。图 3-2-51(a)中的菱形销定位时,只在接触位置限制工件一个自由度,在需要避免过定位时使用。图3-2-51(b)中的圆锥菱形销常用于毛坯孔定位。图 3-2-51(c)中的圆锥销常用于已加工孔的定位。

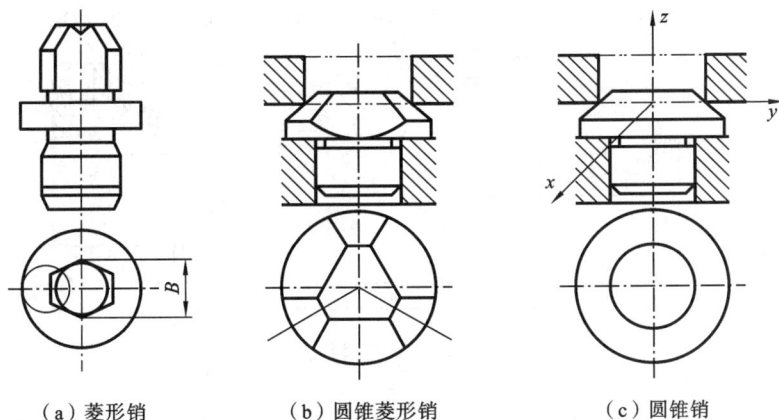

（a）菱形销　　　　　　　（b）圆锥菱形销　　　　　　　（c）圆锥销

图 3-2-51　菱形销和圆锥销

③ 定位心轴。定位心轴主要用于套筒类和空心盘类工件的车、铣、磨及齿轮加工。定位心轴的类型很多,常见的有圆柱心轴和圆锥心轴等。图 3-2-52(a)所示的间隙配合圆柱心轴的定位精度不高,但装卸工件较方便;图 3-2-52(b)所示的过盈配合圆柱心轴常用于对定心精度要求高的场合;图 3-2-52(c)所示为小锥度心轴,当工件孔的长径比 $L/D>1$ 时,心轴的工作部分可略带锥度。短圆柱心轴限制工件两个自由度,长圆柱心轴限制工件四个自由度。圆锥心轴定位方式是圆锥面与圆锥面接触,要求锥孔和圆锥心轴的锥度相同,接触良好,因此,其定心精度与周向定位精度均较高,而轴向定位精度取决于工件孔和心轴的尺寸精度。圆锥心轴限制工件五个自由度,即除绕轴线转动的自由度没限制外其余均已限制。

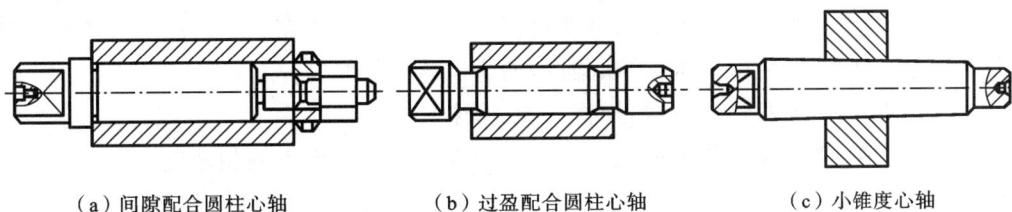

（a）间隙配合圆柱心轴　　　　　（b）过盈配合圆柱心轴　　　　　（c）小锥度心轴

图 3-2-52　几种常用的定位心轴

2. 工件在夹具中的夹紧

1）夹紧装置的组成和基本要求

工件在机床上定位后,将工件固定并使其在加工过程中保持定位位置不变的装置,称为夹紧装置。

（1）夹紧装置的组成。

夹紧装置由动力源装置、传力机构和夹紧元件三部分组成,如图 3-2-53 所示。

① 动力源装置。动力源装置是产生夹紧作用力的装置。按夹紧力的来源,机动夹紧的动力源装置包括气动、液压、气液联动、电磁、真空动力源装置等。图 3-2-53 中的气缸就是一种动力源装置。

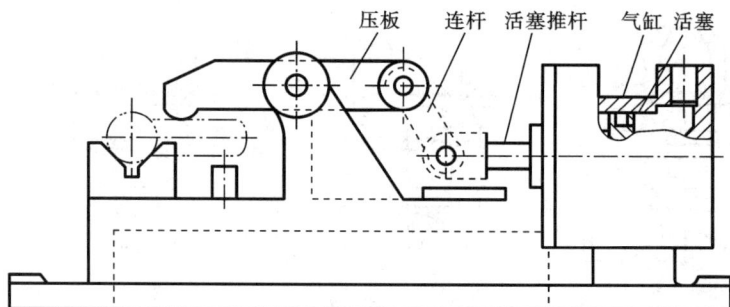

图 3-2-53　夹紧装置

② 传力机构。动力源装置所产生的力或人力要正确地作用到工件上,因此,需有适当的传力机构。传力机构把原动力传递给夹紧元件。传力机构的作用是:改变作用力的方向和大小,具有一定的自锁功能,以便在夹紧力消失后,仍能保证整个夹紧系统处于可靠的夹紧状态,这一点在手动夹紧时尤为重要。传力机构由两种构件组成,一是接受原始作用力的构件,二是中间传力机构。

③ 夹紧元件。夹紧元件是通过直接与工件接触来完成夹紧作用的最终执行元件,如图 3-2-53 中压板的作用是接受传力机构传来的作用力,夹紧工件。

（2）夹紧装置的作用。

夹紧装置的选用是否正确,对保证工件的精度、提高生产率和减轻工人劳动强度有很大影响。因此,选用夹紧装置应遵循以下原则。

① 夹紧过程可靠。夹紧过程中不破坏工件在夹具中的正确位置。

② 夹紧力大小适当。夹紧后的工件变形和表面压伤程度须在加工精度允许的范围内。

③ 结构工艺性好。结构力求简单、紧凑,便于制造和维修。

④ 使用性能好。夹紧动作迅速,操作方便,安全省力。

⑤ 经济实用原则。夹紧装置的自动化和复杂程度应与生产纲领相适应。

2）夹紧力的确定

夹紧力的方向、作用点和大小,应依据工件的结构特点、加工要求,结合工件加工中的受力状况及定位元件的结构和布置方式来确定。

（1）夹紧力的方向。

夹紧力的方向与工件定位的孔分布配置情况,以及工件所受外力的作用方向等有关。选择时必须遵守以下准则。

① 夹紧力的方向应有助于定位稳定,不应破坏工件的定位,且主夹紧力应朝向主要定位基面。

如图 3-2-54(a)所示,夹紧力的垂直分力方向背离限位基面,会使工件抬起;图 3-2-54(b)中夹紧力的两个分力分别朝向了限位基面,有助于使定位稳定;如图 3-2-54(c)所示,工件要镗的孔与其侧面有垂直度要求,侧面为主定位面,选底面夹紧不利于保证镗孔轴线与侧面的垂直度;图 3-2-54(d)中夹紧力朝向主要限位基面的侧面,有利于保证加工孔轴线与侧端面的垂直度。

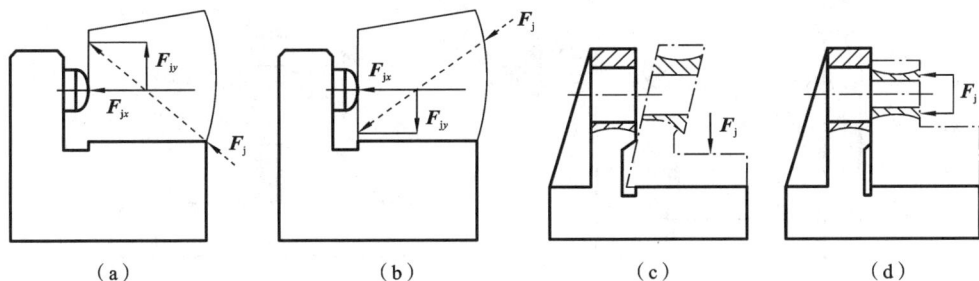

图 3-2-54　夹紧力方向有助于定位

② 夹紧力的方向尽可能与切削力和工件重力同向。

当夹紧力的方向与切削力和工件重力的方向相同时,加工过程中所需要的夹紧力可最小,从而能简化夹紧装置的结构,便于操作,减少工人劳动强度。但在实际生活中,很难达到理想的情况,所以在选择夹紧方向时,应考虑在满足夹紧要求的前提下,使夹紧力尽量小。如图 3-2-55(a)所示,若夹紧力与切削力同向,则切削力由机床夹具的固定支承承受,所需夹紧力较小。如图 3-2-55(b)所示,若夹紧力与切削力方向相反,则夹紧力至少要大于切削力。

③ 夹紧力的方向应是工件刚度较高的方向。

由于工件在不同方向上的刚度是不等的,不同的受力表面也因接触面积大小不同而使变形各异。尤其在夹紧薄壁零件时,更需要注意使夹紧力的方向指向工件刚度最好的方向。如图 3-2-56 所示的薄壁套筒工件,它的轴向刚度比径向刚度高。在图 3-2-56(a)中,用三爪自定心卡盘径向夹紧套筒,将使工件产生较大变形。若改为图 3-2-56(b)所示的形式,用螺母沿轴向夹紧工件,则不易产生变形。

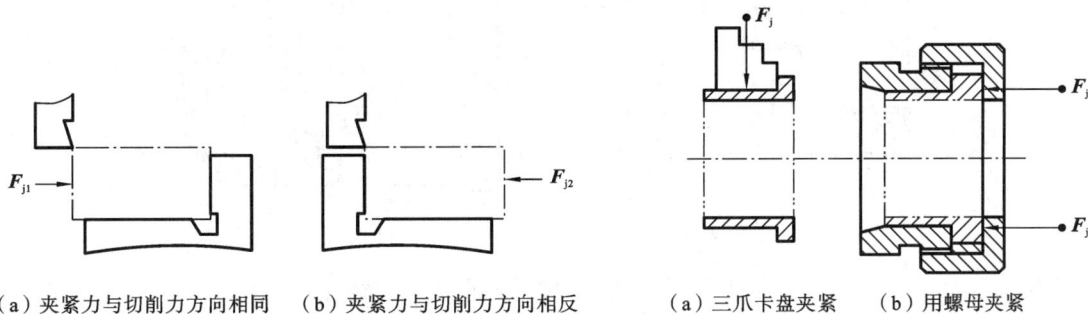

（a）夹紧力与切削力方向相同　（b）夹紧力与切削力方向相反

图 3-2-55　夹紧力与切削力方向

（a）三爪卡盘夹紧　（b）用螺母夹紧

图 3-2-56　壁套筒的夹紧

(2) 夹紧力的作用点。

选择夹紧力的作用点的实质是指在夹紧方向已定的情况下确定夹紧力的作用点的位置和数目。夹紧力的作用点的选择是达到最佳夹紧状态的首要因素。选择夹紧力的作用点时必须遵循以下准则。

① 夹紧力的作用点应落在定位元件的支承范围内,应尽可能使夹紧点与支承点对应,使夹紧力作用在支承上。如图 3-2-57(a)所示,夹紧力作用在支承面范围之外,会使工件倾斜或移动,夹紧时将破坏工件的定位。夹紧力的作用点的正确位置如图 3-2-57(b)中的箭头所示。

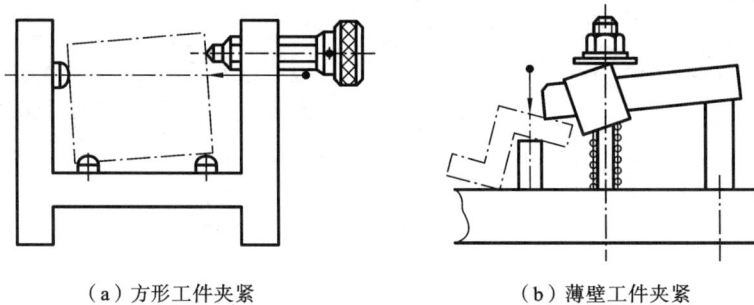

（a）方形工件夹紧　　　　　　　　（b）薄壁工件夹紧

图 3-2-57　夹紧力的作用点的位置

② 夹紧力的作用点应选在工件刚度较高的部位。这一原则对刚度较低的工件尤其重要,如图 3-2-58(a)所示,夹紧力的作用点在工件刚度较低的部位,易使工件发生变形。如果改为图 3-2-58(b)所示的夹紧方式,不但作用点处的工件刚度较高,而且夹紧力均匀分布在环形接触面上,可使工件整体及局部变形最小。对于薄壁零件,增加均布作用点的数目是减少工件夹紧变形的有效方法。薄壁箱体夹紧时,夹紧力不应作用在薄壁箱体的顶面,而应作用在刚度高的凸边上,如图 3-2-59(a)、图 3-2-59(b)所示。当薄壁箱体没有凸边时,如图 3-2-59(c)所示,可使三点夹紧着力点的位置落在刚度较高的箱壁上,从而降低着力点的压强,减小工件的夹紧变形。

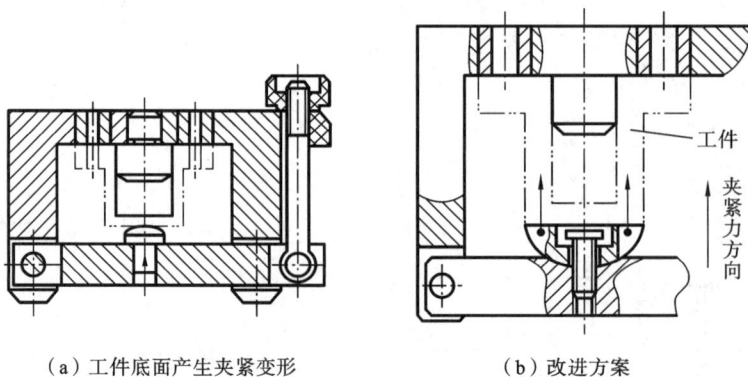

（a）工件底面产生夹紧变形　　　　　　　　（b）改进方案

图 3-2-58　夹紧力的作用点与工件变形

③ 夹紧力的作用点应尽量靠近加工表面,以提高定位的稳定性和可靠性,防止工件产生

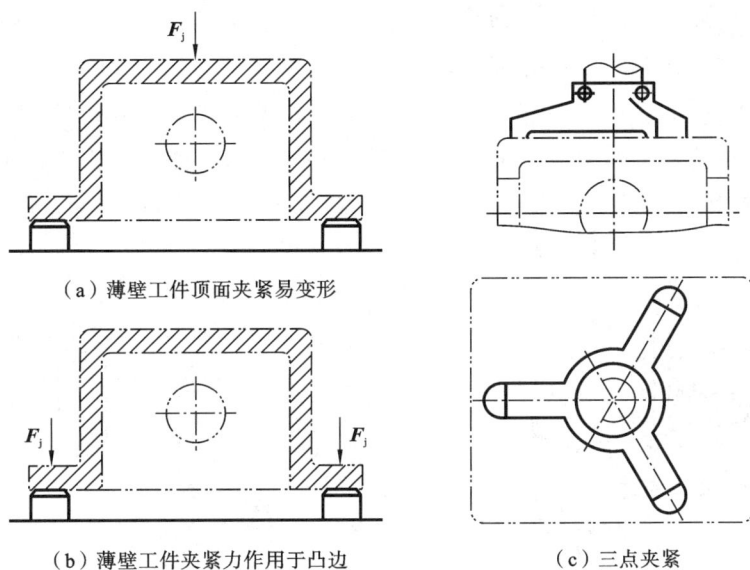

（a）薄壁工件顶面夹紧易变形

（b）薄壁工件夹紧力作用于凸边

（c）三点夹紧

图 3-2-59　壁箱体夹紧力的作用点

振动和变形。在加工过程中,切削力一般容易引起工件的转动和振动。如图 3-2-60 所示,加工面离夹紧力 F_j 作用点较远,这时应增添辅助支承,并附加夹紧力 F'_j,以减少工件受切削力后的位置变动、变形或振动。

（3）夹紧力的大小。

夹紧力的大小与定位稳定程度、夹紧可靠程度、夹紧装置的结构尺寸,都有着密切的联系。夹紧力的大小要适当,若夹紧力过小,则夹紧不牢靠,

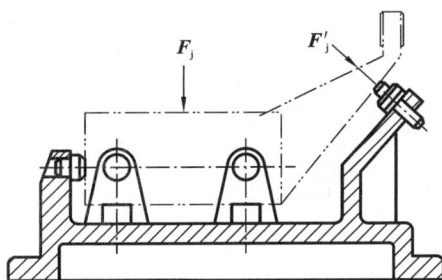

图 3-2-60　增添辅助支承和附加夹紧力

在加工过程中,工件可能发生移位而破坏定位,其结果轻则影响加工质量,重则造成工件报废甚至引发安全事故;夹紧力过大会使工件变形,也会对加工质量不利。

理论上,夹紧力的大小应与作用在工件上的其他力（力矩）相平衡。而实际上,夹紧力的大小还与工艺系统的刚度、夹紧机构的传递效率等因素有关。在实际设计中,常采用估算法、类比法和实验法确定所需夹紧力的大小。

夹紧力三要素的确定,实际是一个综合性问题。必须全面考虑工件结构特点、工艺方法、定位元件的结构和布置等多种因素,以最后确定并具体设计出较为合理的夹紧装置。

3）典型夹紧机构

机床夹具中所使用的夹紧机构,绝大多数都是利用斜面将楔块的推力转变为夹紧力来夹紧工件的。其中最基本的设计就是直接使用具有斜面的楔块来转换推力为夹紧力,而偏心轮、凸轮、螺钉等则是基于这一设计的变形应用。

（1）斜楔夹紧机构。

采用斜楔的斜面直接或间接夹紧工件的机构称为斜楔夹紧机构,斜楔是夹紧机构中最

基本的增力和锁紧元件。图 3-2-61 所示为几种斜楔夹紧机构。在图 3-2-61(a)中,工件上钻有两个相互垂直的 $\phi 8$ mm、$\phi 5$ mm 孔。钻孔时,工件装入后,锤击斜楔大头,工件被夹紧;钻孔完毕后,锤击斜楔小头,工件被松开。这种直接用斜楔夹紧工件的夹紧力较小,而且操作也不方便,因此,在实际生产中应用不多,而多数是将斜楔与其他机构联合起来使用。图 3-2-61(b)所示为由斜楔与滑柱组合而成的夹紧机构,一般用气动或液压驱动。图 3-2-61(c)所示为由端面斜楔与压板组合而成的夹紧机构。

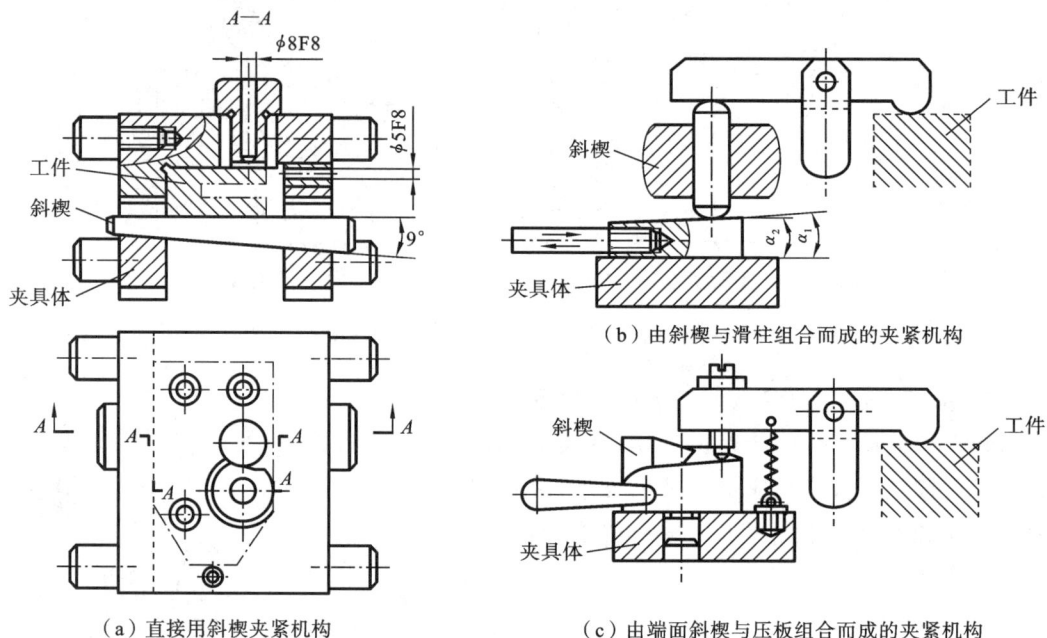

（a）直接用斜楔夹紧机构

（b）由斜楔与滑柱组合而成的夹紧机构

（c）由端面斜楔与压板组合而成的夹紧机构

图 3-2-61　几种斜夹紧机构

（2）螺旋夹紧机构。

采用螺钉、螺母、垫圈、压板等元件组成的夹紧机构称为螺旋夹紧机构,它不仅结构简单、容易制造,而且由于螺旋升角小、自锁性能好、夹紧可靠,夹紧力和夹紧行程都较大,通用性好,是目前在夹具中应用最多的一种夹紧机构。

如图 3-2-62 所示为常用的螺旋夹紧机构。图 3-2-62(a)所示为螺钉夹紧机构,其螺钉头部常装有摆动压块,可防止螺杆夹紧时带动工件转动和损伤工件表面,螺杆上部装有手柄,夹紧时不需要扳手,操作方便、迅速。图 3-2-62(b)所示的螺母夹紧机构可以直接用扳手拧紧螺母来夹紧工件。在螺母和工件之间加垫圈,使工件所受的夹紧力均匀,并避免夹紧螺杆弯曲。由杠杆原理可知,图 3-2-62(c)所示的螺旋压板夹紧机构所产生的夹紧力小于作用力,主要用于夹紧行程较大的场合。图 3-2-62(d)所示的螺旋钩形压板夹紧机构的特点是结构紧凑、使用方便,其已在实际生产中得到了普遍应用,并且已经标准化。

螺钉夹紧机构的缺点是:夹紧动作慢,工件装卸费时。

（3）偏心夹紧机构。

采用偏心元件直接或间接夹紧工件的机构,称为偏心夹紧机构。偏心元件一般有圆偏

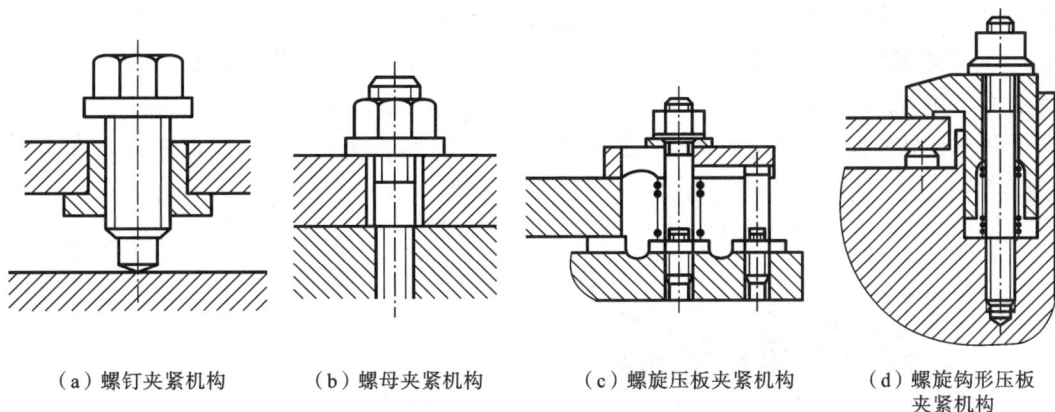

（a）螺钉夹紧机构　　（b）螺母夹紧机构　　（c）螺旋压板夹紧机构　　（d）螺旋钩形压板夹紧机构

图 3-2-62　常用的螺旋夹紧机构

心和曲线偏心两种类型。采用圆偏心元件的偏心夹紧机构因结构简单、容易制造而得到了广泛应用。偏心夹紧机构与螺旋夹紧机构相比，还具有夹紧迅速、操作方便等优点。其缺点是：夹紧力和夹紧行程均不大，自锁能力差，结构不抗振。故其一般适用于切削载荷较小且平稳的场合。在实际使用中，直接作用于工件的偏心夹紧机构不多见。偏心夹紧机构多和其他夹紧元件联合使用。图 3-2-63 所示为几种偏心夹紧机构，其中图 3-2-63（a）所示为偏心轮夹紧机构，图 3-2-63（b）、图 3-2-63（c）和图 3-2-63（d）所示为偏心压板夹紧机构。

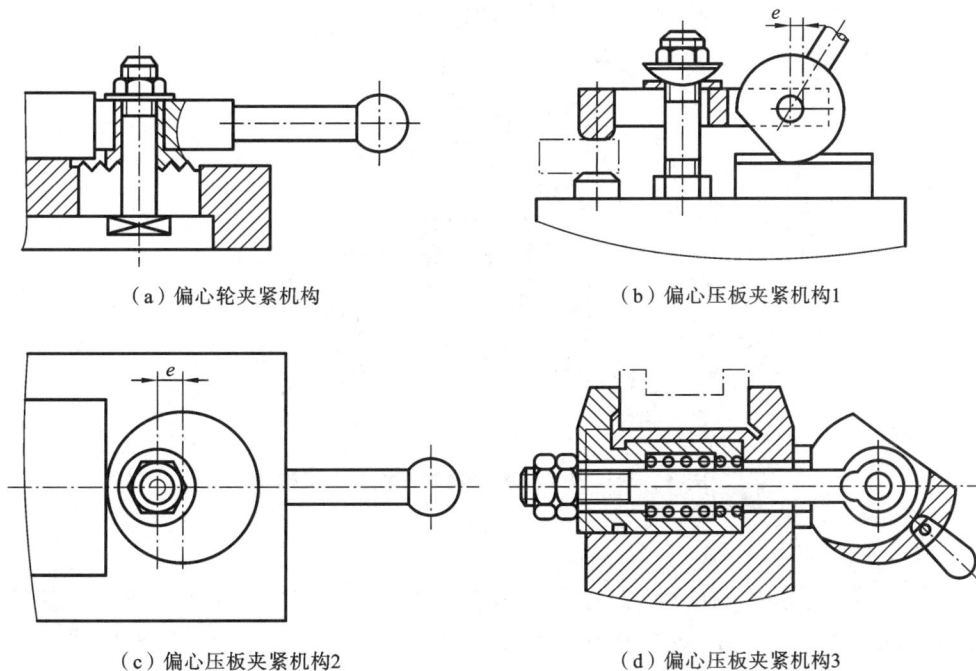

（a）偏心轮夹紧机构　　　　　　　　　　（b）偏心压板夹紧机构1

（c）偏心压板夹紧机构2　　　　　　　　　　（d）偏心压板夹紧机构3

图 3-2-63　几种偏心夹紧机构

（4）铰链夹紧机构。

铰链夹紧机构是一种增力夹紧机构，采用与铰链相连接的连杆为中间传力元件。根据铰链夹紧机构中所采用的连杆数量,可将铰链夹紧机构分为单臂铰链夹紧机构、双臂铰链夹紧机构和多臂铰链夹紧机构等类型。图 3-2-64 所示为铰链夹紧机构的三种基本结构。铰链夹紧机构具有结构简单、扩力大、摩擦损失小的优点,因此得到了广泛的应用。但其自锁性很差,一般不单独使用,多与气动、液压等夹具联合使用,作为扩力机构,以弥补气缸或气室力量的不足。

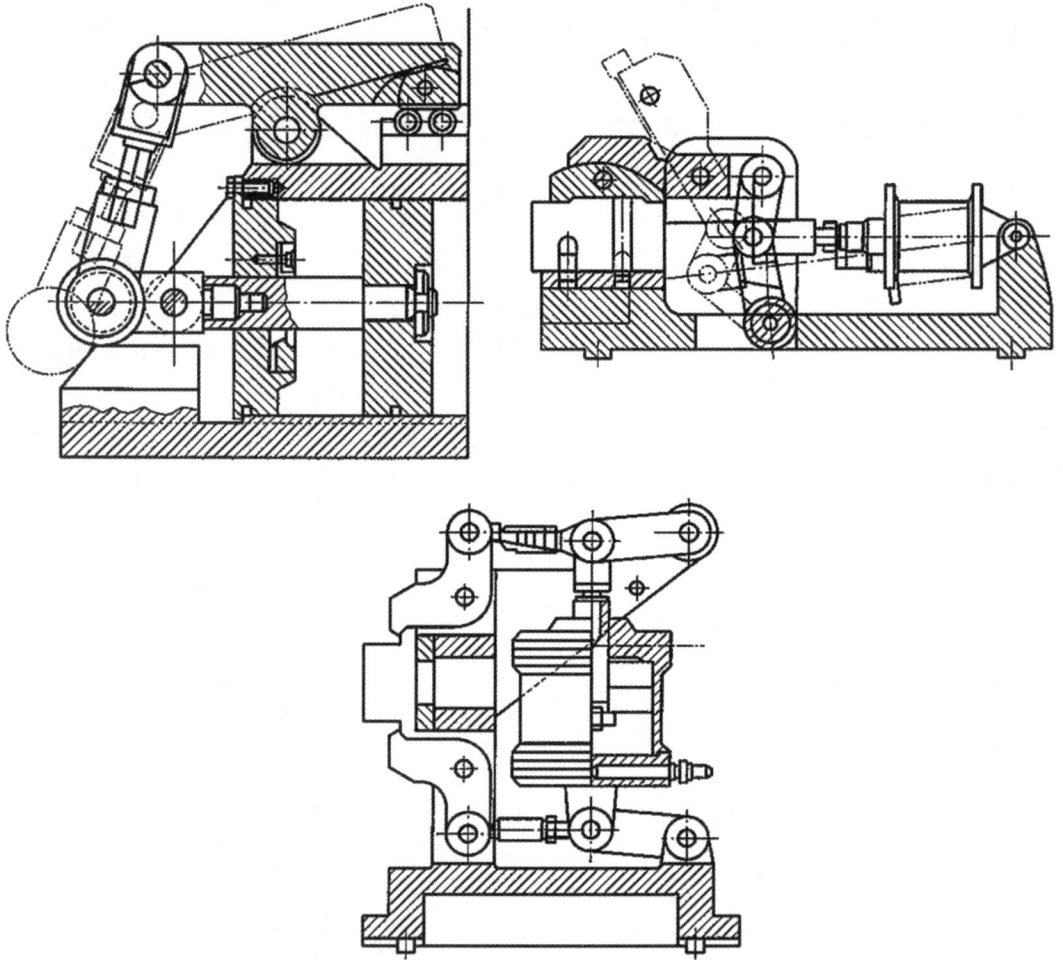

图 3-2-64 铰链夹紧机构的三种基本机构

(5)联动夹紧机构。

在工件的装夹过程中,有时需要夹具同时对工件的几个点或对多个工件进行夹紧,而有些机床夹具除了夹紧动作外,还需要松开或紧固辅助支承等。这时为了提高生产率,减少工件装夹时间,可以采用各种联动机构。如图 3-2-65(a)所示,夹紧力作用在两个相互垂直的方向上的联动夹紧机构,称为双向联动夹紧机构。如图 3-2-65(b)所示,用一个原始作用力,通过一定的机构对数个相同或不同的工件进行夹紧的联动夹紧机构,称为多件联动夹紧机构。

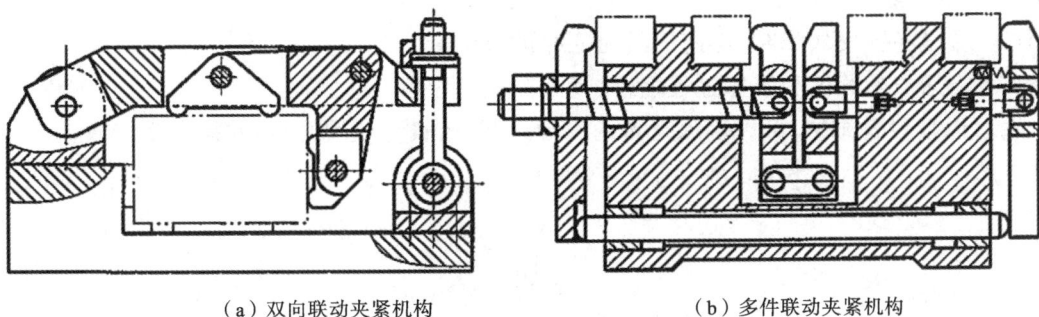

（a）双向联动夹紧机构　　　　　　　（b）多件联动夹紧机构

图 3-2-65　联动夹紧机构

联动夹紧机构便于实现多件加工,故能减少机动时间。又因其采用集中操作,简化了操作程序,可减少动力装置数量、辅助时间和工人劳动强度等,能有效地提高生产率,所以在大批量生产中应用广泛。

十一、设备使用与维护的任务和工作内容

1. 设备使用

1）操作培训

确保操作人员熟悉设备的功能、操作流程和安全规范。

2）日常操作

按照标准操作规范（SOP）正确使用设备,确保其正常运行。

3）监控运行状态

实时观察设备的运行情况,记录关键参数,确保设备在正常范围内工作。

4）故障处理

在设备出现异常时,及时采取措施,以避免进一步损坏。

2. 设备维护

1）日常维护

（1）清洁设备表面及内部,防止灰尘等影响运行。

（2）检查设备的润滑、冷却系统,确保其正常工作。

（3）检查紧固件、连接件,防止松动。

2）定期维护

（1）按照维护计划进行定期检查,更换易损件（如滤芯、皮带等）。

（2）校准设备,确保其精度和性能符合要求。

（3）检查电气系统,确保线路、开关等无老化或损坏。

3）预防性维护

（1）根据设备使用情况和历史数据,预测潜在故障并提前处理。

（2）更新维护计划,优化维护频率和内容。

4) 应急维护

（1）在设备突发故障时，迅速诊断问题并进行修复。

（2）记录故障原因和维修过程，为后续维护提供参考。

通过以上设备维护，可以确保设备的正常运行，延长其使用寿命，并提高生产效率。

参 考 文 献

[1] 朱张校,姚可夫,王昆林,等.工程材料[M].5 版.北京:清华大学出版社,2011.

[2] 鞠鲁粤.机械制造基础[M].6 版.上海:上海交通大学出版社,2014.

[3] 周瑞强,吴洁,朱颜.机械设计基础[M].沈阳:东北大学出版社,2018.

[4] 蔡路军,张国强.工程力学[M].武汉:华中科技大学出版社,2021.

附录

福建省中等职业学校学业水平考试
"机械基础"科目考试说明

福建省中等职业学校学业水平考试是根据国家中等职业教育专业教学标准,结合我省中等职业教育教学实际,由省级教育行政部门组织实施的考试,主要衡量学生达到国家规定学习要求的程度,是保障职业教育教学质量的一项重要制度。考试成绩是中职学生毕业和升学的重要依据,是评价中等职业学校教育教学质量的重要参考,是持续推进我省现代职业教育体系建设的重要途径。

一、考核目标与要求

(一)知识要求

知识要求是指《机械基础》教学大纲的基础模块必修基础性内容和应该达到的基本要求中的机械设计基础、机械制图以及工程材料及机械制造基础基本知识的概念、类型、性能、工作原理、结构、特点以及应用。

对知识的要求依次是了解、理解、掌握三个层次。

了解:知道考试大纲所列的基本概念、性质、定理等知识点,会在有关的问题中进行识别和直接应用。

理解:对考试大纲范围内的概念、工作原理、定理等有一定的理解,要求知道概念的内涵,以及内部各知识点之间的联系,并能利用所列的知识解决简单问题。

掌握:考查在理解的基础上完整地叙述知识的全面含义,领会不同知识点之间的区别与联系,能够灵活运用这些知识判断、解释或说明有关机械问题。

(二)技能与能力要求

《机械基础》科目技能与能力要求是培养学生初步具有合理选择材料、确定零件热处理方法的能力;初步具有分析和选用机械零部件及简单机械传动装置的能力;具有正确操作和维护机械设备的基本能力;培养学生独立寻找解决问题途径的能力,把已获得的知识、技能和经验运用到新的实践中,提高分析解决问题的能力。对技能与能力的要求是计算技能、分析、解决问题能力、空间想象能力这三个层次。

计算技能:能够根据法则、公式,或按照一定的操作步骤,正确地进行机构分析和零件计算。

分析、解决问题能力:能够正确运用相关机械基础知识,通过推理或计算,分析、解决较为复杂的机械问题。

空间想象能力:通过学习机械制图的基本知识,培养空间想象能力,掌握作图技能,正确识读中等复杂程度的零件图和装配图;能够根据表述几何形体的语言、符号识别常用机械零部件的结构和机器的具体组成,能够根据机器或机构的运动简图分析其工作原理,能够观察分析构件之间的相对运动关系。

二、考试范围与要求

(一) 机械制图

1. 制图的基本规定及技能

(1) 了解图纸幅面和格式的规定。

(2) 理解比例的含义和规定。

(3) 会使用常用尺规绘图工具。

(4) 掌握常见的线型(粗实线、细实线、细点画线、细虚线、波浪线等)的画法和用途。

(5) 掌握标注尺寸的基本规则,会进行基本的尺寸标注。

(6) 理解斜度和锥度的概念。

(7) 掌握常用的圆周等分和正多边形的做法。

(8) 掌握简单平面图形的分析方法和作图步骤。

2. 投影基础

(1) 理解投影法的概念。

(2) 理解正投影法的特性。

(3) 掌握三视图的形成以及三视图之间的投影关系。

(4) 理解点、直线、平面的三面投影特征。

(5) 理解空间任意两点的相对位置关系。

(6) 理解直线、平面的投影特性。

(7) 掌握点、直线、平面的三视图的绘制。

(8) 掌握平面体(棱柱、棱锥、棱台)和曲面体(圆柱、圆锥、球体)视图的画法。

(9) 掌握用特殊位置平面截切平面体和圆柱体的截交线绘制。

(10) 掌握正交两圆柱体的相贯线绘制。

(11) 掌握组合体三视图的绘制。

(12) 能识读和标注简单组合体的尺寸。

(13) 掌握简单平面形体正等轴测图的绘制。

3. 图样的基本表示法

(1) 掌握六个基本视图、向视图的画法、标注和应用。

(2) 掌握局部视图和斜视图的画法、标注和应用。

(3) 掌握单一剖切平面剖切机件——全剖、半剖、局部剖、斜剖视的画法、标注和应用。

(4) 理解几个剖切平面剖切机件——阶梯剖、旋转剖、复合剖的画法、标注和应用。

(5) 理解断面图、局部放大图的画法、标注和应用。

(6) 了解第三角投影方法的画法和应用。

4. 常用件和标准件的画法

(1) 掌握内、外螺纹和内外螺纹旋合的规定画法、标注及应用。

(2) 掌握螺钉、螺母、垫圈、螺栓和螺柱的规定画法、标注及应用。

(3) 掌握键连接、销连接的规定画法、标注及应用。

(4) 理解滚动轴承的规定画法、简化画法及应用。

(5) 理解单个圆柱齿轮、两个圆柱齿轮啮合的规定画法。

5. 零件图

(1) 理解零件图的视图选择原则和典型零件的表示方法。

(2) 了解尺寸基准的概念。

(3) 掌握表面结构及表面粗糙度的符号、代号及其标注和识读。

(4) 理解中等复杂程度零件图的识读。

(5) 了解极限的概念、标准公差与基本偏差。

(6) 掌握尺寸公差在图样上的标注和识读。

(7) 掌握常用形位公差的特征项目、符号及其标注和识读。

6. 装配图

(1) 理解装配图的零件序号和明细栏。

(2) 了解配合的概念、种类。

(3) 掌握配合在装配图上的标注和识读。

(4) 理解简单装配图的识读。

(二) 机械设计基础

1. 机械基础概论

(1) 掌握机器、机构的概念。

(2) 理解机器的基本组成部分及各部分所起的作用,能划分机器与机构的区别。

(3) 了解构件与零件的特点及异同点,能描绘构件和零件之间的关系。

2. 工程力学

（1）构件的静力分析。

① 理解力的概念与基本性质。

② 理解力矩、力偶、力偶矩的概念。

③ 理解力矩和力偶的性质。

④ 掌握力矩和力偶矩的计算。

⑤ 了解力的平移定理。

⑥ 了解约束、约束力和力系的基本概念。

⑦ 理解常见的约束类型及其特点。

⑧ 能作出杆件的受力图。

（2）杆件的基本变形。

① 了解内力、轴力与应力的概念。

② 理解直杆轴向拉伸与压缩的概念。

③ 能计算轴力和正应力。

④ 理解剪切与挤压的概念。

⑤ 理解圆轴扭转、直梁弯曲的概念。

⑥ 了解弯曲与扭转的组合变形的概念。

⑦ 会根据工程实例判断杆件基本变形的类型。

3. 常用机构

（1）平面连杆机构。

① 掌握构件的概念及其表示方法。

② 了解运动副的概念、分类及其表示方法。

③ 理解平面机构自由度的概念、计算及其注意事项。

④ 理解平面机构具有确定运动的条件。

⑤ 掌握铰链四杆机构的概念、类型及特点。

⑥ 掌握铰链四杆机构的应用。

⑦ 了解铰链四杆机构类型的判别。

⑧ 理解平面滑块机构的特点。

⑨ 理解平面滑块机构的应用。

⑩ 理解平面四杆机构的急回运动特性。

⑪ 了解平面四杆机构的急回运动特性的应用。

⑫ 理解平面四杆机构压力角的概念。

⑬ 理解平面四杆机构死点位置的概念。

⑭ 了解平面四杆机构的死点位置的应用。

（2）其他机构。

① 理解凸轮机构的工作原理、组成及类型。

② 掌握凸轮机构的应用。

③ 了解凸轮机构从动件的运动规律。

④ 了解棘轮机构的工作原理、组成及类型。

⑤ 了解棘轮机构的应用。

⑥ 了解槽轮机构的工作原理、组成及类型。

⑦ 了解槽轮机构的应用。

4. 常用传动装置

（1）带传动与链传动。

① 理解带传动的工作原理、特点、类型和应用。

② 掌握带传动平均传动比的计算。

③ 了解影响带传动工作能力的因素。

④ 理解链传动的工作原理、类型、特点和应用。

⑤ 掌握链传动平均传动比的计算。

（2）齿轮传动。

① 了解齿轮传动的特点、分类和应用。

② 掌握齿轮传动平均传动比的计算。

③ 掌握标准直齿圆柱齿轮基本尺寸的计算。

④ 理解渐开线直齿圆柱齿轮传动的正确啮合条件。

⑤ 了解齿轮的结构。

⑥ 了解渐开线齿轮根切现象及最少齿数。

⑦ 了解齿轮的失效形式与常用材料。

（3）蜗杆传动。

① 了解蜗杆传动的特点、类型和应用。

② 掌握蜗杆传动的传动比的计算。

③ 掌握蜗杆传动中蜗轮转向的判定。

（4）齿轮系。

① 了解轮系的分类和应用。

② 掌握定轴轮系传动比的计算。

③ 了解减速器的类型、结构、标准和应用。

5. 连接和支承零部件

（1）连接。

① 了解连接的类型与应用。

② 掌握键和销的作用、类型和特点。

③ 掌握螺纹的主要参数、类型、应用及普通螺纹、梯形螺纹的标记。

④ 掌握螺纹连接的基本形式及应用。

⑤ 了解螺纹连接的预紧和防松。

⑥ 理解联轴器、离合器的功用、类型、特点和应用。

（2）支承零部件。

① 掌握轴的分类、材料、结构及应用。

② 掌握轴的结构应满足的基本要求及轴上零件常用的固定方法。

③ 了解滑动轴承的特点、分类、结构组成及应用。

④ 掌握滚动轴承的特点、结构组成、类型、应用及代号。

6. 机械节能环保与安全防护

（1）了解机械摩擦与润滑的概念与分类。

（2）了解机械噪声的形成与防护措施。

（3）了解机械安全防护措施。

（三）工程材料及机械制造基础

1. 工程材料

（1）了解常用金属材料的力学性能，并熟悉其相关符号和代号。

（2）了解碳素钢的分类及碳素钢的成分、性能和用途，掌握碳素钢牌号。

（3）了解合金钢的分类及常用合金钢的性能和用途，掌握合金钢牌号。

（4）理解钢的退火、正火、淬火、回火等热处理方法的目的、过程和应用。

（5）了解铸铁的性能、分类及用途，掌握铸铁的种类牌号。

（6）了解铜及铜合金、铝及铝合金的性能、牌号及用途。

2. 机械制造基础

（1）了解机械制造过程的基本组成和概况。

（2）掌握金属切削加工方法及应用范围。

（3）掌握金属切削运动和切削要素。

（4）了解常用金属材料的切削加工性与切削用量选用的基本知识。

（5）理解机床传动的基本知识。

（6）理解车、铣、钻削加工的设备特点、工艺范围和工艺特点。

（7）了解镗、磨、刨削加工及精密与特种加工的设备特点、工艺范围和工艺特点。

（8）了解常用刀具的种类和用途，理解金属切削刀具的材料和几何形状。

（9）理解工件的定位基准、定位方法、定位元件及工件在夹具中的夹紧。

（10）了解设备使用与维护的任务和工作内容。

三、考试形式

（一）考试形式

考试采用闭卷、笔试形式。考试时间为 150 分钟，全卷满分 150 分。考试不使用计算器。

（二）参考题型

考试题型可以采用以下题型：单项选择题、判断题、连线题、计算题、作图题，也可以采用其他符合学科性质和考试要求的题型。

（三）考试分数占比

考试内容包括以下几个部分，各部分的分值占比如下，各部分分值占比可根据实际情况有所调整。

（1）机械制图，55分，包括：制图的基本规定及技能5分，投影基础15分，图样的基本表示法10分，常用件和标准件的画法10分，零件图10分，装配图5分；

（2）机械设计基础，75分，包括：机械基础概论5分，工程力学10分，常用机构20分，常用传动装置20分，连接和支承零部件15分，机械节能环保与安全防护5分；

（3）工程材料及机械制造基础，20分，包括：工程材料10分，机械制造基础10分。

四、参考书目

教材应选用满足本考试说明要求的国家规划教材、福建省规划教材或其他教材。